Arbeiten zur Angewandten Statistik

Band 36

Herausgegeben von

K.-A. Schäffer, Köln · P. Schönfeld, Bonn · W. Wetzel, Kiel

Paul Michels

Nichtparametrische Analyse und Prognose von Zeitreihen

Mit 38 Abbildungen

Physica-Verlag Heidelberg

Dr. Paul Michels
Fakultät für Wirtschaftswissenschaften
und Statistik der Universität Konstanz
Postfach 55 60
D-7750 Konstanz

ISBN-13: 978-3-7908-0581-9
ISSN 0066-5673

CIP-Titelaufnahme der Deutschen Bibliothek
Michels, Paul:
Nichtparametrische Analyse und Prognose von Zeitreihen /
Paul Michels. – Heidelberg: Physica-Verl., 1992
(Arbeiten zur angewandten Statistik; Bd. 36)
Zugl.: Diss.
ISBN-13: 978-3-7908-0581-9   e-ISBN-13: 978-3-642-99765-5
DOI: 10.1007/978-3-642-99765-5
NE: GT

Die Wiedergabe von Gebrauchsnamen, Handelsnamen, Warenbezeichnungen usw. in
diesem Werk berechtigt auch ohne besondere Kennzeichnung nicht zu der Annahme, daß
solche Namen im Sinne der Warenzeichen- und Markenschutz-Gesetzgebung als frei zu
betrachten wären und daher von jedermann benutzt werden dürften.

7120/7130-543210

Für Jutta und Fabian

Mein besonderer Dank gilt Prof. Dr. Siegfried Heiler für die Betreuung meiner Dissertation und Prof. Dr. Alfred Hamerle für die Übernahme des Koreferats. Danken möchte ich auch Frau Ute Czech sowie den Herren Klaus Abberger und Michael Krutti, die mich bei der Erstellung des Manuskripts unterstützt haben. Dr. Olaf Gefeller, Universität Göttingen, danke ich für die sorgfältige Durchsicht des Manuskripts und die vielen Anregungen, die sich daraus ergaben.

Konstanz, im Juli 1991   Paul Michels

Inhalt

Kapitel 1

Einleitung

*Any astronomer can predict just where every star will be
at half past eleven tonight; he can make no such prediction
about his daughter.*

James Truslow Adams, amerikanischer Historiker, 1878-1949

In der Zeitreihenanalyse spielt die Prognose zukünftiger Werte eine wichtige Rolle. Je nach Anwendungsgebiet kann sie als Planungs- und Steuerungshilfe, als Indikator von Fehlentwicklungen, zur Früherkennung und Vorwarnung, aber auch zur Spekulation herangezogen werden. Darüber hinaus ermöglichen die meisten Prognosetechniken das Ersetzen fehlender Werte innerhalb des Beobachtungszeitraumes. Statistische Vorhersageverfahren finden Verwendung in vielen wissenschaftlichen Disziplinen — so beispielsweise in den Wirtschafts- und Sozialwissenschaften, der Medizin, der Umweltforschung und der Hydrologie.

Entstammen die beobachteten Zeitreihenwerte einem Gaußprozeß, der durch Angabe seiner Mittelwert- und Kovarianzfunktion charakterisiert ist, so genügt es, die klassischen Verfahren anzuwenden. Hängen diese Funktionen von endlich vielen Parametern ab, so können diese als Funktionen der Stichprobenautokovarianzen unter Regularitätsbedingungen asymptotisch effizient geschätzt werden. Die Prognosen sind dann zumeist lineare Funktionen der zuletzt beobachteten Zeitreihenwerte.

Die Normalitätsannahme ist für Zeitreihendaten vor allem dann fragwürdig, wenn der Verlauf der Reihe unregelmäßige Ausschläge aufweist, die sich von der Mehrzahl der Daten abheben. Wendet man für solche Zeitreihen dennoch ein auf der Normalitätsannahme beruhendes parametrisches Verfahren an, so verlieren die Schätzungen in aller Regel ihre Effizienzeigenschaften. Da in der parametrischen Zeitreihenanalyse Prognosen üblicherweise als Linearkombinationen einiger Werte vom Ende der Reihe berechnet werden, wobei die Schätzer als Koeffizienten eingehen, reduzieren schlechte Parameterschätzungen im allgemeinen die Prognosegüte. In den 70er und 80er Jahren wurden eine Vielzahl von parametrischen Schätz- und Prognoseverfahren vorgeschlagen, die jeweils in der Lage sind, spezielle Abweichungen von der Normalitätsannahme zu berücksichtigen und die Schätzungen entsprechend zu modifizieren.

In dieser Arbeit sollen jedoch nichtparametrische Ansätze vorgestellt und weiterentwickelt werden, die nur schwache Anforderungen an den funktionalen Zusammenhang zwischen den zuletzt realisierten und den zukünftigen Werten stellen und sich vor allem zur Prognose langer Zeitreihen eignen. Die Vorhersagen mit Hilfe dieser Verfahren sind gewogene Mittel aller derjenigen Zeitreihenwerte, deren vorherigen Verläufe in der Nähe des letzten bekannten Verlaufes liegen. Berücksichtigt man Werte, die auf Verläufe folgen, deren Abstand zum letzten bekannten nicht größer als eine zu wählende positive Konstante ist, so erhält man sogenannte Kernschätzer. Geht nur eine fest vorgegebene Anzahl von Beobachtungen ein, deren Vorverläufe dem zuletzt realisierten am nächsten liegen, so spricht man von sogenannten Nächste-Nachbarn-(Nearest-Neighbour-) Schätzern. Zur Verteilung der Gewichte auf die Beobachtungswerte dienen in beiden Fällen sogenannte Kernfunktionen.

Die Methoden basieren auf Verfahren zur Schätzung von Dichten multivariater Verteilungen unter Verwendung von Kernfunktionen, wie sie für den univariaten Fall erstmals von Rosenblatt (1956) vorgestellt wurden. Die Idee der Kernschätzung haben Nadaraya (1964) und Watson (1964) auf die Schätzung von Regressionsfunktionen mit einer erklärenden Variablen für unbhängige Daten übertragen. In zeitreihenanalytischen Fragestellungen bedarf es der Modellierung von Abhängigkeitsstrukturen zwischen den Daten. Unter bestimmten Mischungsannahmen bezüglich des der Zeitreihe unterliegenden stochastischen Prozesses können asymptotische Eigenschaften eines multivariaten Analogons zum Nadaraya-Watson-Schätzer hergeleitet werden.

Inzwischen sind eine Reihe von Arbeiten etwa zur schwachen und starken Konsistenz dieser Verfahren erschienen; jedoch ist die Konvergenzgeschwindigkeit — vor allem wenn längere Verläufe zum Vergleich herangezogen werden — erheblich geringer als bei parametrischen Verfahren. Daher sind selbst bei langen Zeitreihen die Prognosen insbesondere nach ungewöhnlichen Verlaufsmustern oft von geringer Güte. Genauso wichtig wie die Herleitung neuer asymptotischer Ergebnisse erscheint deshalb die Suche nach geeigneten Modifikationen, damit die konzeptionell überzeugenden nichtparametrischen Kern- und Nearest-Neighbour-Prognosemethoden bei der praktischen Anwendung auf Zeitreihen mit großer Eigendynamik mehr Erfolg versprechen. In dieser Arbeit werden einige Modifikationsvorschläge vorgestellt, bei deren Entwicklung sowohl asymptotische als auch praktischheuristische Überlegungen Pate gestanden haben. Eine Vielzahl weiterer Ergebnisse und Schätzmethoden zur nichtparametrischen Regressionsanalyse beinhaltet die Monographie von Härdle (1990).

Die vorliegende Arbeit untergliedert sich in zwei Teile. Der erste Teil umfaßt die Kapitel 2 bis 8, in denen nichtparametrische Verfahren motiviert, ihre asymptotischen Eigenschaften diskutiert und Modifikationsvorschläge gemacht werden. Asymptotische Betrachtungen liefern zwar wertvolle Anhaltspunkte über das Verhalten der Verfahren bei großen Datenmengen. Sie sind jedoch an bestimmte Bedingungen geknüpft, deren datengesteuerte Kontrolle im allgemeinen schwierig ist. Daher können asymptotische Argumente nicht die Erfahrungen ersetzen, die im Zuge empirischer Untersuchungen an realen Datensätzen gewonnen werden. Im zweiten Teil, der die Kapitel 9 bis 12 umfaßt, werden einige empirische Studien mit Daten aus dem Umweltbereich durchgeführt, wobei die meisten der im ersten Teil vorgestellten Methoden zur Anwendung kommen.

Im zweiten Kapitel wird ein historischer Bogen von der nichtparametrischen Dichteschätzung über die nichtparametrische Regression zur nichtparametrischen Zeitreihenanalyse und -prognose gespannt und insbesondere auf Verbindungen zwischen den Methoden hingewiesen.

Das dritte Kapitel enthält ohne Anspruch auf Vollständigkeit asymptotische Resultate aus der Literatur der nichtparametrischen Dichte- und Regressionsschätzung. Besonderer Wert wird dabei auf die Ergebnisse für Modelle mit abhängigen Beobachtungen gelegt und insbesondere auf Arbeiten von Collomb (1985a, 1986), Robinson (1983, 1986) und Yakowitz (1985a, 1987) näher eingegangen. Sie enthalten Ergebnisse zur asymptotischen Normalität der Kernschätzer, zur Konvergenz in Wahrscheinlichkeit und zur fast sicher gleichmäßigen Konvergenz von Kern- und Nearest-

Neigbour-Schätzern. Die Entwicklung des Bias der Kernschätzer für abhängige Zeitreihendaten und asymmetrische Kernfunktionen wurde in der Literatur bisher nicht behandelt. Weil aber gerade asymmetrische Kernfunktionen für das im fünften Kapitel vorgeschlagene Verfahren zur Reduktion der Verzerrung eine wesentliche Rolle spielen, werden Verallgemeinerungen der Aussagen von Collomb (1976) angegeben, der unter anderem den Bias und die Varianz im Falle symmetrischer Kernfunktionen und unabhänger Daten bestimmte.

Im darauf folgenden Kapitel wird eine Modifikation vorgeschlagen, bei der nicht nur Werte in den Schätzer eingehen, deren vorheriger Verlauf in der unmittelbaren Nähe des letzten bekannten liegt, sondern auch weiter entfernte, wenn die Struktur ihrer Vorverläufe derjenigen der letzten Realisationen ähnlich ist. Dieses Verfahren verspricht vor allem dann verbesserte Vorhersagen, wenn es in unmittelbarer Nähe des prognoserelevanten letzten Verlaufes nur wenige Verläufe innerhalb der Zeitreihe gibt.

Es kann aber auch vorkommen, daß zwar genügend vorherige Verlaufsmuster in einer Umgebung des letzten liegen, daß jedoch fast nur solche beobachtet wurden, die sich vollständig unterhalb (bzw. oberhalb) des letzten befinden. Im fünften Kapitel wird aufgezeigt, wie man mit Hilfe asymmetrischer Kernfunktionen zur Reduktion des dadurch entstehenden Bias beitragen kann. Die vorgeschlagenen Kernfunktionen sind Polynome, die je nach Wahl eines der Koeffizienten mehr oder weniger schief sind. Liegen die eingehenden Verläufe "symmetrisch" um den letzten, so liefert diese Vorgehensweise die üblichen symmetrischen Kernfunktionen. Da diese Situation aber eher den Ausnahmefall darstellt, führt diese Modifikation fast immer zumindest zu leichten Verbesserungen.

Das sechste Kapitel enthält Vorschläge zu Mischungen von Kern- und Nearest-Neighbour-Schätzern, die in bestimmten Situationen zur Reduktion der Varianz oder der Verzerrung führen können. Sie erweisen sich ferner als schwach (stark) konsistent, wenn dies auch für die zugehörigen Kern- und NN-Schätzer gilt. Insbesondere sind die varianzreduzierenden Mischungen zur datenorientierten Ergänzung der Definitionslücken bei der Kernschätzung geeignet, welche dann entstehen, wenn kein vorheriger Verlauf in der Umgebung des letzten liegt.

In Kapitel 7 werden Techniken der nichtparametrischen Prognose mit Überlegungen aus dem Gebiet der robusten Statistik verbunden, um den Einfluß von Außreißern auf die Vorhersagen zu verringern. Nach der Darstellung der bekannten Ergebnisse über M-Schätzer werden L- und R-Schätzer behandelt.

Das achte Kapitel enthält neben einer Sammlung weiterer Modifikationen, wie additive Modelle, Jackknifing- und Twicing-Techniken sowie lokale polynomiale und semiparametrische Modelle, eine Betrachtung zur Wahl der Glättungsparameter. Obwohl eine Reihe von theoretischen Arbeiten hierzu vorliegt, ist insbesondere das Problem der Bandweitenwahl bei der Kernschätzung in Datensätzen mit einigen ungewöhnlichen Verlaufsmustern für die praktische Anwendung bisher nicht befriedigend gelöst.

Im neunten Kapitel werden die meisten der vorher diskutierten Prognoseverfahren auf einen Datensatz zur Wasserführung der Ruhr angewandt. Die vorgeschlagenen Verfahren erweisen sich rechentechnisch als durchaus realisierbar, wenn auch Rechen-, Programmieraufwand und Prognosegüte mitunter stark differieren. Für die interessanten Spitzenverläufe werden die besten Prognosen erzielt, wenn ähnliche aber möglicherweise entfernte Verläufe einbezogen werden. Weisen die Residuen noch deutliche Abhängigkeitsstrukturen auf, so kann die Prognosegüte der gewöhnlichen und der robusten Verfahren durch die Twicing-Technik erhöht werden.

Die danach untersuchten Datensätze sollen zur Diskussion der Funktionsweise und der Güte einiger ausgewählter Verfahren herangezogen werden. Kapitel 10 beinhaltet eine Studie zur nichtparametrischen Modellierung der Leitfähigkeit der Leine. Neben den gewöhnlichen Kern- und NN-Schätzern mit Norm- und Produktkernen werden vor allem Modifikationen, die entfernte Verläufe einbeziehen, und solche, die asymmetrische Kernfunktionen verwenden, sowie deren robustes Varianten verglichen. Dabei schneiden im Bereich der Spitzenwerte die Verfahren, die entfernte Verläufe einbeziehen, am besten ab; ansonsten liefert die Verwendung asymmetrischer Kernfunktionen die besten Prognosen. Da der vorliegende Datensatz einige Ausreißer enthält, werden die Vorhersageeigenschaften der gewöhnlichen ausreißerempfindlichen Methoden und deren robusten Varianten verglichen.

Im elften Kapitel werden Daten zur Luftverunreinigung durch Schwefeldioxid und Stickstoffdioxid mit Hilfe nichtparametrischer Techniken analysiert. Bei diesen umfangreichen Datensätzen erweist sich die Verwendung von asymmetrischen Produktkernen als gut, wohingegen das Einbeziehen entfernter Verläufe nicht befriedigend abschneidet.

Auf der Basis der Erfahrungen, die bei der Erstellung dieser empirischen Studien gesammelt wurden, können einige allgemeine Empfehlungen zur

Anwendung der Vielzahl von nichtparametrischen Verfahren in bestimmten Situationen auch für andere Datensätze gegeben werden. Diese sind im abschließenden zwölften Kapitel enthalten.

Teil I

Motivation, Asymptotik und Modifikationen von Kern- und Nearest-Neighbour-Schätzern

Kapitel 2

Von der nichtparametrischen Dichteschätzung zur nichtparametrischen Zeitreihenanalyse und Prognose

2.1   Nichtparametrische Dichteschätzung

Sei $\mathbf{X}$ ein $\mathbb{R}^p$-wertiger Zufallsvektor mit Verteilungsfunktion F und λ^p-Dichte f. Anhand der Stichprobe $\mathbf{X}_1,\ldots,\mathbf{X}_n$ aus der Verteilung F soll das Verteilungsgesetz von $\mathbf{X}$ näher ergründet werden. Zur graphischen Repräsentation einer Verteilung eignet sich besonders die Dichte f, deren Schätzung aus den erhobenen Daten daher von großem Interesse ist. In der parametrischen Statistik unterstellt man F die Zugehörigkeit zu einer parametrisierten Klasse von Verteilungsfunktionen. Zur Schätzung der Dichte schätzt man die unbekannten Parameter in dieser Funktionenklasse und setzt sie in f ein. In dieser Arbeit wird auf eine derartige Vorabklassifizierung verzichtet. Da die Daten für sich selbst sprechen sollen, werden Verfahren der nichtparametrischen Dichteschätzung verwendet und darauf basierende Schätzer für andere Funktionen hergeleitet.

Im Fall $p = 1$ ist der älteste und wohl auch bekannteste nichtparametrische Dichteschätzer das *Histogramm*, das in Termen der *empirischen Verteilungsfunktion*

$$F_n(x) = \frac{1}{n} \sum_{i=1}^{n} I_{(-\infty,x]}(X_i), \qquad (2.1)$$

(I_A Indikatorfunktion der Menge A)

und der Klasseneinteilung $z_0 < z_1 < \ldots < z_k$ durch

$$f_n^H(x) \;=\; \frac{F_n(z_i) - F_n(z_{i-1})}{z_i - z_{i-1}}, \qquad (2.2)$$
$$\text{falls } z_{i-1} < x \le z_i, i = 1, \ldots, k,$$

definiert ist. f_n^H weist jedoch folgende drei Nachteile auf:

- Das Schaubild der Verteilung hängt wesentlich von der Klasseneinteilung ab, so daß das Prinzip der Nachvollziehbarkeit wissenschaftlicher Methoden der Willkür weichen muß. Dieser Nachteil kann geschmälert werden, indem man auf Faustregeln zur Wahl der Klassenbreite bei äquidistanter Zerlegung zurückgreift. Dadurch erhält man jedoch in der Regel zu schwach besetzte Klassen an den Rändern. Um dies zu vermeiden, könnte man anstelle konstanter Klassenbreiten gleiche Besetzungszahlen der Klassen fordern. Für diese beiden Lösungsvorschläge gibt es Analogien zu den noch vorzustellenden, verfeinerten Verfahren.

- Eine mitunter stetige Dichte wird als Treppenfunktion dargestellt — ein Umstand, der aus ästhetischer Sicht wenig befriedigend erscheint.

- Der dritte Nachteil sei anhand von Abbildung 4.1 veranschaulicht. An der Auswertungsstelle x hat der Datenpunkt x_1 keinen Einfluß auf den Wert des Schätzers $f_n^H(x)$, obwohl sein Abstand zu x erheblich geringer ist als derjenige des Datenpunktes x_2, welcher bei der Schätzung berücksichtigt wird.

Der in Abbildung 4.1 skizzierte Nachteil kann vermieden werden, wenn man anstelle der festen Klasseneinteilung sogenannte *gleitende Histogramme*

Abbildung 2.1: Histogrammausschnitt

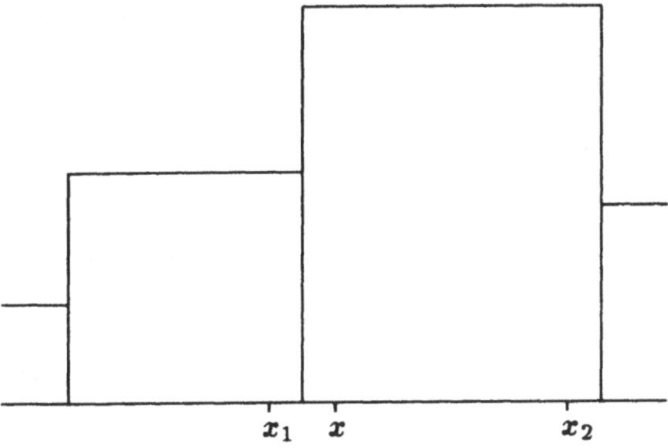

verwendet. Diese werden zum ersten Mal in einer nicht veröffentlichten Arbeit von Fix und Hodges (1951) eingeführt, später von Rosenblatt (1956) zur Dichteschätzung vorgeschlagen und haben die Gestalt

$$f_n^G(x) = \frac{F_n(x + h_n) - F_n(x - h_n)}{2h_n}, \quad h_n > 0. \tag{2.3}$$

In den Schätzer (2.3) gehen alle Beobachtungen ein, die innerhalb des Intervalls $(x - h_n, x + h_n]$ liegen, welches zentriert um den Mittelpunkt x über die reelle Achse gleitet. Dabei soll die *Bandweite* h_n einen Ausgleich zwischen ästhetisch anmutender Glattheit und genauer Detailwiedergabe herbeiführen. f_n^G kann man in der Form

$$f_n^K(x) = \frac{1}{nh_n} \sum_{i=1}^{n} K(\frac{x - X_i}{h_n}), \quad h_n > 0, \tag{2.4}$$

mit $K(u) = \frac{1}{2}I_{[-1,1)}(u)$ schreiben. Rosenblatt läßt für K allgemeinere sogenante *Kernfunktionen (Kerne)* zu, die insbesondere der folgenden Eigenschaft genügen:

$$\int K(u)\lambda(du) = 1. \tag{2.5}$$

(λ bedeutet hier das Lebesgue-Maß.) Die daraus resultierenden Schätzer der Gestalt (1.4) werden *Kernschätzer* genannt und zeichnen sich dadurch aus, daß sich Stetigkeits- und Differenzierbarkeitseigenschaften der Kernfunktionen auf sie übertragen. Somit kann durch geeignete Wahl des Kernes das Bild des Schätzers den jeweiligen ästhetischen Ansprüchen angepaßt

Tabelle 2.1: Beispiele von Kernfunktionen auf $\mathbb{R}$

Name	Kernfunktion	Eigenschaften
Rechteckkern	$\frac{1}{2} I_{[-1,1]}(u)$	Treppenfunktion kompakter Träger
Dreieckkern	$(1 - \lvert u \rvert) I_{[-1,1]}(u)$	stetige Funktion, kompakter Träger
Epanechnikow-Kern	$\frac{3}{4}(1 - u^2) I_{[-1,1]}(u)$	"optimaler" Kern, stetig, kompakter Träger
Bisquare-Kern	$\frac{15}{16}(1 - u^2)^2 I_{[-1,1]}(u)$	stetig differenzierbar, kompakter Träger
Normalkern	$\frac{1}{\sqrt{2\pi}} \exp\left(-\frac{1}{2}u^2\right)$	Dichte der Standard- normalverteilung
Cauchy-Kern	$[\pi(1 + u^2)]^{-1}$	Dichte der Cauchy- Verteilung
Picard-Kern	$\frac{1}{2} \exp\left(-\lvert u \rvert\right)$	Dichte der Laplace- Verteilung
Fourier-Kern	$\frac{1}{\pi u} \sin u$	Fourier- transformation des Rechteckkernes

werden, wodurch der oben angeführte zweite Nachteil vermieden wird. Einige gebräuchliche Kernfunktionen sind in Tabelle 2.1 aufgelistet und in Abbildung 2.2 dargestellt. Bei größeren Datensätzen sollten generell Kerne auf kompakten Trägern solchen auf unbeschränkter Trägermenge vorgezogen werden, denn in die Schätzer, die auf letzteren beruhen, gehen für jeden Beobachtungspunkt x alle Beobachtungen ein, welches einen erheblichen Rechenaufwand mit sich bringt.

Wie bei Histogrammen mit konstanter Klassenbreite bleibt die Wahl der Bandweite h_n auch für Kernschätzer problematisch. Eine zu große Bandweite führt dazu, daß Details im mittleren Bereich weggeglättet werden, wohingegen eine kleine Bandweite unnatürlich wirkende Ausschläge in den

Abbildung 2.2: Kernfunktionen auf $\mathbb{R}$

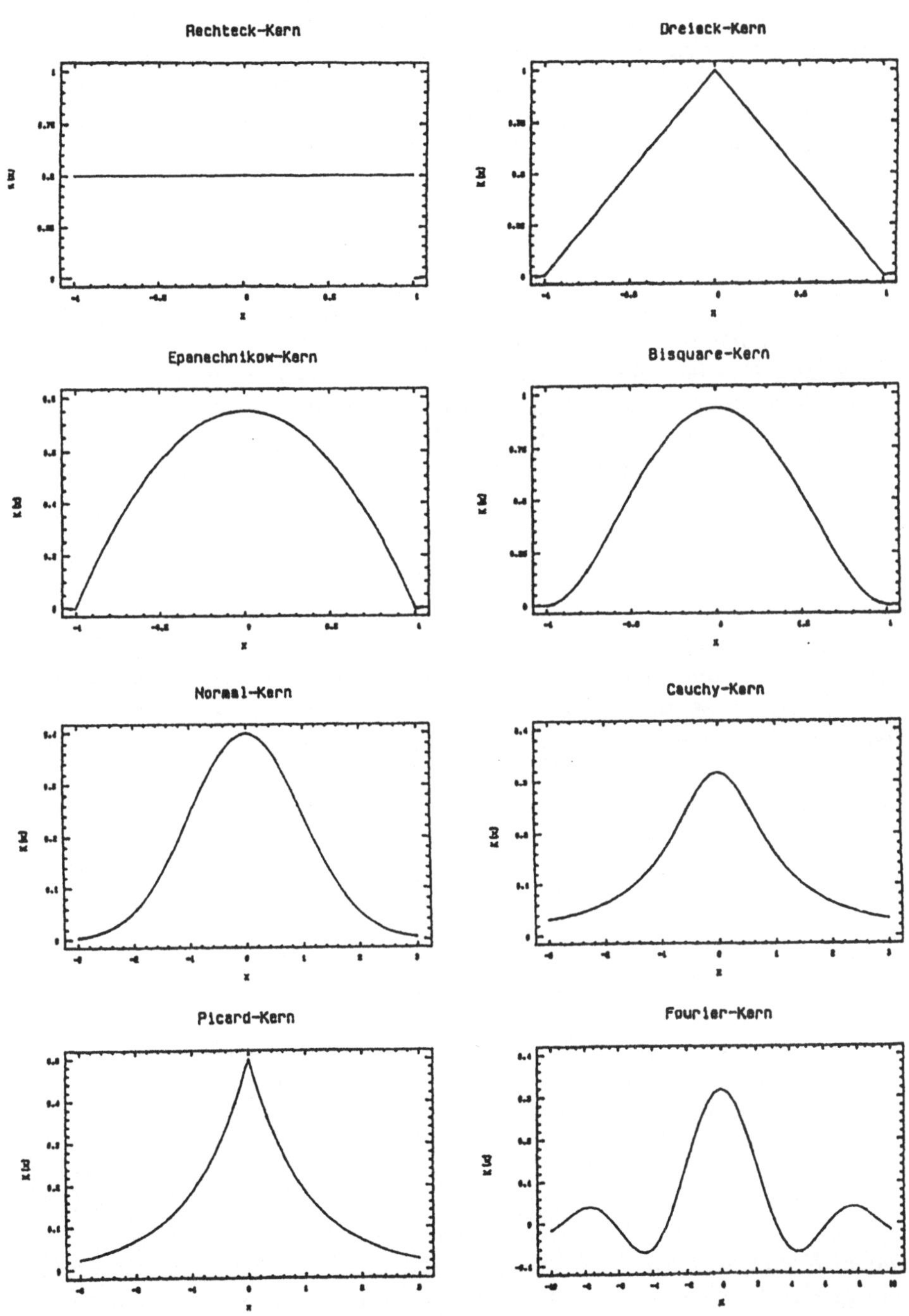

meist dünn besetzten Randbereichen zur Folge hat. Diese Effekte können vermieden werden, wenn an jeder Stelle x gleich viele Beobachtungen in den Dichteschätzer eingehen, welches gleichen Klassenbesetzungszahlen beim Histogramm entspricht: Ist $H_{n,k}(x)$ der Abstand zwischen x und demjenigen Beobachtungswert X_i, der am k_n-t nächsten zu x liegt, so wird der k_n-*Nearest-Neighbour-(k_n-NN-)Schätzer* definiert als

$$\tilde{f}_n^{NN}(x) = \frac{k_n - 1}{2nH_{n,k}(x)}, \quad H_{n,k}(x) > 0. \tag{2.6}$$

(Loftsgaarden und Quesenberry, 1965). Der Dichteschätzer (1.6) ist stets dann erklärt (d.h. $H_{n,k}(x) > 0$), wenn keine Bindungsgruppen der Mächtigkeit k_n auftreten, welches wegen der vorausgesetzten λ-Stetigkeit der Verteilung F λ-fast überall erfüllt ist. Eine Verallgemeinerung von (1.6) erhält man, wenn man in (1.4) die konstante Bandweite h_n durch die Zufallsvariable $H_{n,k}(x)$ ersetzt und lediglich Kerne mit Träger $\{x \,|\, |x| \leq 1\}$ zuläßt. Der *verallgemeinerte NN-Schätzer* hat also die Gestalt

$$f_n^{NN}(x) = \frac{1}{nH_{n,k}(x)} \sum_{i=1}^{n} K\left(\frac{x - X_i}{H_{n,k}(x)}\right) \tag{2.7}$$

und ist als Kernschätzer mit variabler, datengesteuerter Bandweite zu interpretieren. Im Falle eines Rechteckkernes mit offener Trägermenge $(-1, 1)$ stimmen (1.6) und (1.7) λ-fast-überall überein. Da $H_{n,k}(x)$ nicht überall differenzierbar ist, überträgt sich diese Eigenschaft —unabhängig von der Wahl des Kernes— auf den NN-Schätzer. Des weiteren divergiert im allgemeinen des Integral über f_n^{NN}. Diese beiden Nachteile treten nicht auf, wenn man den *variablen Kernschätzer*

$$f_n^{V}(x) = \sum_{i=1}^{n} \frac{K\left(\frac{x - X_i}{h_n H_{n,k}(X_i)}\right)}{nh_n H_{n,k}(X_i)}, \tag{2.8}$$

benutzt, der auf Breiman, Meisel und Purcell (1977) zurückgeht, auf den aber hier nicht näher eingegangen werden soll.

Zur Übertragung des Konzeptes der Kernschätzung von Dichten auf den Fall *multivariater Daten* ($p > 1$) bedarf es formal lediglich einer kleinen Änderung der Definition (1.4) zu

$$f_n^{K}(\mathbf{x}) = \frac{1}{nh_n^p} \sum_{i=1}^{n} K\left(\frac{\mathbf{x} - \mathbf{X}_i}{h_n}\right), \quad h_n > 0, \tag{2.9}$$

wobei K nunmehr eine Kernfunktion auf dem $\mathbf{R}^p$ ist. Im folgenden werden einige Konstruktionsprinzipien für solche Kerne vorgestellt. Beliebt ist die

Verwendung sogenannter *Produktkerne*, bei welchem man K als Produkt von Kernen k_j für univariate Daten bildet:

$$K(\mathbf{u}) = \prod_{i=1}^{p} k_j(u_j), \quad \mathbf{u} = (u_1, \ldots, u_p)'. \tag{2.10}$$

Indem man für jedes j verschiedene Kernfunktionen zuläßt, können unterschiedliche Bandweiten für die Komponenten von $\mathbf{X}$ durch die Festlegung $k_j(u) = k(u/b_j)/b_j$, $b_j > 0$, mit auf $\mathbb{R}$ definiertem Kern k erfaßt werden. Dies ist insbesondere dann nützlich, wenn die einzelnen Komponenten des multivariaten Datensatzes auf verschiedenen Skalen gemessen werden.

Eine Alternative zu Produktkernen ist durch Kerne der Gestalt

$$K(\mathbf{u}) = k(\|\mathbf{u}\|), \quad \|\mathbf{u}\|^2 = \mathbf{u}'\mathbf{u}, \tag{2.11}$$

gegeben, wobei k eine beschränkte Funktion ist, für die gilt

$$\int_{\mathbf{u}\epsilon\mathbb{R}^p} k(\|\mathbf{u}\|)\lambda(d\mathbf{u}) = 1.$$

Derartige Kerne erweisen sich unter anderem bei der zu (1.7) analogen Definition von NN-Schätzer für multivariate Verteilungen als geeignet und werden im folgenden als *Normkerne* bezeichnet. (Tabelle 1.2 enthält einige Beispiele.) Bei der praktischen Berechnung von Normierungskonstanten und Varianzen für Schätzer, die Normkerne enthalten, erweist sich die folgende Formel

$$\int_{\|\mathbf{u}\|\leq R} g(\|\mathbf{u}\|)\lambda(d\mathbf{u}) = \frac{2\pi^{\frac{p}{2}}}{\Gamma(\frac{p}{2})} \int_0^R g(r)r^{p-1}\lambda(dr) \tag{2.12}$$

für λ-integrierbare Funktionen g als recht nützlich. Werden nicht alle Komponenten von $\mathbf{X}$ auf einer einheitlichen Skala gemessen, so ist es sinnvoll, die Normkerne wie folgt zu verallgemeinern:

$$K(\mathbf{u}) = k(\|\mathbf{S}^{-\frac{1}{2}}\mathbf{u}\|)/\sqrt{\det(\mathbf{S})}. \tag{2.13}$$

Durch die $p \times p$-Matrix $\mathbf{S}$ soll ein Ausgleich der verschiedenen Skalen herbeigeführt werden. Man wähle etwa $\mathbf{S} = \mathrm{diag}(s_i^2)$ mit geeigneten, gegebenenfalls robusten Skalenschätzern s_i für die i-te Komponente von $\mathbf{X}$.

Zur Verallgemeinerung der Definition (1.7) auf *NN-Schätzer für multivariate Daten* wird einfach der euklidische Abstand $H_{n,k}(\mathbf{x})$ zwischen $\mathbf{x}$ und dem k_n-t nächsten Beobachtungsvektor in (1.9) eingesetzt, und man erhält

Tabelle 2.2: Beispiele für Normkerne

Name	Kernfunktion
Zylinderkern	$\frac{p\Gamma(\frac{p}{2})}{2\pi^{\frac{p}{2}}} I_{\{\|\mathbf{u}\|\leq 1\}}(\mathbf{u})$
Kegelkern	$\frac{p(p+1)\Gamma(\frac{p}{2})}{2\pi^{\frac{p}{2}}}(1-\|\mathbf{u}\|)I_{\{\|\mathbf{u}\|\leq 1\}}(\mathbf{u})$
Epanechnikow-Kern	$\frac{p(p+2)\Gamma(\frac{p}{2})}{4\pi^{\frac{p}{2}}}(1-\|\mathbf{u}\|^2)I_{\{\|\mathbf{u}\|\leq 1\}}(\mathbf{u})$
Bisquare-Kern	$\frac{p(p+2)(p+4)\Gamma(\frac{p}{2})}{16\pi^{\frac{p}{2}}}(1-\|\mathbf{u}\|^2)^2 I_{\{\|\mathbf{u}\|\leq 1\}}(\mathbf{u})$
Normalkern	$\frac{1}{\sqrt{2\pi}}\exp\left(-\frac{1}{2}\|\mathbf{u}\|^2\right)$
Picard-Kern	$\frac{\Gamma(\frac{p}{2})}{2\pi^{\frac{p}{2}}(p-1)!}\exp\left(-\|\mathbf{u}\|\right)$

$$f_n^{NN}(\mathbf{x}) = \frac{1}{nH_{n,k}(\mathbf{x})^p}\sum_{i=1}^{n} K\left(\frac{\mathbf{x}-\mathbf{X}_i}{H_{n,k}(\mathbf{x})}\right), \quad H_{n,k}(\mathbf{x}) > 0, \tag{2.14}$$

wobei $\mathbf{K}$ ein Normkern auf dem Träger $\{\mathbf{x}\,|\,\|\mathbf{x}\|\leq 1\}$ sein sollte. Im Prinzip läßt sich der NN-Schätzer auch für Produktkerne auf dem Träger $[-1,1]^p$ definieren, wenn zur Messung des Abstandes $H_{n,k}(\mathbf{x})$ zwischen dem Punkt $\mathbf{x}$ und seinem k_n-t nächsten Nachbarn anstelle der euklidischen Norm die Norm

$$\|\mathbf{u}\|_{max} = \max\{|u_1|,\ldots,|u_p|\} \tag{2.15}$$

verwendet wird, denn $K(\mathbf{u})$ verschwindet genau dann, wenn $\|\mathbf{u}\|_{max} > 1$ ist.

Auch das *Histogramm* kann auf den Fall *multivariater Beobachtungen* verallgemeinert werden: Mit den univariaten Klasseneinteilungen $z_0^1 < \cdots < z_{k_1}^1, \ldots, z_0^p < \cdots < z_{k_p}^p$ für jede der p Komponenten der Datenvektoren definiert man

$$f_n^H(x) = \frac{\frac{1}{n}\sum_{i=1}^n I_{(z_{j_1-1}^1, z_{j_1}^1] \times \cdots \times (z_{j_p-1}^p, z_{j_p}^p]}(\mathbf{X}_i)}{\prod_{k=1}^p (z_{j_k}^k - z_{j_k-1}^k)},$$

$$\text{falls } \mathbf{x} \epsilon (z_{j_1-1}^1, z_{j_1}^1] \times \cdots \times (z_{j_p-1}^p, z_{j_p}^p], \qquad (2.16)$$

$$j_l \epsilon \{1, \ldots k_l\}, \quad l = 1, \ldots, p.$$

Weitere Verfahren zur nichtparametrischen Dichteschätzung, wie beispielsweise die Verwendung von "penalized maximum likelihood"-Methoden, Orthogonalreihen, Splines und adaptiven Kernschätzern, findet man etwa in den Monographien von Silverman (1986) und Tapia und Thompson (1978). Eine graphische Repräsentation der geschätzten Dichte ist lediglich für $p \leq 2$ möglich; ist $p > 2$, so beschränkt man sich auf die Darstellung der zweidimensionalen Randdichten, womit natürlich ein Informationsverlust einhergeht. Zur Konstruktion von auf Dichteschätzern beruhenden Schätzern anderer Funktionale und insbesondere auch für Prognosen interessieren jedoch auch höhere Dimensionen.

2.2 Nichtparametrische Regression

Neben der Beschreibung der gemeinsamen Verteilung von Zufallsvariablen spielt in der statistischen Praxis das Problem der Analyse des *funktionalen Zusammenhangs* μ zwischen einem Zufallsvektor $\mathbf{X} \epsilon \mathbb{R}^p$ mit p erklärenden Komponenten und einer Zufallsvariablen $Y \epsilon \mathbb{R}$ eine zentrale Rolle. Um Aufschluß darüber zu gewinnen, zieht man eine Stichprobe $(\mathbf{X}_i', Y_i)', i = 1, 2, \ldots, n$, aus der gemeinsamen Verteilung $F_{X,Y}$ von $(\mathbf{X}', Y)'$, mit deren Hilfe μ geschätzt werden soll. Da der theoretische Zusammenhang $Y = \mu(\mathbf{X})$ in der Realität nie störungsfrei beobachtet wird, unterstellt man den Daten der Stichprobe gewöhnlich das *statistische Modell*

$$Y_i = \mu(\mathbf{X}_i) + U_i, \quad i = 1, \ldots, n, \qquad (2.17)$$

mit additiv gewählten Fehlern U_i, die als Stichprobe aus der Verteilung einer Fehlervariablen U interpretiert werden, deren erstes Moment verschwindet. Unter der Annahme

$$E(U|\mathbf{X}) = 0, \qquad (2.18)$$

die etwa bei stochastischer Unabhängigkeit von $\mathbf{X}$ und U erfüllt ist, schreibt sich μ in der Form

$$\mu(\mathbf{x}) = E(Y|\mathbf{X} = \mathbf{x}). \tag{2.19}$$

Hat $(\mathbf{X}', Y)'$ die λ^{p+1}-Dichte $f_{X,Y}$ mit p-variater Randdichte f von $\mathbf{X}$ und bedingter Dichte $f_{Y|X}$, so ist der bedingte Erwartungswert $\mu(\mathbf{x})$ erklärt, falls Y Lebesgue-integrierbar und $f(\mathbf{x})$ positiv ist. In diesem Fall gilt

$$\begin{aligned}
\mu(\mathbf{x}) &= \int y f_{Y|X=x}(y)\lambda(dy) \\
&= \frac{1}{f(\mathbf{x})} \int y f_{X,Y}(\mathbf{x}, y)\lambda(dy). \tag{2.20}
\end{aligned}$$

Besitzen $(\mathbf{X}', Y)'$ eine gemeinsame Normalverteilung, so erhält man als *Maximum-Likelihood-(ML-)Schätzer* für μ den gewöhnlichen Kleinste-Quadrate-Schätzer, indem man (1.20) zunächst ausintegriert und dann die ML-Schätzer für den Erwartungswert und die Kovarianzmatrix einsetzt. (Vgl. etwa Judge et al., 1980, S.285ff.)

Eine Möglichkeit der nichtparametrischen Schätzung der Funktion μ besteht darin, nichtparametrische Dichteschätzer $\hat{f}_{X,Y}$ bzw. $\hat{f}$ für die gemeinsame Dichte von $\mathbf{X}$ und Y bzw. die Randdichte von $\mathbf{X}$ in (1.20) einzusetzten. Durch die Wahl eines Kernschätzers mit Kernfunktion K für die Randdichte und Kernfunktion

$$\tilde{K} : \mathbb{R}^{p+1} \to \mathbb{R}, \quad \tilde{K}(\mathbf{x}, y) = K(\mathbf{x})K_2(y) \tag{2.21}$$

für die gemeinsame Dichte und unter der Annahme der Symmetrie des Kernes K_2 erhält man dann den folgenden *Kernregressionsschätzer* für μ:

$$\begin{aligned}
\mu_n^K(\mathbf{x}) &= \frac{1}{\hat{f}(\mathbf{x})} \int y \hat{f}_{X,Y}(\mathbf{x}, y)\lambda(dy) \\
&= \frac{\int (y \frac{1}{nh_n^{p+1}} \sum_{i=1}^n K(\frac{\mathbf{x}-\mathbf{X}_i}{h_n})K_2(\frac{y-Y_i}{h_n}))\lambda(dy)}{\frac{1}{nh_n^p} \sum_{i=1}^n K(\frac{\mathbf{x}-\mathbf{X}_i}{h_n})} \\
&= \frac{\frac{1}{h_n} \sum_{i=1}^n K(\frac{\mathbf{x}-\mathbf{X}_i}{h_n}) \int y K_2(\frac{y-Y_i}{h_n})\lambda(dy)}{\sum_{i=1}^n K(\frac{\mathbf{x}-\mathbf{X}_i}{h_n})}
\end{aligned}$$

$$= \frac{\sum_{i=1}^n K(\frac{\mathbf{x}-\mathbf{X}_i}{h_n}) \int (Y_i - h_n u) K_2(u) \lambda(du)}{\sum_{i=1}^n K(\frac{\mathbf{x}-\mathbf{X}_i}{h_n})}$$

$$= \frac{\sum_{i=1}^n K(\frac{\mathbf{x}-\mathbf{X}_i}{h_n}) Y_i}{\sum_{i=1}^n K(\frac{\mathbf{x}-\mathbf{X}_i}{h_n})}, \qquad (2.22)$$

wobei die Konvention $\frac{0}{0} := 0$ gelte. Das letzte Gleichheitszeichen in (1.22) ergibt sich aus der vorausgesetzten Symmetrie von K_2 und der Bedingung (1.5). Besitzt K einen kompakten Träger, so ist μ_n^K das (gewogene) arithmetische Mittel über diejenigen Werte Y_i, deren zugehörige Regressorvariablen $\mathbf{X}_i$ nahe genug an der Auswertungsstelle $\mathbf{x}$ liegen und entspricht dem p-variaten Analogon eines Regressionsschätzers, den Nadaraya (1964) und Watson (1964) unabhängig voneinander vorschlagen. Erweitert man Zähler und Nenner von (1.22) um $\frac{1}{nh_n^p}$, so schreibt sich

$$\mu_n^K(\mathbf{x}) = \frac{m_n^K(\mathbf{x})}{f_n^K(\mathbf{x})}$$

als Quotient des Dichteschätzers $f_n^K(\mathbf{x})$ und

$$m_n^K(\mathbf{x}) = \frac{1}{nh_n^p} \sum_{i=1}^n K(\frac{\mathbf{x}-\mathbf{X}_i}{h_n}) Y_i, \qquad (2.23)$$

des Schätzers für

$$m(\mathbf{x}) = \int y f_{X,Y}(\mathbf{x}, y) \lambda(dy). \qquad (2.24)$$

Mittelt man wie beim Histogramm über eine feste Klasseneinteilung, so erhält man das sogenannte *Regressogramm* (Tukey, 1961):

$$\mu_n^R(\mathbf{x}) = \frac{\sum_{i=1}^n I_{(z_{j_1-1}^1, z_{j_1}^1] \times \cdots \times (z_{j_p-1}^p, z_{j_p}^p]}(\mathbf{X}_i) Y_i}{\sum_{i=1}^n I_{(z_{j_1-1}^1, z_{j_1}^1] \times \cdots \times (z_{j_p-1}^p, z_{j_p}^p]}(\mathbf{X}_i)},$$

$$\text{falls } \mathbf{x} \in (z_{j_1-1}^1, z_{j_1}^1] \times \cdots \times (z_{j_p-1}^p, z_{j_p}^p], \qquad (2.25)$$

$$j_l \in \{1, \ldots k_l\}, \quad l = 1, \ldots, p.$$

Ein zu (1.22) analoger k_n-NN-Schätzer für Regressionsfunktionen ist über

$$\mu_n^{NN}(\mathbf{x}) = \frac{\sum_{i=1}^n K(\frac{\mathbf{x}-\mathbf{X}_i}{H_{n,k}(\mathbf{x})}) Y_i}{\sum_{i=1}^n K(\frac{\mathbf{x}-\mathbf{X}_i}{H_{n,k}(\mathbf{x})})}, \quad H_{n,k}(\mathbf{x}) > 0, \qquad (2.26)$$

sinnvoll erklärt. (1.26) ist (gewogenes) arithmetisches Mittel über alle Be-obachtungen Y_i deren erklärende Variablen $\mathbf{X}_i$ nicht weiter von der Stelle x entfernt liegen als ihr k_n-t nächster Nachbar.

2.3 Nichtparametrische Zeitreihenanalyse und Prognose

Im folgenden wird untersucht, wie die Regressionsschätzer (1.22) und (1.26) zur Analyse und Prognose von Zeitreihen verwendet werden können. Sei dazu $\{Z_t, t\epsilon\mathbb{Z}\}$ ein stochastischer Prozeß von dem als einzige Realisation die Zeitreihe $\{Z_t, t = 1, \ldots, T\}$ vorliegt. Bei einer quadratischen Verlust-funktion ist für $t \leq T$ und $m > 0$ die beste m-Schritt-Prognose auf der Grundlage der Daten $Z_1, \ldots, Z_t$ durch den bedingten Erwartungswert

$$E(Z_{t+m}|Z_1, \ldots, Z_t) \tag{2.27}$$

gegeben. Da der Ausdruck in (1.27) in aller Regel nur für hinreichend bekannte Prozesse analytisch zu bestimmen ist, ist man bei realistischen Zeitreihendaten auf Schätzungen dafür angewiesen. Besitzt der Prozeß $\{Z_t, t\epsilon\mathbb{Z}\}$ die *Markoffeigenschaft p-ter Ordnung*, das heißt hängt der zu-künftige Verlauf der Zeitreihe lediglich von den letzten p bekannten Werten ab, so gilt es, den bedingten Erwartungswert

$$\mu(\mathbf{X}_t) = E(Z_{t+m}|\mathbf{X}_t) \tag{2.28}$$

zu schätzen, wobei aus Gründen der einfacheren Notation und der Analogie zum Regressionmodell die Bezeichnung

$$\mathbf{X}_t = (Z_{t-p+1}, \ldots, Z_t)', \quad t = p, \ldots, T, \tag{2.29}$$

eingeführt wird. Man beachte jedoch, daß die Vektoren $\mathbf{X}_t, t = p, \ldots, T$, im Gegensatz zum Regressionsmodell nicht mehr stochastisch unabhängig angenommen werden können. Die Schätzung von μ in (1.28) dient im Falle $t + m \leq T$ der Analyse der Zeitreihe und im Falle $t + m > T$ der Prognose ihres zukünftigen Verlaufes.

Beliebte parametrische Verfahren der Schätzung und Prognose von sta-tionären Zeitreihen basieren auf sogenannten *AutoRegressive Moving Aver-age (ARMA)-Modellen*. Das Modell

$$Z_{t+1} = \alpha'\mathbf{X}_t + U_t, \ E(U_t) = 0, \ \alpha\epsilon\mathbb{R}^p, \tag{2.30}$$

etwa versucht die aktuellen und die zukünftigen Werte der Zeitreihe durch Linearkombinationen der vorhergehenden p Realisationen zu erklären. Gilt für die Störgrößen

$$U_t = \sum_{i=0}^{q} \beta_i \varepsilon_{t-i}, \quad \beta_0 = 1, \quad \beta_i \epsilon \mathbb{R}, \quad i = 1, \ldots, q, \tag{2.31}$$

mit weißem Rauschen $\{\varepsilon_t, t\epsilon\mathbb{Z}\}$, so ist durch die Beziehungen (1.30) und (1.31) ein ARMA(p,q)-Prozeß definiert. Beim *Ansatz von Box und Jenkins* (1976) werden *Stichprobenautokorrelationsfunktion* und *partielle Stichprobenautokorrelationsfunktion* zur *Modellidentifikation* und auch zur Parameterschätzung herangezogen.

Obwohl mit solchen Analyse- und Prognosemethoden oft recht erfolgreich gearbeitet wird, dürfte das Korsett des parametrischen Modells für manche Zeitreihen zu eng geschnürt sein. Hat man keinerlei detaillierte Information über das Verteilungsgesetz des Prozesses $\{Z_t, t\epsilon\mathbb{Z}\}$, so erscheinen nichtparametrische Verfahren geeigneter. Der bedingte Erwartungswert in (1.28) kann nichtparametrisch in Analogie zum Regressionsschätzer (1.22) über

$$\mu_{t,m}^{K}(\mathbf{X}_t) = \frac{\sum_{s=p}^{t-m} K(\frac{\mathbf{X}_s - \mathbf{X}_t}{h_t}) Z_{s+m}}{\sum_{s=p}^{t-m} K(\frac{\mathbf{X}_s - \mathbf{X}_t}{h_t})}, \quad \frac{0}{0} := 0, \tag{2.32}$$

geschätzt werden. Intuitiv läßt sich diese Vorgehensweise wie folgt begründen. Ausgehend von der Realisation $\mathbf{X}_t$ wird nach vergangenen Verläufen $\mathbf{X}_s, s = p, \ldots, t - m$, gesucht, die dem Verlauf $\mathbf{X}_t$ ähnlich sind, und über die darauf folgenden Werte Z_{s+m} ein je nach Art der Kernfunktion gewogenes Mittel gebildet. Die Verwendung des Rechteckproduktkernes und des Zylinderkernes führt dabei zu gleichgroßen Gewichten für alle Beobachtungen, deren vorangegangene Verläufe nicht weiter als h_n von $\mathbf{X}_t$ entfernt liegen, wobei die Entfernung für den Produktkern in der in (1.15) definierten Maximumnorm und für den Normkern in der euklidischen Norm gemessen wird. Die Wahl eines anderen nicht negativen Kernes aus Tabelle 1.1 oder 1.2 führt zu Gewichten, die mit steigender Entfernung zwischen $\mathbf{X}_t$ und $\mathbf{X}_s$ abnehmen. Zur Definition eines k_n-NN-Schätzers für μ ersetze man in (1.32) lediglich h_t durch $H_{t,k}(\mathbf{X}_t)$ und verwende einen Kern mit kompaktem Träger $\{\mathbf{x}|\ \|\mathbf{x}\| \leq 1\}$ bzw. $[-1, 1]^p$, und zwar einen Normkern, wenn $H_{t,k}(\mathbf{X}_t)$ über die euklidische Norm bzw. einen Produktkern, wenn $H_{t,k}(\mathbf{X}_t)$ über die Maximumnorm bestimmt wird.

Teilt man die Verläufe $\mathbf{X}_s, s = p, \ldots, t$, in K_n disjunkte Klassen $C_1, \ldots, C_{K_n}$ auf, so kann ein zum Regressogramm (1.25) analoger Schätzer über

$$\mu_{t,m}^P(\mathbf{X}_t) \;=\; \frac{\sum_{s=p}^{t-m} I_{C_l}(\mathbf{X}_s) Z_{s+m}}{\sum_{s=p}^{t-m} I_{C_l}(\mathbf{X}_s)} \;, \text{ falls } \mathbf{X}_t \epsilon C_l, \qquad (2.33)$$

definiert werden, wobei zur Klassenbildung Algorithmen der *nichthierarchischen Clusteranalyse* verwendet werden können. (1.33) entspricht dem arithmetischen Mittel über alle Zeitreihenwerte Z_{s+m}, deren vergangene Verläufe $\mathbf{X}_s$ derselben Klasse wie $\mathbf{X}_t$ angehören. Collomb (1980, 1983) untersucht die asymptotischen Eigenschaften des Schätzers $\mu_{T,m}^P(\mathbf{X}_T)$, der in Analogie zum Regressogramm als *Prediktogramm* bezeichnet wird. Michels und Heiler (1989) benutzen Prediktogramme zur kurzfristigen Prognose der Wasserführung der Ruhr (vgl. auch Kapitel 9).

In die nichtparametrischen Zeitreihenschätzer können leicht außer den vergangenen Verläufen der zu erklärenden Zeitreihe selbst auch Verläufe weiterer Einflußgrößen $\{(W_{1t}, \ldots, W_{qt}), t\epsilon\mathbb{Z}\}$ aufgenommen werden. Dazu genügt es, $\mathbf{X}_t$ anstatt über (1.29) in der Form

$$\mathbf{X}_t \;=\; (Z_{t-p+1}, \ldots, Z_t, W_{1,t-p_1}, \ldots, W_{1,t-r_1}, \ldots, W_{q,t-p_q}, \ldots, W_{q,t-r_q}),$$
$$p_i \geq r_i \geq 0, i = 1, \ldots, q, \quad t = \max\{p, p_1 + 1, \ldots, p_q + 1\}, \ldots, T,$$
$$(2.34)$$

zu definieren. Für Prognosezwecke sind nur solche erklärenden Variablen sinnvoll, auf die die zu erklärende Zeitreihe mit Verzögerung reagiert, es sei denn, die Reihen $\{(W_{1t}, \ldots, W_{qt}), t\epsilon\mathbb{Z}\}$ lassen sich erheblich genauer vorhersagen als die interessierende Zeitreihe.

Ist man an der Prognose fehlender Meßwerte innerhalb der Zeitspanne $1, 2, \ldots, T$ interessiert, so empfiehlt es sich, neben dem vorangegangenen Verlauf auch den folgenden als Prognosebasis zu verwenden. Ferner ist es in diesem Fall sinnvoller, alle Beobachtungen — auch diejenigen mit $s > t$ — einfließen zu lassen. Man erhält somit

$$\mu_{T,m}^{K,V}(\mathbf{X}_t) = \frac{\sum_{s=p,\ s\neq t}^{T-m} K(\frac{\mathbf{X}_t - \mathbf{X}_s}{h_T}) Z_{s+m}}{\sum_{s=p,\ s\neq t}^{T-m} K(\frac{\mathbf{X}_t - \mathbf{X}_s}{h_T})}, \quad \frac{0}{0} := 0, \qquad (2.35)$$

für die m-Schritt-Vorwärtsprognose und

$$\mu_{T,l}^{K,R}(\mathbf{X}_t) = \frac{\sum_{s=p+l,\ s\neq t}^{T} K\left(\frac{\mathbf{X}_t-\mathbf{X}_s}{h_T}\right)Z_{s-p+1-l}}{\sum_{s=p+l,\ s\neq t}^{T} K\left(\frac{\mathbf{X}_t-\mathbf{X}_s}{h_T}\right)}, \quad \frac{0}{0} := 0, \qquad (2.36)$$

für die l-Schritt-Rückwärtsprognose. Die Schätzer (1.35) und (1.36) sind sinnvoll erklärt, wenn bei allen Summen fehlende Werte weggelassen werden. Angenommen, es lägen zu den r Zeitpunkten $t+1,\ldots,t+r$ keine Messungen vor, so können diese für $m = 1,\ldots,r$ über

$$\mu_{T,m,r-m+1}^{K}(\mathbf{X}_t,\mathbf{X}_{t+r+p}) = g_V\,\mu_{T,m}^{K,V}(\mathbf{X}_t) + g_R\,\mu_{T,r-m+1}^{K,R}(\mathbf{X}_{t+r+p}) \qquad (2.37)$$

geschätzt werden, wobei g_V und g_R positive Gewichte mit $g_V + g_R = 1$ sind. g_V sollte eine abnehmende, g_R eine zunehmende Funktion des Prognosehorizontes m sein. Eine plausible Wahl dieser Größen ist etwa durch $g_V = \frac{r-m+1}{r+1}$ gegeben.

Die nichtparametrischen Verfahren eignen sich insbesondere für Zeitreihen, deren Verläufe weder Trends noch deutliche Saisonfiguren aufweisen. Karlson und Yakowitz (1987) haben solche Modelle erfolgreich auf die Vorhersage von Wasserabflußmengen nordamerikanischer Flüsse angewendet. In ökonomischen und ökologischen Systemen sind die Ablaufmechanismen oft derart komplex, daß eine einfache parametrische Modellierung zu starr ist, um die Eigenheiten der Systeme zu erfassen. Bei einer großen Anzahl von Daten, wie sie in diesen Anwendungsgebieten etwa zu Aktienkursen und Schadstoffmessungen in Luft und Wasser vorliegen, bieten die oben skizzierten nichtparametrischen Methoden eine attraktive Alternative zu den klassischen parametrischen Verfahren.

Kapitel 3

Asymptotische Eigenschaften von Kern- und Nearest-Neighbour-Schätzern

Zunächst sei hier auf ein Negativresultat hingewiesen: Als Konsequenz eines Satzes von Bickel und Lehmann (1969) ergibt sich, daß keiner der hier betrachteten nichtparametrischen Schätzer für die Dichte f und die Regressionsfunktion μ bei endlichem Stichprobenumfang für alle $\mathbf{x} \in \mathbb{R}^p$ unverzerrt ist (vgl. Bosq, 1970). Dies ist umso unerfreulicher, als auch lineare Regressionsfunktionen nicht für alle $\mathbf{x} \in \mathbb{R}^p$ unverzerrt geschätzt werden können.

Über positive Eigenschaften von Kern- und NN-Schätzern bei kleinen Stichproben ist im allgemeinen wenig bekannt, so daß man auf asymptotische Aussagen zum Nachweis der statistischen Eigenschaften zurückgreifen muß. Im allgemeinen interessieren schwache und starke Konsistenz, asymptotische Varianz, asymptotischer Bias, Mean Squared Error (MSE) und Integrated Mean Squared Error (IMSE) sowie die asymptotische Verteilung der Schätzer. Zur Asymptotik der Dichte- und Regressionsschätzung bei unabhängigen Beobachtungen liegt inzwischen eine Fülle von Arbeiten vor, von denen hier nur eine kleine Auswahl erwähnt werden soll, ehe auf den für Anwendungen auf Zeitreihendaten wichtigen Fall stochastisch abhängiger Zufallsvektoren näher eingegangen wird. Um die Darstellung allgemeiner zu halten, werden nicht Zeitreihenschätzer der Gestalt (2.32) analysiert, sondern diese in ein allgemeines Regressionsmodell mit stochastisch abhängigen Variabeln $\{(\mathbf{X}'_i, Y_i)', i = 1, 2, \ldots\}$ einbezogen.

3.1   Modellannahmen zur Herleitung asymptotischer Eigenschaften

Für die Gültigkeit der diversen asymptotischen Resultate sind spezielle Annahmen über

(i) das Verteilungsgesetz der Daten $\{(\mathbf{X}'_i, Y_i)', i = 1, 2, \ldots, n\}$,

(ii) die Bandweite h_n und die Anzahl der nächsten Nachbarn k_n sowie über

(iii) die Kernfunktion K

zu treffen, von denen zunächst die wichtigsten vorgestellt werden.

(i) Annahmen über das Verteilungsgesetz der Daten $\{(\mathbf{X}'_i, Y_i)', i = 1, 2, \ldots, n\}$

Im folgenden sei $\mathcal{B}_{p+1}$ die Borelsche σ-Algebra über $\mathbb{R}^{p+1}$, $\{(\mathbf{X}'_i, Y_i)',$ $i = 1, 2, \ldots\}$ ein streng stationärer stochastischer Prozeß mit Werten in $(\mathbb{R}^{p+1}, \mathcal{B}_{p+1})$ und $\mathcal{A}^t_s$ die von $\{(\mathbf{X}'_i, Y_i)', i = s, \ldots, t\}$ erzeugte σ-Algebra. Damit die Resultate, die für unabhängige Beobachtungen gelten, auf diesen Fall übertragen werden können, benötigt man Abhängigkeitsstrukturen, die über spezielle *Mischungsannahmen* eingeführt werden:

Der stochastische Prozeß $\{(\mathbf{X}'_i, Y_i)', i = 1, 2, \ldots\}$ heißt *stark-*, ϕ-, **-bzw. ρ-mischend (mixing)*, falls es monoton fallende Nullfolgen α_t, ϕ_t ψ_t bzw. ρ_t gibt, derart daß

$$|P(A \cap B) - P(A)P(B)| \leq \begin{cases} \alpha_t \\ \phi_t P(A) \\ \psi_t P(A)P(B) \\ \rho_t \sqrt{P(A)P(B)} \end{cases} \qquad (3.1)$$

für alle $A \in \mathcal{A}^s_1$, $B \in \mathcal{A}^\infty_{s+t}$ und alle $s \in \mathbb{N}$ gilt.

Die Folgen α_t, ϕ_t, ψ_t und ρ_t sind als Maß für die Stärke der Abhängigkeit zeitlich entfernter Beobachtungen zu verstehen. Je schneller diese gegen Null konvergieren, desto weniger ausgedehnt sind stochastische Abhängigkeitsstrukturen. Im Extremfall $\alpha_t = \phi_t = \psi_t = \rho_t = 0$, $t = 1, 2, \ldots$ entspricht die Forderung (3.1) der Definition der stochastischen Unabhängigkeit von Zufallsvektoren.

Im Falle eines ϕ—mischenden Prozesses argumentiert Collomb (1985a) anhand von Folgen m_t, die über die Bedingung

$$\exists A < \infty : \frac{t\phi_{[m_t]}}{m_t} \leq A \text{ und } 1 \leq m_t \leq t \ \forall t \in \mathbb{N} \qquad (3.2)$$

mit ϕ_t in Verbindung stehen und gibt mögliche Auswahlen von m_t für einige spezielle durch die Folgen ϕ_t charakterisierte Abhängigkeitstrukturen an:

a) Gilt $\phi_t = 0$ für alle $t \geq m+1$, so nennt man den Prozeß $\{(\mathbf{X}'_i, Y_i)', i = 1, 2, \ldots\}$ *m-abhängig*, und man kann $m_t = 1 + m$ wählen. In diesem Konzept sind auch stochastisch unabhängige Zufallsvektoren als 0-abhängige Prozesse enthalten.

b) Ist $\{(\mathbf{X}'_i, Y_i)', i = 1, 2, \ldots\}$ *geometrisch ϕ-mischend* (d.h $\phi_t \leq \alpha\beta^t$ *mit* $0 < \alpha < \infty$, $0 < \beta < 1$), so kann $m_t = c \log t$ mit $c > -1/\log\beta$ gewählt werden, denn für große t gilt

$$
\begin{aligned}
t\phi_{[m_t]}/m_t \ &\leq \ t\alpha\beta^{c\log t}/(\beta c \log t) \\[2mm]
&\leq \ \tfrac{1}{\beta} t\alpha \exp\left(c \log t \log \beta\right) \\[2mm]
&\leq \ \tfrac{1}{\beta} t\alpha \exp\left(-\log t\right) \qquad = \ \tfrac{\alpha}{\beta}.
\end{aligned}
$$

c) Für $\phi_t \leq \alpha t^{-\beta} \ \forall t \in \mathbb{N}$ erfüllt die Wahl von $m_t = t^{1/(1+\beta)}$ (3.2) wegen

$$
\begin{aligned}
t\phi_{[m_t]}/m_t \ &\leq \ \alpha t[(t-1)^{-\beta/(1+\beta)}]/t^{1/(1+\beta)} \\[2mm]
&\leq \ \alpha t\left(\tfrac{t-1}{t}\right)^{-\beta/(1+\beta)} \tfrac{1}{t} \longrightarrow \alpha \text{ für } t \longrightarrow \infty
\end{aligned}
$$

$$(0 < \alpha, \beta < \infty).$$

Zwischen diesen verschiedenen Mischungsbedingungen gelten die folgenden Beziehungen: Ein ϕ-mischender stationärer Gaußprozeß ist m-abhängig.

Genügt ein ϕ-mischender stationärer Markoffprozeß der der Doeblin-Bedingung (vgl. Doob, 1953), so ist er geometrisch ϕ-mischend. Autoregressive Prozesse der Ordnung p können im allgemeinen nur durch die starke Mischungsbedingung erfaßt werden. Für Gaußprozesse gilt jedoch die Bedingung

$$\alpha_t \leq \rho_t \leq 2\pi\alpha_t,$$

so daß in diesem Fall stark mischende und ρ-mischende Prozesse äquivalent sind. Ansonsten sind ρ-mischende Prozesse zwar stets stark-mischend; die Umkehrung dieser Aussage gilt jedoch nicht. *-mischend impliziert ϕ-mischend, woraus wiederum stark mischend folgt. Schließlich sind *-mischende Prozesse auch ρ-mischend.

Phillip (1969) weist für $\mathcal{A}_1^s$-meßbare Zufallsvariablen U und $\mathcal{A}_{s+t}^\infty$-meßbare Zufallsvariablen V die folgenden nützliche Ungleichungen nach

$$|\mathrm{Cov}(U, V)| \leq 4(\mathrm{ess} \sup|U|)(\mathrm{ess} \sup|V|)\alpha_t, \qquad (3.3)$$

für einen stark mischenden Prozeß,

$$|\mathrm{Cov}(U, V)| \leq 2(\mathrm{ess} \sup|U|)E|V|\phi_t, \qquad (3.4)$$

für einen ϕ-mischenden Prozeß und

$$|\mathrm{Cov}(U, V)| \leq E|U|E|V|\psi_t, \qquad (3.5)$$

für einen *-mischenden Prozeß. Dabei bedeutet das sogenannte essentielle Supremum ess sup das Infimum aller Werte M, für die fast sicher $|U| \leq M$ gilt.

Yakowitz (1985a) benötigt anstelle obiger Mischungsbedingungen die Annahme sogenannter G_2-Prozesse:

Ein stationärer Markoffprozeß $\{\mathbf{X}_i, i = 1, 2, \ldots\}$ heißt G_2-Prozeß, falls es $\rho > 0$ und $n \in \mathbf{N}$ gibt, so daß für jede beschränkte Borel-meßbare Funktion h mit $E[h(\mathbf{X}_i)] = 0$ gilt

$$E_{\mathbf{X}_1}\{E[h(\mathbf{X}_n)|\mathbf{X}_1]^2\} \leq \rho^2 E[h(\mathbf{X}_1)^2], \qquad (3.6)$$

wobei n und ρ nicht von der Wahl von h abhängen.

Die folgenden Annahmen betreffen die Dichte der Zufallsvektoren $\{(\mathbf{X}_i', Y_i)', i = 1, 2, \ldots\}$:

(D.1) Die Zufallsvektoren $\{(\mathbf{X}_i', Y_i)', i = 1, 2, \ldots n\}$ besitzen für alle $n \in \mathbb{N}$ eine gemeinsame Dichte $f_{(X_i', Y_i)', i=1,2,\ldots,n}$ bezüglich des Lebesgue-Maßes $\lambda^{n(p+1)}$, beziehungsweise schwächer

(D.2) $\mathbf{X}_1$ besitzt eine Lebesgue-Dichte f, oder

(D.3) $(\mathbf{X}_1', Y_1)'$ besitzt eine gemeinsame λ^{p+1}-Dichte $f_{X,Y}$ mit Randdichte f von $\mathbf{X}_1$ und bedingter Dichte $f_{Y|X}$.

(D.4) $\exists \delta > 0$ mit $f(\mathbf{x}) > \delta$.

Über diese Forderungen zur Existenz und Positivität von Dichten hinaus spielen lokale Stetigkeits- und Differenzierbarkeitsannahmen eine wesentliche Rolle:

(D.5) f sei im Punkt $\mathbf{x}$ stetig,

(D.6) f sei gleichmäßig stetig über $\mathbb{R}^p$,

(D.7) f sei im Punkt $\mathbf{x}$ k-mal stetig differenzierbar oder

(D.8) $f(\mathbf{x})$ sei beschränkt.

Zur Herleitung der asymptotischen Normalität nichtparametrischer Schätzer argumentiert Robinson (1983) anhand der folgenden Glattheitsbedingung für eine Funktion h: Für $\delta > 0$ existiere $C < \infty$, so daß

$$|h(\mathbf{x} - \mathbf{z}) - h(\mathbf{x}) - P_1 - \cdots - P_r| \;\leq\; C\|\mathbf{z}\|^\gamma \text{ für alle } \mathbf{z} \text{ mit } \|\mathbf{z}\| \leq \delta, \quad (3.7)$$

wobei r die größte ganze Zahl kleiner γ ist, und P_j Polynome in $\mathbf{z}$ vom Grade j sind, die sich aus der Taylorentwicklung von h um $\mathbf{x}$ ergeben. Ist die Funktion h in einer Umgebung von $\mathbf{x}$ γ-mal stetig differenzierbar und $r = \gamma - 1$, so folgt (3.7) aus der Taylorformel.

Collomb (1985a) formuliert Aussagen über die fast sichere gleichmäßige Konvergenz von Kern- und NN-Schätzern über einer Teilmenge C ihres kompakten Definitionsbereiches unter der Bedingung

$$\exists \Gamma_1, \Gamma_2, \; 0 < \Gamma_1 \leq \Gamma_2 < \infty : \Gamma_1 \lambda(B) \;\leq\; P(\mathbf{X}_1 \in B) \;\leq\; \Gamma_2 \lambda(B), \; B \in \mathcal{B}_{C^\epsilon},$$
$$(3.8)$$

wobei C^ϵ eine ϵ-Umgebung von C ist. Die Bedingung (3.8) ist etwa dann erfüllt, wenn $\mathbf{X}_1$ eine beschränkte Dichte besitzt, die über C^ϵ (D.4) genügt.

Weitere Annahmen betreffen die Momente und die bedingten Momente von Y:

(M.1) Der bedingte Erwartungswert $\mu(\mathbf{x})$ existiert und ist stetig in $\mathbf{x}$,

(M.2) $\mu(\mathbf{x})$ existiert und ist k-mal stetig differenzierbar in $\mathbf{x}$,

(M.3) $E|Y_1 - \mu(\mathbf{X}_1)| < \infty$ und $E(|Y_1 - \mu(\mathbf{X}_1)|\,|\mathbf{X}_1 = \mathbf{x})$ ist stetig in $\mathbf{x}$,

(M.4) $\exists\, M$ mit $|Y_1| < M$ fast sicher,

(M.5) $\mu(\mathbf{X}_1)$ und $Y_1|(\mathbf{X}_1 = \mathbf{x})$ haben endliche vierte Momente,

(M.6) $E|Y_1|^q < \infty,\quad q \geq 0$,

(M.7) $v(\mathbf{x}) = \mathrm{Var}(Y_1|\mathbf{X}_1 = \mathbf{x}) < \infty$,

(M.8) $\exists M < \infty$ mit $|E\{(Y_1 - \mu(\mathbf{x}))^k|\mathbf{X}_1 = \mathbf{x})\}| < M^{k-2}k!\xi(\mathbf{x}),\ \forall k \geq 2$, wobei ξ beschränkt und integrierbar bezüglich der Verteilung von $\mathbf{X}_1$ ist,

(M.9) $E(|Y_1|^q|\mathbf{X}_1 = \mathbf{x})$ existiert und ist stetig in $\mathbf{x}$ oder

(M.10) $|\int y^q f_{X,Y}(\mathbf{x},y)\lambda(dy)| < M < \infty$.

(ii) **Annahmen über die Bandweite h_n und die Anzahl k_n der NN**

Grundsätzliche Voraussetzungen aller asymptotischen Aussagen sind

(H.1) $h_n \longrightarrow 0,\ n \longrightarrow \infty$,

für Kernschätzer, und

(N.1) $k_n \longrightarrow \infty,\ n \longrightarrow \infty$,

für NN-Schätzer.

Jedoch sollten h_n bzw. k_n nicht zu schnell konvergieren bzw. divergieren, welches durch die Annahmen

(H.2)　$nh_n^p \longrightarrow \infty,\ n \longrightarrow \infty,$

(H.3)　$nh_n^{p+1} \longrightarrow \infty,\ n \longrightarrow \infty,$ bzw.

(N.2)　$k_n/n \longrightarrow 0,\ n \longrightarrow \infty,$

erreicht wird. Die Bedingungen (H.2) und (N.1) stellen sicher, daß zwar die Anzahl der in den Schätzer für $\mu(\mathbf{x})$ eingehen Beobachtungen über alle Grenzen wächst; deren Anteil konvergiert jedoch (bei Kernen mit kompakten Trägern) gemäß (H.1) und (N.2) gegen Null.

Zur Herleitung der fast sicheren Konvergenz werden im allgemeinen die Bedingungen

(H.4)　$nh_n^p/\log n \longrightarrow \infty,\ n \longrightarrow \infty,$

　　bzw.

(N.3)　$k_n/\log n \longrightarrow \infty,\ n \longrightarrow \infty,$

benötigt. Im Falle eines ϕ-mischenden Prozesses $\{(\mathbf{X}_i',Y_i)',i=1,2,\dots\}$ fordert Collomb (1985a, 1986) in Termen der gemäß (3.2) definierten Folgen m_n

(H.5)　$nh_n^p/m_n \longrightarrow \infty,\ n \longrightarrow \infty,$

　　bzw.

(N.4)　$k_n/m_n \longrightarrow \infty,\ n \longrightarrow \infty,$

　　zum Nachweis der schwachen und

(H.6)　$nh_n^p/(m_n \log n) \longrightarrow \infty,\ n \longrightarrow \infty,$

　　bzw.

(N.5)　$k_n/(m_n \log n) \longrightarrow \infty,\ n \longrightarrow \infty,$

　　zum Nachweis der starken Konsistenz.

Man beachte, daß die Voraussetzungen (H.4) und (H.6) bzw. (N.3) und (N.5) übereinstimmen, wenn der Prozeß m-abhängig ist, so daß m-abhängige Prozesse im Vergleich zu unabhängigen (0-abhängigen) keine zusätzlichen Bedingungen bezüglich der Bandweite benötigen. Robinson (1983, 1986) verwendet die Voraussetzungen

$$(\text{H.7}) \quad \frac{1}{nh_n^{2p}} \sum_{i=1}^{n} \alpha_i \downarrow 0, \; n \longrightarrow \infty$$

für stark mischende Prozesse,

$$(\text{H.8}) \quad \frac{1}{nh_n^{p}} \sum_{i=1}^{n} \phi_i \downarrow 0, \; n \longrightarrow \infty$$

für ϕ-mischende Prozesse $\{(\mathbf{X}_i', Y_i)', i = 1, 2, \ldots\}$ bzw.

$$(\text{H.9}) \quad nh_n^{p+2\gamma} \longrightarrow 0, \text{ für } n \longrightarrow \infty, \text{ wobei } \gamma \text{ gemäß (3.7) für } h = \mu \text{ definert ist.}$$

Für die Argumentation mit Hilfe von Markoffprozessen höherer Ordnung benötigt Yakowitz (1985a) die Annahmen

$$(\text{H.10}) \quad nh_n^{2p} \longrightarrow \infty, \; n \longrightarrow \infty,$$

$$(\text{H.11}) \quad nh_n^{p+4} \longrightarrow 0, \; n \longrightarrow \infty,$$

und

$$(\text{H.12}) \quad \sum_{i=1}^{\infty} \exp\left(-anh_n^{p}\right)) < \infty, \; \forall a > 0.$$

(iii) Annahmen über die Kernfunktion K

Die Wahl des Kernes ist für praktische Anwendungen nicht so wesentlich wie die der Bandbreite, denn unterschiedliche Bandweiten haben größeren Einfluß auf die Gestalt der Schätzung als unterschiedliche Kerne mit gleichen Eigenschaften bezüglich Stetigkeit und Differenzierbarkeit. Die wesentliche, in nahezu allen Arbeiten verwendete Annahme über die Borelmeßbare λ^p-integrierbare Kernfunktion K ist die Verallgemeinerung von (2.5) auf den p-variaten Fall:

(K.1) $\displaystyle\int K(\mathbf{u})\lambda(d\mathbf{u}) = 1.$

Da die Kernfunktion beim Regressionsschätzer in Zähler und Nenner eingeht, ist die Normierungskonstante 1 in diesem Fall willkürlich gewählt, so daß (K.1) auch durch

(K.1') $\displaystyle\int K(\mathbf{u})\lambda(d\mathbf{u}) > 0$

ersetzt werden kann.

Daneben spielen die folgenden Bedingungen eine Rolle:

(K.2) $\int u_1^{h_1}\cdots u_p^{h_p} K(\mathbf{u})\lambda(d\mathbf{u}) = 0,\ \forall h_j$ mit $0 < h_1 + \cdots + h_p \le r,\ r > 0,$

(K.3) K ist beschränkt mit kompaktem Träger,

(K.4) $|K(\mathbf{u})| \le C\exp\left(-D\|\mathbf{u}\|^\rho\right),\ 0 < C, D, \rho < \infty,$

(K.5) $|K(\mathbf{u})| \le C(1 + \|\mathbf{u}\|)^{-p-\omega},\ \omega > \gamma,\ \gamma$ wie in (3.7) für $h = \mu,$

oder

(K.6) $\|\mathbf{u}\|^p |K(\mathbf{u})| \longrightarrow 0,$ für $\|\mathbf{u}\| \longrightarrow \infty.$

Die Bedingungen (K.3) bis (K.5) sind alternative Voraussetzungen. (K.4) schließt Normalkerne, (K.5) solche, die langsamer als exponentiell abfallen ein. Für Produktkerne der Form (2.10) vereinfacht sich (K.2) zu $\int u^h k_j(u)\lambda(du) = 0,\ j = 1,\ldots,p.$ Weitere Annahmen über die Kernfunktionen sind

(K.7) $K(\mathbf{u}) \ge 0,$ für $\mathbf{u} \in \mathbb{R}^p,$

(K.8) $K(\tau\mathbf{u}) \ge K(\mathbf{u}),\ \forall\tau \in [0,1],\ \forall\mathbf{u} \in \mathbb{R}^p,$

(K.9) $|K(\mathbf{u})|$ ist beschränkt, für alle $\mathbf{u} \in \mathbb{R}^p,$

(K.10) $\|\mathbf{u}\|^q |K(\mathbf{u})|^s$ ist beschränkt für alle $\mathbf{u} \in \mathbb{R}^p$ und gewisse nicht negative q und s,

(K.11) $\int |K(\mathbf{u})| \lambda(d\mathbf{u}) < \infty$,

(K.12)   die Fouriertransformierte des Kernes K $\kappa(\mathbf{u}) = \int \exp(i\mathbf{u}'\mathbf{z}) K(\mathbf{z}) \lambda(d\mathbf{z})$ ist absolut integrierbar,

(K.13) $\int \|\mathbf{u}\|^q |K(\mathbf{u})|^s \lambda(d\mathbf{u}) < \infty$ für gewisse nicht negative q und s,

(K.14) $\exists \varepsilon > 0$ mit $K(\mathbf{u}) > 0$ für $\|\mathbf{u}\| < \varepsilon$,

(K.15) K genüge der Lipschitz-Bedingung
$|K(\mathbf{u}) - K(\mathbf{z})| \leq L\|\mathbf{u} - \mathbf{z}\|$, $\forall \mathbf{u}, \mathbf{z} \in \mathbb{R}^p$, $0 < L < \infty$, oder

(K.16)   es existiere eine Funktion $k^* : \mathbb{R} \longrightarrow \mathbb{R}$ mit den Eigenschaften
$\int k^*(u) \lambda(du) < \infty$ und $k^*(u) \leq C(1 - |u|^{-1-\omega})$ für gewisse
$\omega > 0$, $0 < C < \infty$, so daß $|K(\mathbf{u}/h_n)| \leq k^*(u_p/h_n)$ gilt.

3.2   Asymptotische Eigenschaften bei unabhängigen Beobachtungen

Die ersten asymptotischen Resultate über den univariaten Dichteschätzer ($p = 1$) bei unabhängig identisch verteilten Beobachtungen gehen auf Parzen (1962) zurück. Er zeigt die punktweise schwache Konsistenz des Kerndichteschätzers (2.4) unter den Bedingungen (D.2), (D.5), (H.1), (H.2), (K.1), (K.2) mit $r = 1$, (K.6), (K.9), (K.11) und (K.13) mit $q = 0$, $s = 2 + \epsilon$, ($\epsilon > 0$) und die asymptotische Normalität und Unkorreliertheit von $f_n^K(x)$ und $f_n^K(x')$, $x \neq x'$. Gleichmäßige schwache Konsistenz (d.h. Konvergenz in Wahrscheinlichkeit von $\sup_{x \in \mathbb{R}} |f_n^K(x) - f(x)|$ gegen Null) wird etwa von Parzen (1962), Nadaraya (1965), Silverman (1978) und Bertrand-Retali (1978) nachgewiesen. Für die fast sichere gleichmäßige Konsistenz, wie sie beispielsweise Bertrand-Retali (1978) herleitet, benötigt man eine Kernfunktion von beschränkter Variation, deren Unstetigkeitsstellen Lebesgue-Maß Null haben; darüber hinaus seien (K.1), (K.11), (D.2), (D.6), (H.1) und (H.4) erfüllt. Die Bedingungen (D.6), (H.1) und (H.4) sind nicht nur hinreichend sondern auch notwendig für die gleichmäßige fast sichere Konvergenz. Devroye und Györfi (1985) zeigen, daß für eine

Kernfunktion K, die (K.1) und (K.7) erfüllt gilt: $\int |f_n^K(x) - f(x)| dx$ konvergiert genau dann fast sicher gegen Null, wenn die Bedingungen (H.1) und (H.2) erfüllt sind. Sie treffen keinerlei Einschränkungen über die Gestalt der Dichte.

Der *Mean Squared Error* MSE(x) (mittlerer quadratischer Fehler) des Schätzers $g_n(\mathbf{x})$ für den Funktionswert $g(\mathbf{x})$ ist über

$$\text{MSE}(\mathbf{x}) = E\{[g_n(\mathbf{x}) - g(\mathbf{x})]^2\}, \tag{3.9}$$

der *Integrated Mean Square Error IMSE* (integrierter mittlerer quadratischer Fehler) über

$$\text{IMSE} = \int \text{MSE}(\mathbf{x})\lambda(d\mathbf{x}) \tag{3.10}$$

definiert.

Unter gewissen Regularitätsbedingungen konvergiert der IMSE mit der Rate $n^{-4/5}$ gegen Null, wenn die Bandweite h_n (im Sinne minimalen IMSE) optimal gewählt wird.

Cacoullos (1966) verallgemeinert die Aussagen von Parzen auf den multivariaten Fall ($p \geq 1$): Unter den Annahmen (D.2), (D.5) (H.1), (H.2), (K.1), (K.2) mit $r = 1$, (K.6), (K.9) und (K.11) zeigt er, daß $f_n^K(\mathbf{x})$ in Wahrscheinlichkeit und im quadratischen Mittel gegen $f(\mathbf{x})$ konvergiert. Der IMSE strebt mit der Rate $n^{\frac{-4}{p+4}}$ gegen Null. Gilt (D.5) für alle paarweise verschiedenen Punkte $\mathbf{x}_k, k = 1,\ldots,d$, so sind dir Schätzer $f_n^K(\mathbf{x}_k)$ asymptotisch unkorreliert und normalverteilt mit Erwartungswert $f(\mathbf{x}_k)$ und Varianz $\frac{1}{nh_n^p} f(\mathbf{x}_k) \int K^2(\mathbf{u})\lambda(d\mathbf{u})$. Unter den zusätzlichen Annahmen (D.6), (H.10) und (K.12) ist f_n^K gleichmäßig schwach konsistent für f.

Seit den Arbeiten von Parzen (1962) und Cacoullos (1966) haben sich zahlreiche Autoren mit der Asymptotik der Dichteschätzer für stochastisch unabhängige Beobachtungen beschäftigt. Roussas (1969a) und Rosenblatt (1970, 1971) geben Zentrale Grenzwertsätze für Kernschätzer unter Markoff-Bedingungen an. Der Fall abhängiger Beobachtungen wird im Zusammenhang mit Zeitreihenschätzern in diesem Kapitel weiter unten behandelt. Zur asymptotischen Entwicklung von Bias und Varianz des NN-Dichteschätzers (2.14) liegt eine Arbeit von Mack und Rosenblatt (1979) vor, auf die hier jedoch nicht weiter eingegangen wird. Rosenblatt (1979) untersucht globale Fehlermaße (wie etwa den IMSE) und stellt fest, daß diese beim NN-Dichteschätzer durch die Verzerrung in nahezu datenleeren Randbereichen dominiert werden. Für einen umfassenderen Überblick über die nichtparametrische Dichteschätzung sei hier auf die Monographien von Prakasa Rao (1983), Tapia und Thompson (1978) und Silverman (1986) sowie auf die darin zitierte Literatur verwiesen.

Nadaraya (1964) gibt für den Regressionsschätzer μ_n^K im Falle $p = 1$ ähnliche asymptotische Resultate an, wie sie Parzen (1962) in seiner Arbeit über Dichteschätzer gezeigt hat, und verweist zum Beweis auf diese. Er benötigt die zusätzlichen Annahmen (H.3), (D.4) und (M.6) mit $q = 2$ für die schwache Konsistenz. Zum Nachweis der asymptotischen Normalität und Unkorreliertheit der Schätzer $\mu_n^K(x_1), \ldots, \mu_n^K(x_d)$ setzt Schuster (1972) neben (H.1), (K.2) mit $r = 1$, (K.9), (K.10) (mit $q = s = 1$), (K.13) (mit $s = 1$ und $q = 2$), (M.1), (M.6) (mit $q = 3$), (D.4) für paarweise verschiedene Punkte $x_i, i = 1, \ldots, d$, und Differenzierbarkeitsvoraussetzungen an μ, f und v die Bedingungen $\lim_{n \to \infty} nh_n^3 = \infty$ sowie $\lim_{n \to \infty} nh_n^5 = 0$ voraus. In seiner Dissertation gibt Collomb (1976) eine Reihe asymptotischer Ergebnisse für p-variate Kernschätzer an; insbesondere bestimmt er ihre asymptotische Verteilung, ihre asymptotische Varianz und Verzerrung sowie ihren asymptotischen IMSE. In dieser Arbeit werden ähnliche asymptotische Herleitungen für abhängige Beoabachtungen im Abschnitt 3.3 durchgeführt. Wie bei der Dichteschätzung ist die Konvergenzrate des IMSE von der Ordnung $n^{\frac{-4}{p+4}}$, wenn man (im Sinne minimalen IMSE) optimal gewählte Bandweiten der Ordnung $n^{\frac{-1}{p+4}}$ unterstellt. Unter den Voraussetzungen (K.6), (K.9), (K.11), (K.15), (H.1), (D.2), (D.3), (M.6) mit $q = 1$, sowie (D.4), (D.5), (M.1) und (M.8) jeweils für alle $\mathbf{x}$ aus einer ε-Umgebung der nichtleeren beschränkten Menge $C \subset \mathbb{R}^p$, die ein nicht entartetes p-dimensionales Rechteck enthält, beweist Collomb (1979a), daß für

$$\sup_{\mathbf{x} \in C} |\mu_n^K(\mathbf{x}) - \mu(\mathbf{x})| \longrightarrow 0 \quad \text{fast sicher} \tag{3.11}$$

die Bedingung (H.4) notwendig und hinreichend ist. Gleiches gilt für die Konvergenz in der L_2-Norm, wenn man (M.6) und (M.1) durch (M.4) ersetzt. (3.11) folgern Nadaraya (1970) sowie Schuster und Yakowitz (1979) für $p = 1$ und Devroye (1979) für $p \geq 1$ unter Verwendung einer stärkeren Bedingung als (H.4). Für die Konvergenz in Wahrscheinlichkeit bzw. die fast sichere Konvergenz des Ausdrucks

$$\int |\mu_n^K(\mathbf{x}) - \mu(\mathbf{x})|^q f(\mathbf{x}) \lambda(d\mathbf{x}) \tag{3.12}$$

gegen Null geben Devroye und Wagner (1980a, 1980b) für $p = q = 1$ unter anderem die Vorausetzungen (H.1), (H.2) bzw. (H.12) an, wohingegen sie für die Konvergenz von $E|\mu_n^K(\mathbf{x}) - \mu(\mathbf{x})|^q$, $q \geq 0$, gegen Null neben anderen

Regularitätsbedingungen im wesentlichen die Annahmen (H.1), (H.2) und (M.6) treffen.

Stone (1980) gibt die beste erreichbare Rate der Konvergenz in Wahrscheinlichkeit für nichtparametrische Dichte- und Regressionsschätzer mit $\frac{\gamma}{2\gamma+p}$ an, wobei γ wie in (3.7) für $h = f$ bzw. $h = \mu$ definiert ist. Diese Rate wird von den meisten nichtparametrischen Schätzern erreicht.

Stone (1977) untersucht asymptotische Eigenschaften eines verallgemeinerten NN-Schätzers, den er als gewogenes arithmetisches Mittel der Beobachtungen Y_i mit Gewichten $W_n(\mathbf{x}, \mathbf{X}_i)$ schreibt. Unter Regularitätsbedingungen ist dieser Schätzer genau dann schwach konsistent, wenn für $n \longrightarrow \infty$ die Summe der Gewichte gegen Eins und das Maximum der Gewichte in Wahrscheinlichkeit für $n \longrightarrow \infty$ gegen Null konvergiert.

Zur asymptotischen Entwicklung der Momente des NN-Schätzers liegt ein Beitrag von Mack (1981) vor. Unter den Bedingungen (K.1), (K.2) mit $r = 1$, (K.13) mit $s = 1$ und $q = 2$, $K(\mathbf{u}) = 0$ für $\|u\| \geq 1$, (D.2), (D.4), (D.8), {(D.7) und (M.2) jeweils mit $k = 2$ in einer Umgebung von $\mathbf{x}$}, (M.9) mit $q = 2$, (N.1), (N.2), (N.3) sowie $P(\|\mathbf{x} - \mathbf{X}_1\| > r) = O(r^{-\xi})$ für $\xi > 0$, $r \rightarrow \infty$, *gilt*

$$
\begin{aligned}
E[\mu_{n,k}^{NN}(\mathbf{x})] = {} & \mu(\mathbf{x}) + \frac{1}{2}\int \mathbf{u}'[\mathbf{H}_\mu(\mathbf{x}) \\
& + \frac{2}{f(\mathbf{x})}\nabla f(\mathbf{x})\nabla\mu(\mathbf{x})']\mathbf{u}K(\mathbf{u})\lambda(d\mathbf{u}) \times [\frac{k_n}{nc_p f(\mathbf{x})}]^{2/p} \\
& + o((\frac{k_n}{n})^{2/p}) + O(\frac{1}{k_n})
\end{aligned}
\tag{3.13}
$$

und

$$
\mathrm{Var}[\mu_{n,k}^{NN}(\mathbf{x})] = \frac{c_p v(\mathbf{x})}{k_n}\int K^2(\mathbf{u})\lambda(d\mathbf{u}) + o(\frac{1}{k_n}),
\tag{3.14}
$$

wobei $c_p = \pi^{p/2}/\Gamma(\frac{p+2}{2})$ das Volumen der Einheitskugel im $\mathbb{R}^p$, ∇ der Differentialoperator $(\frac{\partial}{\partial x_1}, \ldots, \frac{\partial}{\partial x_p})'$, $\mathbf{H}_\mu$ die Hessematrix $(\frac{\partial^2\mu}{\partial x_i\partial x_j})$ von μ und $v(\mathbf{x}) := \mathrm{Var}(Y_1|\mathbf{X}_1 = \mathbf{x})$ die auf $\mathbf{X}_1 = \mathbf{x}$ bedingte Varianz von Y_1 repräsentieren. Unter weiteren Regularitätsbedingen gilt für die asymptotische Verteilung von $\mu_{n,k}^{NN}(\mathbf{x})$

$$
\sqrt{k_n - 1}\,[\mu_{n,k}^{NN}(\mathbf{x}) - E(\mu_{n,k}^{NN}(\mathbf{x}))] \; \longrightarrow \; \mathcal{N}[0, c_p v(\mathbf{x})\int K^2(\mathbf{u})\lambda(d\mathbf{u})]
$$

$$
\text{für } n \rightarrow \infty.
\tag{3.15}
$$

Collomb (1979b) gibt ein Lemma an, mit dessen Hilfe sich asymptotische Eigenschaften des Kernschätzers (2.22) auf den gemäß (2.26) definierten NN-Schätzer zurückführen lassen. Unter ähnlichen Regularitätsbedingungen, wie sie in den oben zitierten Arbeiten vorkommen, gelingt es ihm, die Konvergenz in Wahrscheinlichkeit und die Konvergenz im q-ten Mittel bzw. die fast sichere Konvergenz zu zeigen, wenn an k_n die Forderungen (N.1) und (N.2) bzw. (N.1) und (N.3) gestellt werden.

Da im Falle abhängiger Beobachtungen noch genauer auf den Regressionsschätzer eingegangen wird, möge hier der Verweis auf die in der Bibliographie von Collomb (1985b) aufgeführte Originalliteratur für den an weiteren Resultaten und Details interessierten Leser genügen.

3.3   Asymptotische Eigenschaften bei abhängigen Beobachtungen

Watson (1964) verwendet den von ihm vorgeschlagenen Regressionsschätzer μ_n^K zur Vorhersage einer meteorologischen Zeitreihe, benutzt ihn also in einem Zusammenhang, bei welchem typischerweise abhängige Prozesse eine Rolle spielen. Eine erste theoretische Rechtfertigung für diese Vorgehensweise liefert Roussas (1969a), der sich mit der Asymptotik des Kernschätzers $f_n^K(x,y)/f_n^K(x)$ für die Übergangsdichte $f_{Y|X}(y|x)$ im Falle $p = 1$ befaßt, und einen streng stationären Markoffprozeß unterstellt, der der sogenannten Doeblin-Bedingung (vgl. Doob, 1953) genügt. Unter den Annahmen (H.1), (H.2), (K.1), (K.7), (K.9), (K.6) und (K.13) mit $q = s = 1$ und weiteren Voraussetzungen an die gemeinsame Verteilung des Prozesses ist dieser schwach konsistent. Roussas (1969b) besonderes Interesse gilt einem Schätzer für die Verteilungsfunktion der Übergangsverteilung, der aus (2.22) hervorgeht, indem man $I_{(-\infty,y]}(Y_i)$, $y \in \mathbb{R}$, für Y_i einsetzt. Neben der schwachen Konsistenz dieses Schätzers weist er unter modifizierten Annahmen insbesondere schwache Konsistenz und asymptotische Normalität eines Kernschätzer für die Quantile der bedingten Verteilung nach. Yakowitz (1979a) erhält für den auf p Regressoren verallgemeinerten Fall die starke Konsistenz des oben erwähnten Schätzers für die Verteilungsfunktion der Übergangsverteilung. Er gibt auch einen geeigneten *Cluster-Algorithmus* an, mit dessen Hilfe die für das Prediktogramm notwendige Klasseneinteilung vorgenommen werden kann.

Abgesehen von den obigen Arbeiten von Roussas und Yakowitz werden Ergebnisse über die asymptotische Eigenschaften der Kernschätzer für abhängige Zeitreihendaten erst wieder in den achtziger Jahren veröffentlicht. Bosq (1983a, 1983b) liefert Ergebnisse zur Konvergenz im qudratischen Mittel für eine allgemeine Klasse von nichtparametrischen Zeitreihenschätzern, wobei er als wesentliche Annahme die Kenntnis der Verteilung des ersten Zeitreihenwertes Z_1 voraussetzt. Weitere punktweise asymptotische Resultate stammen von Doukhan und Ghindes (1980, 1983), Robinson (1983, 1986), Collomb (1985a, 1986), Gregoriev (1984) und Yakowitz (1985a). Mit dem NN-Schätzer bei stochastisch abhängigen Zeitreihendaten befassen sich Collomb (1985a, 1986), Collomb und Doukhan (1983) und Yakowitz (1987). Schließlich sei noch auf die Arbeiten von Banon (1978), Pham (1981) und Nguyen und Pham (1981), die nichtparametrische Rekursionsschätzer in Diffusionsprozessen untersuchen, hingewiesen. Die darin angegebenen Rekursionsformeln führen auch bei der Berechnung der Kernschätzer zu einer erheblichen Reduktion des Rechenaufwandes.

Da im folgenden auf einige Ergebnisse aus den Arbeiten von Collomb (1985a, 1986), Robinson (1983, 1986) und Yakowitz (1985a, 1987) Bezug genommen wird, werden diese nun explizit vorgestellt.

Mit der asymptotischen Normalität von Kernschätzern befaßt sich Robinson (1983), der zunächst den Kernschätzer (2.9) für die Dichte der gemeinsamen Verteilung der Zeitreihenwerte $\mathbf{X}_t = (Z_{t-p+1}, \ldots, Z_t)'$ untersucht:

Satz 3.1 *Sei* $\{Z_t, t = 1, 2, \ldots\}$ *stark mischend mit*

$$N \sum_{i=N}^{\infty} \alpha_i \longrightarrow 0 \ \textit{für } N \longrightarrow \infty, \tag{3.16}$$

und seien $\mathbf{x}_i$ *paarweise verschiedene Punkte aus* $\mathbb{R}^p$. *Es gelte (3.7) für* $h = f$, $\mathbf{x} = \mathbf{x}_i$ *und* $\gamma = \gamma_i$, $i = 1, \ldots, d$, *sowie (H.9) für* $\gamma = min\{\gamma_1, \ldots, \gamma_d\}$. *Ferner sei mit der Bezeichnung* x_{jp} *für die p-te Komponente des Vektors* $\mathbf{x}_j$

$$\sup_{\|(\mathbf{z}',\tilde{z})'-(\mathbf{x}_i',x_{jp})'\| < \delta} f_{X_t, Z_{t+s}}(\mathbf{z}', \tilde{z}) < \infty, \ i, j = 1, \ldots, p, \tag{3.17}$$

für $\delta > 0$, $s = 1, \ldots, p$, *und*

$$\sup_{\|(\mathbf{z}_1',\mathbf{z}_2')'-(\mathbf{x}_i',\mathbf{x}_j')'\| < \delta} f_{X_t, X_{t+s}}(\mathbf{z}_1', \mathbf{z}_2') < \infty, \ i, j = 1, \ldots, p, \tag{3.18}$$

gleichmäßig in $s > p$ für $\delta > 0$, wobei die Existenz der vorkommenden Dichten vorausgesetzt wird. Unter den zusätzlichen Voraussetzungen (H.1), (H.2), (K.1), (K.2), (K.16) und einer der Bedingungen (K.3), (K.4), (K.5) (mit $\gamma = \gamma_i$) konvergiert

$$\sqrt{nh_n^p}[(f_n^K(\mathbf{x}_1) - f(\mathbf{x}_1)), \ldots, (f_n^K(\mathbf{x}_d) - f(\mathbf{x}_d))] \qquad (3.19)$$

gegen einen Vektor unabhängiger normalverteilter Zufallsvariabeln mit Erwartungswert Null und den Varianzen

$$\cdot \quad f(\mathbf{x}_i) \int K^2(\mathbf{u})\lambda(d\mathbf{u}), \quad i = 1, \ldots, d, \qquad (3.20)$$

die mit Hilfe von

$$f_n^K(\mathbf{x}_i) \int K^2(\mathbf{u})\lambda(d\mathbf{u}), \quad i = 1, \ldots, d, \qquad (3.21)$$

schwach konsistent geschätzt werden können.

Beweis: siehe Robinson (1983).

Ein weiteres Resultat von Robinson (1986) betrifft die Konvergenz des Dichteschätzers im quadratischen Mittel unter allen drei oben aufgeführten Mischungseigenschaften.

Satz 3.2 *Unter den Voraussetzungen (D.2), (D.5), (H.1), (H.2), (K.1) und einer der Bedingugen (K.3) oder (K.4) oder (K.6) sowie der Annahme (H.7) bzw. (H.8) bzw. $\{\mathbf{X}_i, i = 1, 2, \ldots\}$ *-mischend gilt*

$$E(f_n^K(\mathbf{x}) - f(\mathbf{x}))^2 \longrightarrow 0, \; \textit{für } n \longrightarrow \infty. \qquad (3.22)$$

Beweis: siehe Robinson (1986).

Die Aussagen von Satz 3.1 und Satz 3.2 verallgemeinern die Ergebnisse von Cacoullos (1966) auf den Fall abhängiger Beobachtungen. Von größerem Interesse als die Schätzung der gemeinsamen Dichte ist bei zeitreihenanalytischen Fragestellungen jedoch die Schätzung der bedingten Erwartung in (2.28). Robinson (1983) gibt seine Resultate über die asymptotische Normalität für eine Modifikation des Schätzers (2.22) an: Mit Hilfe von

$$\tilde{\mu}_{g,n}^K(\mathbf{x}) = \frac{\sum_{i=1}^n K(\frac{\mathbf{x} - \mathbf{X}_i}{h_n}) g(Y_i)}{\sum_{i=1}^n K(\frac{\mathbf{x} - \mathbf{X}_i}{h_n})} \qquad (3.23)$$

wird der auf $\mathbf{X}_t = \mathbf{x}$ bedingte Erwartungswert $\tilde{\mu}_g(\mathbf{x})$ von $g(Y_t)$ geschätzt. Die gleichermaßen bedingte Varianz von $g(Y_t)$ sei mit $\tilde{v}_g(\mathbf{x})$ bezeichnet.

Satz 3.3 *Neben denjenigen des Satzes 3.1 mögen die Voraussetzungen (D.4), (3.7) für* $\mathbf{x} = \mathbf{x}_i$, $\gamma = \gamma_i, i = 1, \ldots, d$, *mit* $h = \tilde{\mu}_g$ *erfüllt sein. Ferner sei* $\tilde{v}_g$ *stetig in* $\mathbf{x}_i, i = 1, \ldots, d$, *und* $g(Y_1)$ *fast sicher beschränkt. Dann konvergiert*

$$\sqrt{nh_n^p}[(\tilde{\mu}_{g,n}^K(\mathbf{x}_1) - \tilde{\mu}_g(\mathbf{x}_1)), \ldots, (\tilde{\mu}_{g,n}^K(\mathbf{x}_d) - \tilde{\mu}_g(\mathbf{x}_d))] \tag{3.24}$$

gegen einen Vektor unabhängiger normalverteilter Zufallsvariablen mit Erwartungswert Null und den Varianzen

$$\frac{\tilde{v}_g(\mathbf{x}_i)}{f(\mathbf{x}_i)} \int K^2(\mathbf{u})\lambda d(\mathbf{u}), \quad i = 1, \ldots, d, \tag{3.25}$$

die mit Hilfe von

$$\frac{\tilde{v}_{g,n}^K(\mathbf{x}_i)}{f_n^K(\mathbf{x}_i)} \int K^2(\mathbf{u})\lambda d(\mathbf{u}), \quad i = 1, \ldots, d, \tag{3.26}$$

schwach konsistent geschätzt werden können. Dabei ist $\tilde{v}_{g,n}^K$ *über*

$$\tilde{v}_{g,n}^K = \tilde{\mu}_{g^2,n}^K - (\tilde{\mu}_{g,n}^K)^2 \tag{3.27}$$

erklärt.

Beweis: siehe Robinson (1983).

Setzt man anstelle von (3.16) die Beschränktheit von $N \sum_{i=N}^{\infty} \alpha_i^{1-2/\theta}$, $\theta > 2$ für $N \longrightarrow \infty$ voraus, so bleibt die Aussage von Satz 3.3 richtig, wenn anstelle der fast sicheren Beschränktheit von $g(Y_1)$ die Momentenbedingungen

$$E(|g(Y_1)|^\theta) < \infty \text{ für } \theta > 2 \text{ und} \tag{3.28}$$

$$E(|g(Y_1)|^\gamma|\mathbf{X}_1 = \mathbf{x}) \text{ erfüllt (3.7) für } \mathbf{x} = \mathbf{x}_i, \ i = 1, \ldots, d, \gamma > \theta \tag{3.29}$$

eingesetzt werden. Je größer θ, desto restriktiver sind also die Bedingungen an die Momente, desto weniger restriktiv sind jedoch die Anforderungen bezüglich des Mischungsverhaltens des Prozesses.

Obwohl aus Satz 3.3 über die Tschebyscheff-Ungleichung die schwache Konsistenz von $\tilde{\mu}_{g,n}^K$ folgt, zitieren wir hier noch ein Ergebnis von Robinson (1986), welches diese Eigenschaft unter allgemeineren Voraussetzungen an die Abhängigkeitsstruktur des Prozesses $\{(\mathbf{X}_i', Y_i)', i = 1, 2, \ldots\}$ beinhaltet.

Satz 3.4 *Neben den Voraussetzungen des Satzes 3.2 mögen (M.1), (M.3), (D.4), (H.2) monoton in n und (K.14) erfüllt sein. Dann konvergiert $\mu_n^K(\mathbf{x})$ in Wahrscheinlichkeit gegen $\mu(\mathbf{x})$.*

Beweis: siehe Robinson (1986).

Im Fall $d = 1$ erhält Yakowitz (1985a) ein zu Satz 3.3 analoges Resultat über die asymptotische Verteilung von $\tilde{\mu}_{g,n}^K$, wenn Z_i einem G_2-Prozeß der Markoffordnung p folgt (vgl. (3.6)). Er benötigt die folgenden weiteren Annahmen: f und $\tilde{\mu}_g$ genügen (D.2), (D.4), (D.7) (mit $k = 2$), (D.8) für alle $\mathbf{x}$, (M.2) (mit $k = 2$) und (M.5) (für alle $\mathbf{x}$ aus dem Träger von f), wobei sich die Forderungen auf $\tilde{\mu}_g$ bzw. die bedingten Momente von $g(Y_1)$ beziehen; für die Bandweiten mögen (H.1), (H.2) und (H.11) gelten; die gleichmäßig stetige Kernfunktion K erfülle (K.1), (K.2) (mit $r = 1$),(K.6) (jedoch mit $p = 1$), und (K.7).

Die Anforderungen (H.2) und (H.9) an die Bandweiten in Satz 3.3 werden durch Folgen h_n von der Ordnung n^{-a} mit $\frac{1}{p+2\gamma} < a < \frac{1}{p}$ erfüllt. Unter Verwendung der Ergebnisse des Satzes berechnet sich hieraus über die Tschebyscheff-Ungleichung eine Ordnung von weniger als $\frac{1-ap}{2}$ für die Konvergenz in Wahrscheinlichkeit. Die maximale Konvergenzordnung ist also kleiner als $\frac{\gamma}{p+2\gamma}$ und liegt somit unter der von Stone (1980) für unabhängige Zufallsvektoren berechneten optimalen Rate, welche jedoch beliebig genau angenähert werden kann. Die spezielleren Differenzierbarkeitsvoraussetzungen von Yakowitz (1985a) führen zu den gleichen Ergebnissen, wenn man $\gamma = 2$ setzt. In diesem Fall jedoch ist die Wahl einer den IMSE minimierenden Bandbreite der Ordnung $n^{\frac{-1}{p+4}}$ nicht zulässig, falls auf obige Normalverteilungsresultate zurückgegriffen werden soll. Diese Eigenart kann wie folgt begründet werden. Zur schwachen Konvergenz des Schätzers gegen eine nicht ausgeartete Normalverteilung mit Erwartungswert Null muß der quadrierte Bias mit höherer Rate gegen Null konvergieren als die Varianz. Die Wahl der optimalen Bandbreite führt aber gerade zu einem Ausgleich zwischen den Raten für Bias^2 und Varianz, die somit mit der Konvergenzrate des IMSE übereinstimmen und zum Nachweis der Aussagen über asymptotische Normalität zu klein sind. Bei höheren Anforderungen an die Glattheit der Funktion $\tilde{\mu}_g$ (d.h. $\gamma > 2$) erfüllt auch die optimale Bandbreite die Bedingungen (H.2) und (H.9).

Yakowitz (1987) betrachtet den NN-Schätzer (2.26) mit Zylinderkern (vgl. Tabelle 2.2) und gibt dafür die Konvergenzrate von

$$E[(\mu_{n,k}^{NN}(\mathbf{x}) - \mu(\mathbf{x}))^2] \tag{3.30}$$

mit $\frac{4}{p+4}$ für alle $\mathbf{x}$ aus dem Träger von f an. Er geht von denselben Annahmen über die Abhängigkeitsstruktur der Daten aus, wie er sie in seiner oben zitierten Arbeit über Kernschätzer benutzt, fordert neben Differenzierbarkeitsvoraussetzungen (f, $f_{Y|X}$, μ und v zweimal stetig differenzierbar) die Beschränktheit von $f_{Y|X}$ und setzt $k_n = [n^{\frac{4}{p+4}}]$. Mit Hilfe der Tschebyscheff-Ungleichung folgt aus (3.30), daß dieser k_n-NN-Schätzer die von Stone (1980) für unabhängige Zufallsvektoren bestimmte optimale Konvergenzrate erreicht. Die obige Wahl von k_n entspricht bis auf einen Faktor derjenigen, die den IMSE minimiert.

Collomb (1985a, 1986) veröffentlicht Ergebnisse zur starken Konsistenz von Kernschätzern. Diese haben Gültigkeit, wenn für den ϕ-mischenden Prozeß $\{(\mathbf{X}_i', Y_i)', i = 1, 2, \ldots\}$ die Annahmen (M.1) und (M.4) sowie die Bedingnung (3.8) erfüllt sind. Generelle Voraussetzungen an den Kern sind (K.1'), (K.3), (K.6) und (K.11). Damit gilt der

Satz 3.5 *Unter den Bedingungen (H.1), (H.6) (mit m_n gemäß (3.2)) konvergiert $\mu_n^K(\mathbf{x})$ fast sicher gegen $\mu(\mathbf{x})$ für jedes feste $\mathbf{x} \in C$. (C und C^ϵ wie bei (3.8) definiert) Sind (K.15) und (M.1) $\forall \mathbf{x} \in C^\epsilon$ erfüllt, so gilt (3.11). Für alle Zufallsvektoren $\mathbf{X} \in C^\epsilon$, gilt*

$$\mu_n^K(\mathbf{X}) - \mu(\mathbf{X}) \longrightarrow 0 \ \textit{für } n \longrightarrow \infty \ \textit{fast sicher.} \tag{3.31}$$

Beweis: siehe Collomb (1985a).

Die Resultate von Satz 3.5 können auf den NN-Schätzer mit Hilfe eines Lemmas von Collomb (1979a,b) übertragen werden. Unter der zusätzlichen Voraussetzung eines Kernes mit kompakten Träger $[-1, 1]^p$ oder $\{\mathbf{x} | \|\mathbf{x}\| \leq 1\}$ gilt der

Satz 3.6 *Unter den Bedingungen (N.1), (N.2), (N.5) (mit m_n gemäß (3.2)) konvergiert $\mu_{n,k}^{NN}(\mathbf{x})$ fast sicher gegen $\mu(\mathbf{x})$ für jedes feste $\mathbf{x} \in C$. (C und C^ϵ wie bei (3.8) definiert) Sind (K.15) und (M.1) $\forall \mathbf{x} \in C^\epsilon$ erfüllt, so gilt*

$$\sup_{\mathbf{x} \in C} |\mu_n^{NN}(\mathbf{x}) - \mu(\mathbf{x})| \longrightarrow 0 \ \textit{fast sicher.} \tag{3.32}$$

Für alle Zufallsvektoren $\mathbf{X} \in C^\epsilon$, gilt

$$\mu_n^{NN}(\mathbf{X}) - \mu(\mathbf{X}) \longrightarrow 0 \ \textit{für } n \longrightarrow \infty \ \textit{fast sicher.} \tag{3.33}$$

Beweis: siehe Collomb (1985a).

Collomb zeigt sogar die stärkere Aussage der fast vollständigen Konvergenz im Sinne von Hsu und Robins (1947), aus der nach Serfling (1980, S. 10) die starke Konsistenz folgt. Die schwache Konsistenz von $\mu_n^K(\mathbf{x})$ und $\mu_{n,k}^{NN}(\mathbf{x})$ erhält man bereits aus den Annahmen (H.5) bzw. (N.4), die schwächer als (H.6) bzw. (N.5) sind. Collomb (1986) beweist obige Resultate auch für Rechteckproduktkerne und Zylinderkerne (siehe Tabellen 2.1 und 2.2), welche die einzigen gebräuchlichen Kernfunktionen sind, die nicht der Bedingung (K.15) genügen.

Wie oben erwähnt, entwickelt Collomb (1976) für den Fall unabhängiger Zufallsvektoren asymptotisch Varianz, Bias, MSE und IMSE der Regressionskernschätzer. Im folgenden werden dazu analoge Resultate für *-mischende Prozesse hergeleitet, ohne wie Collomb die Symmetrie der Kernfunktion vorauszusetzen. Asymmetrische Kerne spielen insbesondere bei der in Kapitel 5 behandelten Modifikation zur Biasreduktion eine wichtige Rolle. Zunächst wird das folgende Lemma bewiesen.

Lemma 3.1   *(i) Für die Funktion* $h : \mathbb{R}^p \longrightarrow \mathbb{R}$ *gelte (3.7) mit* $\gamma = r+\varepsilon$, $r = 0,1,2$, $\varepsilon > 0$, *für* $\delta \longrightarrow \infty$. *Ferner sei (K.13) mit* $q = r+\varepsilon$ *erfüllt.*

(ii) Für die $\lambda-$*integrierbare Funktion* h *gelte (3.7) mit* $\gamma = r + \varepsilon$, $r = 0,1,2$, $\varepsilon > 0$, *für ein* $\delta > 0$. *Ferner seien (K.10) und (K.13) jeweils mit* $q = r + \varepsilon$ *erfüllt.*

Sind die Ableitungen von h *in* $\mathbf{x}$ *bis zur Ordnung* r *beschränkt, so folgt aus (i) oder aus (ii)*

$$\int K^s(\frac{\mathbf{x}-\mathbf{z}}{h_n})h(\mathbf{z})\lambda(d\mathbf{z}) = h_n^p[h(\mathbf{x})\int K^s(\mathbf{u})\lambda(d\mathbf{u}) + O(h_n^\varepsilon)]$$
$$\text{für } r = 0, \tag{3.34}$$

$$\int K^s(\frac{\mathbf{x}-\mathbf{z}}{h_n})h(\mathbf{z})\lambda(d\mathbf{z}) = h_n^p[h(\mathbf{x})\int K^s(\mathbf{u})\lambda(d\mathbf{u}) \tag{3.35}$$
$$+ h_n\nabla h(\mathbf{x})'\int \mathbf{u}K^s(\mathbf{u})\lambda(d\mathbf{u}) + O(h_n^{1+\varepsilon})]$$
$$\text{für } r = 1 \text{ und}$$

$$\int K^s(\frac{\mathbf{x}-\mathbf{z}}{h_n})h(\mathbf{z})\lambda(d\mathbf{z}) = h_n^p[h(\mathbf{x})\int K^s(\mathbf{u})\lambda(d\mathbf{u}) \tag{3.36}$$

$$-h_n \nabla h(\mathbf{x})' \int \mathbf{u} K^s(\mathbf{u})\lambda(d\mathbf{u})$$

$$+\frac{h_n^2}{2} \int \mathbf{u}' \mathbf{H}_h(\mathbf{x})\mathbf{u} K^s(\mathbf{u})\lambda(d\mathbf{u}) + O(h_n^{2+\epsilon})]$$

$$\text{für } r = 2,$$

falls die Integrale existieren. (**H**$_h$ *ist die Hessematrix der Funktion h.*)

Beweis: Die Substitution $\mathbf{u} = \frac{\mathbf{x}-\mathbf{z}}{h_n}$ liefert

$$\begin{aligned}
\int K^s(\frac{\mathbf{x}-\mathbf{z}}{h_n})h(\mathbf{z})\lambda(d\mathbf{z}) &= h_n^p \int K^s(\mathbf{u})h(\mathbf{x}-h_n\mathbf{u})\lambda(d\mathbf{u}) \\
&= h_n^p\{h(\mathbf{x}) \int K^s(\mathbf{u})\lambda(d\mathbf{u}) \\
&\quad + \int K^s(\mathbf{u})[h(\mathbf{x}-h_n\mathbf{u}) - h(\mathbf{x})]\lambda(d\mathbf{u})\}.
\end{aligned}$$

Zunächst werden die Aussagen unter (i) gezeigt: Der Betrag des zweiten Summanden in geschweiften Klammern wird unter Verwendung von (K.13) mit $q = \varepsilon$ und (3.7) wie folgt abgeschätzt:

$$|\int K^s(\mathbf{u})[h(\mathbf{x}-h_n\mathbf{u}) - h(\mathbf{x})]\lambda(d\mathbf{u})|$$

$$\leq \int |K(\mathbf{u})|^s |h(\mathbf{x}-h_n\mathbf{u}) - h(\mathbf{x})|\lambda(d\mathbf{u})$$

$$\leq Ch_n^\epsilon \int \|\mathbf{u}\|^\epsilon |K(\mathbf{u})|^s \lambda(d\mathbf{u}) = O(h_n^\epsilon)$$

Hieraus ergibt sich (3.34). Entwickelt man h bis zur Ordnung r, so erhält man im Fall $r = 1$

$$\begin{aligned}
\int K^s(\mathbf{u})h(\mathbf{x}-h_n\mathbf{u})\lambda(d\mathbf{u}) &= h(\mathbf{x}) \int K^s(\mathbf{u})\lambda(d\mathbf{u}) \\
&\quad -h_n \nabla h(\mathbf{x})' \int \mathbf{u} K^s(\mathbf{u})\lambda(d\mathbf{u}) \\
&\quad + \int K^s(\mathbf{u})[h(\mathbf{x}-h_n\mathbf{u}) \\
&\quad -h(\mathbf{x}) + h_n \nabla h(\mathbf{x})'\mathbf{u}]\lambda(d\mathbf{u})
\end{aligned}$$

und im Fall $r = 2$

$$
\begin{aligned}
\int K^s(\mathbf{u}) h(\mathbf{x} - h_n\mathbf{u})\lambda(d\mathbf{u}) \;=\; & h(\mathbf{x}) \int K^s(\mathbf{u})\lambda(d\mathbf{u}) \\
& - h_n \nabla h(\mathbf{x})' \int \mathbf{u} K^s(\mathbf{u})\lambda(d\mathbf{u}) \\
& + \frac{h_n^2}{2} \int \mathbf{u}' \mathbf{H}_h(\mathbf{x})\mathbf{u} K^s(\mathbf{u})\lambda(d\mathbf{u}) \\
& + \int K^s(\mathbf{u})[h(\mathbf{x} - h_n\mathbf{u}) \\
& - h(\mathbf{x}) + h_n \nabla h(\mathbf{x})'\mathbf{u} - \frac{h_n^2}{2}\mathbf{u}'\mathbf{H}_h(\mathbf{x})\mathbf{u}]\lambda(d\mathbf{u}).
\end{aligned}
$$

Mit den gleichen Überlegungen wie oben folgen daraus (3.35) und (3.36) unter den Bedingungen (i). Nun sollen (3.34) bis (3.36) unter den Bedingungen (ii) hergeleitet werden. Dazu unterteilt man den $\mathbb{R}^p$ in die Bereiche $\{\|h_n\mathbf{u}\| \leq \delta\}$ und $\{\|h_n\mathbf{u}\| > \delta\}$ und schätzt im Fall $r = 0$ erneut den Betrag des Integrals $\int K^s(\mathbf{u})[h(\mathbf{x} - h_n\mathbf{u}) - h(\mathbf{x})]\lambda(d\mathbf{u})$ ab:

$$
\begin{aligned}
& \left| \int K^s(\mathbf{u})[h(\mathbf{x} - h_n\mathbf{u}) - h(\mathbf{x})]\lambda(d\mathbf{u}) \right| \\[4pt]
\leq\;\; & \int_{\|\mathbf{u}\| \leq \delta/h_n} |K(\mathbf{u})|^s |h(\mathbf{x} - h_n\mathbf{u}) - h(\mathbf{x})|\lambda(d\mathbf{u}) \\[4pt]
& + \int_{\|\mathbf{u}\| > \delta/h_n} |K(\mathbf{u})|^s |h(\mathbf{x} - h_n\mathbf{u})|\lambda(d\mathbf{u}) \\[4pt]
& + |h(\mathbf{x})| \int_{\|\mathbf{u}\| > \delta/h_n} |K(\mathbf{u})|^s \lambda(d\mathbf{u}) \\[4pt]
\leq\;\; & C h_n^\varepsilon \int_{\|\mathbf{u}\| \leq \delta/h_n} \|\mathbf{u}\|^\varepsilon |K(\mathbf{u})|^s \lambda(d\mathbf{u}) \\[4pt]
& + \frac{h_n^\varepsilon}{\delta^\varepsilon} \int_{\|\mathbf{u}\| > \delta/h_n} \|\mathbf{u}\|^\varepsilon |K(\mathbf{u})|^s |h(\mathbf{x} - h_n\mathbf{u})|\lambda(d\mathbf{u}) \\[4pt]
& + \frac{h_n^\varepsilon}{\delta^\varepsilon} |h(\mathbf{x})| \int_{\|\mathbf{u}\| > \delta/h_n} \|\mathbf{u}\|^\varepsilon |K(\mathbf{u})|^s \lambda(d\mathbf{u}) \\[4pt]
\leq\;\; & C h_n^\varepsilon \int_{\|\mathbf{u}\| \leq \delta/h_n} \|\mathbf{u}\|^\varepsilon |K(\mathbf{u})|^s \lambda(d\mathbf{u}) \\[4pt]
& + \frac{h_n^\varepsilon}{\delta^\varepsilon} \sup_{\|\mathbf{u}\| > \delta/h_n} \{\|\mathbf{u}\|^\varepsilon |K(\mathbf{u})|^s\} \int |h(\mathbf{u})|\lambda(d\mathbf{u})
\end{aligned}
$$

$$+ \frac{h_n^\varepsilon}{\delta^\varepsilon} |h(\mathbf{x})| \int_{\|\mathbf{u}\| > \delta/h_n} \|\mathbf{u}\|^\varepsilon |K(\mathbf{u})|^s \lambda(d\mathbf{u})$$
$$= O(h_n^\varepsilon),$$

da das Integral im ersten und im dritten Term wegen (K.13) mit $q = \varepsilon$ ebenso wie $|h(\mathbf{x})|$ beschränkt ist. Wegen der Integrierbarkeit von h und (K.10) mit $q = \varepsilon$ ist der zweite Term ebenfalls von der Ordnung h_n^ε. Damit ist (3.34) auch unter der Bedingung (ii) gezeigt.

Zum Nachweis von (3.35) gelten mit der Bezeichnung $\phi(\mathbf{x}, h_n\mathbf{u}) = h(\mathbf{x} - h_n\mathbf{u}) - h(\mathbf{x}) + h_n \nabla h(\mathbf{x})'\mathbf{u}$ die folgenden Abschätzungen:

$$\left| \int K^s(\mathbf{u})\phi(\mathbf{x}, h_n\mathbf{u})\lambda(d\mathbf{u}) \right|$$

$$\leq \int_{\|\mathbf{u}\| \leq \delta/h_n} |K(\mathbf{u})|^s |\phi(\mathbf{x}, h_n\mathbf{u})| \lambda(d\mathbf{u})$$

$$+ \int_{\|\mathbf{u}\| > \delta/h_n} |K(\mathbf{u})|^s |\phi(\mathbf{x}, h_n\mathbf{u})| \lambda(d\mathbf{u})$$

$$\leq C h_n^{1+\varepsilon} \int_{\|\mathbf{u}\| \leq \delta/h_n} \|\mathbf{u}\|^{1+\varepsilon} |K(\mathbf{u})|^s \lambda(d\mathbf{u})$$

$$+ \frac{h_n^{1+\varepsilon}}{\delta^{1+\varepsilon}} \int_{\|\mathbf{u}\| > \delta/h_n} \|\mathbf{u}\|^{1+\varepsilon} |K(\mathbf{u})|^s |h(\mathbf{x} - h_n\mathbf{u})| \lambda(d\mathbf{u})$$

$$+ \frac{h_n^{1+\varepsilon}}{\delta^{1+\varepsilon}} |h(\mathbf{x})| \int_{\|\mathbf{u}\| > \delta/h_n} \|\mathbf{u}\|^{1+\varepsilon} |K(\mathbf{u})|^s \lambda(d\mathbf{u})$$

$$+ \frac{h_n^{1+\varepsilon}}{\delta^{1+\varepsilon}} h_n \int_{\|\mathbf{u}\| > \delta/h_n} |\nabla h(\mathbf{x})'\mathbf{u}| |K(\mathbf{u})|^s \lambda(d\mathbf{u}).$$

Eine analoge Argumentation wie im Fall $r = 0$ ergibt, daß die ersten drei Summanden von der Ordnung $h_n^{1+\varepsilon}$ sind. Für das h_n-fache des Integrals im letzten erhält man wegen (K.13) mit $q = 1 + \varepsilon$

$$h_n \int_{\|\mathbf{u}\| > \delta/h_n} |\nabla h(\mathbf{x})'\mathbf{u}| |K(\mathbf{u})|^s \lambda(d\mathbf{u})]$$

$$\leq \frac{h_n^{1+\varepsilon}}{\delta^\varepsilon} \int_{\|\mathbf{u}\| > \delta/h_n} \frac{|\nabla h(\mathbf{x})'\mathbf{u}|}{\|\mathbf{u}\|} \|\mathbf{u}\|^{1+\varepsilon} |K(\mathbf{u})|^s \lambda(d\mathbf{u})$$

$$= O(h_n^{1+\varepsilon}),$$

denn $|u_j|/\|u\|$, $j = 1, \ldots, p$, und $\nabla h(\mathbf{x})$ sind beschränkt. Damit ist (3.35) gezeigt. Ersetzt man $\phi(\mathbf{x}, h_n \mathbf{u})$ durch

$\phi(\mathbf{x}, h_n \mathbf{u}) = h(\mathbf{x} - h_n \mathbf{u}) - h(\mathbf{x}) + h_n \nabla h(\mathbf{x})' \mathbf{u} - \frac{1}{2} h_n^2 \mathbf{u}' \mathbf{H}_\mu(\mathbf{x}) \mathbf{u}$ und $1 + \varepsilon$ durch $2 + \varepsilon$, so ergibt sich in gleicher Weise (3.36), da $|\mathbf{u}' \mathbf{H}_\mu(\mathbf{x}) \mathbf{u}|/\|u\|^2$ beschränkt ist.

◁

Lemma 3.2 *Seien (K.10) und (K.13) jeweils mit $q = \varepsilon$, (K.11) sowie (D.3), (D.8) und (H.1) erfüllt. $\tilde{v}^{(k)}(\mathbf{z}) := E(Y_1^k | \mathbf{X}_1 = \mathbf{z})$ existiere für alle $\mathbf{z}$ aus dem Träger $T(f)$ von f. Für $h = \tilde{v}^{(k)} f$ gelte (3.7) an der Stelle $\mathbf{x}$ mit $\gamma = \varepsilon$, $0 < \varepsilon \leq 1$ für ein $\delta > 0$. Daraus folgt*

$$E[K^s(\frac{\mathbf{x} - \mathbf{X}_1}{h_n}) Y_1^k] = h_n^p [\tilde{v}^{(k)}(\mathbf{x}) f(\mathbf{x}) \int K^s(\mathbf{u}) \lambda(d\mathbf{u}) + O(h_n^\varepsilon)], \qquad (3.37)$$

falls die Integrale existieren.

Beweis:

$$
\begin{aligned}
E[K^s(\frac{\mathbf{x} - \mathbf{X}_1}{h_n}) Y_1^k] &= \int K^s(\frac{\mathbf{x} - \mathbf{z}}{h_n}) y^k f_{X,Y}(\mathbf{z}, y) \lambda(d(\mathbf{z}, y)) \\[2mm]
&= \int K^s(\frac{\mathbf{x} - \mathbf{z}}{h_n}) \tilde{v}^{(k)}(\mathbf{z}) f(\mathbf{z}) \lambda(d\mathbf{z}) \\[2mm]
&= h_n^p [\tilde{v}^{(k)}(\mathbf{x}) f(\mathbf{x}) \int K^s(\mathbf{u}) \lambda(d\mathbf{u}) + O(h_n^\varepsilon)],
\end{aligned}
$$

wobei sich das letzte Gleichheitszeichen als Folge von Lemma 3.1 ergibt. Man beachte, daß wegen der Beschränktheit von $\tilde{v}^{(k)}$ die λ-Integrierbarkeit von $\tilde{v}^{(k)} f$ folgt.

◁

Lemma 3.3 *Der Prozeß $\{(\mathbf{X}_i', Y_i)', i = 1, 2, \ldots\}$ sei streng stationär und *-mischend mit*

$$h_n^p \sum_{i=1}^{n} \psi_i \longrightarrow 0, \; \text{für } n \longrightarrow \infty. \qquad (3.38)$$

Unter den Annahmen von Lemma 3.2 mit $k = 2$, $s = 1, 2$, $\varepsilon = 1$, (K.1) und (K.11) mit $s = 1$ gelten die folgenden Beziehungen:

$$E(f_n^K(\mathbf{x})) \;=\; f(\mathbf{x}) + O(h_n), \tag{3.39}$$

$$E(m_n^K(\mathbf{x})) \;=\; \mu(\mathbf{x})f(\mathbf{x}) + O(h_n), \tag{3.40}$$

$$\mathrm{Var}(f_n^K(\mathbf{x})) \;=\; \frac{1}{nh_n^p}[f(\mathbf{x})\int K^2(\mathbf{u})\lambda(d\mathbf{u}) \;+\; O(h_n)], \tag{3.41}$$

$$\mathrm{Var}(m_n^K(\mathbf{x})) \;=\; \frac{1}{nh_n^p}[f(\mathbf{x})\tilde{v}^{(2)}(\mathbf{x})\int K^2(\mathbf{u})\lambda(d\mathbf{u})$$
$$+ O(h_n)], \tag{3.42}$$

$$Cov(f_n^K(\mathbf{x}), m_n^K(\mathbf{x})) \;=\; \frac{1}{nh_n^p}[f(\mathbf{x})\mu(\mathbf{x})\int K^2(\mathbf{u})\lambda(d\mathbf{u})$$
$$+ O(h_n)]. \tag{3.43}$$

Beweis: Wegen der Stationarität des Prozesses $\{(\mathbf{X}_i', Y_i)', i = 1, 2, \ldots\}$ gilt:

$$E(f_n^K(\mathbf{x})) = \frac{1}{h_n^p} E(K(\frac{\mathbf{x} - \mathbf{X}_1}{h_n})),$$

woraus sich wegen (3.37) (mit $k = 0$) (3.39) ergibt. Vollkommen analog folgt (3.40). Ferner liefert die vorausgesetzte Stationarität

$$\mathrm{Var}(f_n^K(\mathbf{x})) \;=\; \frac{1}{n^2 h_n^{2p}}[\sum_{i=1}^n \mathrm{Var}(K(\frac{\mathbf{x} - \mathbf{X}_i}{h_n}))$$
$$+ \sum_{i \neq j} \mathrm{Cov}(K(\frac{\mathbf{x} - \mathbf{X}_i}{h_n}), K(\frac{\mathbf{x} - \mathbf{X}_j}{h_n}))]$$
$$=\; \frac{1}{nh_n^{2p}}[\mathrm{Var}(K(\frac{\mathbf{x} - \mathbf{X}_1}{h_n}))$$
$$+ \frac{1}{n}\sum_{i=1}^{n-1} 2(n - i)\mathrm{Cov}(K(\frac{\mathbf{x} - \mathbf{X}_1}{h_n}), K(\frac{\mathbf{x} - \mathbf{X}_{1+i}}{h_n}))]$$

Wegen (3.37) in Lemma 3.2 erhält man für den ersten Term auf der rechten Seite

$$\frac{1}{nh_n^{2p}}\mathrm{Var}(K(\frac{\mathbf{x} - \mathbf{X}_1}{h_n})) = \frac{1}{nh_n^p} f(\mathbf{x}) \int K^2(\mathbf{u})\lambda(d\mathbf{u}) \;+\; o(\frac{1}{nh_n^p}), \tag{3.44}$$

und mit Hilfe der Beziehung (3.5) ergibt sich die folgende Abschätzung für die Kovarianzterme:

$$|\frac{1}{n^2 h_n^{2p}} \sum_{i=1}^{n-1} 2(n-i) \mathrm{Cov}(K(\frac{\mathbf{x} - \mathbf{X}_1}{h_n}), K(\frac{\mathbf{x} - \mathbf{X}_{1+i}}{h_n}))|$$

$$\leq \frac{2}{n h_n^{2p}} \sum_{i=1}^{n-1} |\mathrm{Cov}(K(\frac{\mathbf{x} - \mathbf{X}_1}{h_n}), K(\frac{\mathbf{x} - \mathbf{X}_{1+i}}{h_n}))|$$

$$\leq \frac{2}{n h_n^{2p}} E^2(|K(\frac{\mathbf{x} - \mathbf{X}_1}{h_n})|) \sum_{i=1}^{n-1} \psi_i.$$

Ähnlich wie (3.37) zeigt man

$$E(|K(\frac{\mathbf{x} - \mathbf{X}_1}{h_n})|) = h_n^p [f(\mathbf{x}) \int |K(\mathbf{u})| \lambda(d\mathbf{u}) + O(h_n)]. \tag{3.45}$$

Dies hat wegen (K.11) zur Folge hat, daß
$|\frac{1}{n^2 h_n^{2p}} \sum_{i=1}^{n-1} 2(n-i) \mathrm{Cov}(K(\frac{\mathbf{x} - \mathbf{X}_1}{h_n}), K(\frac{\mathbf{x} - \mathbf{X}_{1+i}}{h_n}))|$ von der Ordnung $\frac{1}{n} \sum_{i=1}^{n} \psi_i$ und wegen (3.38) ein $o(\frac{1}{n h_n^p})$ ist. Insgesamt ist also (3.41) gezeigt.

Vollkommen analog geht man bei der Abschätzung der Varianz von $m_n(\mathbf{x})$ vor. Man ersetze in der obigen Herleitung lediglich $K(\frac{\mathbf{x} - \mathbf{X}_i}{h_n})$ durch $K(\frac{\mathbf{x} - \mathbf{X}_i}{h_n}) Y_i$ und verwende (3.37) mit $k = s = 1$ bzw. mit $k = s = 2$ sowie

$$E(|K(\frac{\mathbf{x} - \mathbf{X}_1}{h_n}) Y_1|) \leq h_n^p [\sup_{\mathbf{u}} E(|Y_1| \, | \mathbf{X}_1 = \mathbf{u}) f(\mathbf{x}) \int |K(\mathbf{u})| \lambda(d\mathbf{u})$$
$$+ O(h_n)], \tag{3.46}$$

woraus sich wegen der Beschränktheit von $E(|Y_1| | \mathbf{X}_1 = \mathbf{u})$ und (K.11) ergibt, daß $E(|K(\frac{\mathbf{x} - \mathbf{X}_1}{h_n}) Y_1|)$ ein $O(h_n^p)$ ist.

Für die Kovarianz von $f_n^K(\mathbf{x})$ und $m_n^K(\mathbf{x})$ erhält man wegen der Stationarität von $\{(\mathbf{X}_i', Y_i)', i = 1, 2, \dots\}$ und der Beziehung (3.43)

$$\mathrm{Cov}(f_n^K(\mathbf{x}), m_n^K(\mathbf{x}))$$
$$= \frac{1}{n^2 h_n^{2p}} \sum_{i,j} \mathrm{Cov}(K(\frac{\mathbf{x} - \mathbf{X}_i}{h_n}), K(\frac{\mathbf{x} - \mathbf{X}_j}{h_n}) Y_j)]$$
$$= \frac{1}{n h_n^p} f(\mathbf{x}) \mu(\mathbf{x}) \int K^2(\mathbf{u}) \lambda(d\mathbf{u}) + o(\frac{1}{n h_n^p})$$
$$+ \frac{1}{n^2 h_n^{2p}} \sum_{i=1}^{n-1} 2(n-i) \mathrm{Cov}(K(\frac{\mathbf{x} - \mathbf{X}_1}{h_n}), K(\frac{\mathbf{x} - \mathbf{X}_{1+i}}{h_n}) Y_{1+i}).$$

Die Abschätzung der Kovarianzterme ergibt

$$\frac{1}{n^2 h_n^{2p}} \sum_{i=1}^{n-1} 2(n-i) |\mathrm{Cov}(K(\frac{\mathbf{x}-\mathbf{X}_1}{h_n}), K(\frac{\mathbf{x}-\mathbf{X}_{1+i}}{h_n})Y_{1+i})|$$

$$\leq \frac{2}{n h_n^{2p}} E(|K(\frac{\mathbf{x}-\mathbf{X}_1}{h_n})|) E(|K(\frac{\mathbf{x}-\mathbf{X}_1}{h_n})Y_1|) \sum_{i=1}^{n-1} \psi_i$$

$$= o(\frac{1}{n h_n^p}),$$

wobei analog zur Abschätzung der Kovarianzterme bei der Herleitung von $\mathrm{Var}(f_n^K(\mathbf{x}))$ und $\mathrm{Var}(m_n^K(\mathbf{x}))$ argumentiert wird.

$\triangleleft$

Die Ausdrücke

$$\frac{2}{n h_n^{2p}} \sum_{i=1}^{n-1} |\mathrm{Cov}(K(\frac{\mathbf{x}-\mathbf{X}_1}{h_n}), K(\frac{\mathbf{x}-\mathbf{X}_{1+i}}{h_n}))|$$

bzw.

$$\frac{2}{n h_n^{2p}} \sum_{i=1}^{n-1} |\mathrm{Cov}(K(\frac{\mathbf{x}-\mathbf{X}_1}{h_n}), K(\frac{\mathbf{x}-\mathbf{X}_{1+i}}{h_n})Y_{1+i})|$$

können wegen (3.3) im Falle stark mischender Prozesse durch

$$\frac{8}{n h_n^{2p}} \sup_{\mathbf{u} \in \mathbb{R}^p} \{K^2(\mathbf{u})\} \sum_{i=1}^{n-1} \alpha_i$$

bzw. durch

$$\frac{8}{n h_n^{2p}} \sup_{\mathbf{u} \in \mathbb{R}^p} \{K^2(\mathbf{u})\} \mathrm{ess} \sup\{|Y_1|\} \sum_{i=1}^{n-1} \alpha_i$$

abgeschätzt werden. Damit etwa der letzte Term asymptotisch verschwindet, genügt daher neben (M.4) und (K.9) die Bedingung (H.7), unter der Robinson (1986) die schwache Konsistenz zeigt (vgl. Satz 3.4). Im Falle ϕ-mischender Prozesse können obige Kovarianzen wegen (3.4) durch

$$\frac{4}{n h_n^{2p}} \sup_{\mathbf{u} \in \mathbb{R}^p} |K(\mathbf{u})| E|K(\frac{\mathbf{x}-\mathbf{X}_1}{h_n})| \sum_{i=1}^{n-1} \psi_i$$

bzw. durch

$$\frac{4}{nh_n^{2p}} \sup_{\mathbf{u}\in\mathbb{R}^p}\{|K(\mathbf{u})|\}\, E|K(\frac{\mathbf{x}-\mathbf{X}_1}{h_n})Y_1|\sum_{i=1}^{n-1}\psi_i$$

abgeschätzt werden. Da die Erwartungswerte $E|K(\frac{\mathbf{x}-\mathbf{X}_1}{h_n})|$ bzw.
$E|K(\frac{\mathbf{x}-\mathbf{X}_1}{h_n})Y_1|$ nach ähnlicher Argumentation wie im Beweis zu (3.37) asymptotisch proportional zu h_n^p sind, konvergieren die Kovarianzterme also gegen Null, wenn neben den Bedingungen des Lemmas 3.3 auch (H.8) gilt, welches wiederum zum Beweis der schwachen Konsistenz genügt. (H.7) und (H.8) reichen allerdings nicht aus, den Nachweis zu erbringen, daß obige Ausdrücke von der Ordnung $o(\frac{1}{nh_n^p})$ sind.

Aus der Beziehung (3.39) in Lemma 3.3 folgt wegen (D.4) und (H.1), daß für genügend kleines h_n $E(f_n^K(\mathbf{x})) > 0$ angenommen werden kann. Taylorentwicklung des Schätzers $\mu_n^K(\mathbf{x})$ um den Punkt $E(m_n^K(\mathbf{x}))/E(f_n^K(\mathbf{x}))$ mit m_n^K gemäß (2.23) ergibt dann

$$\mu_n^K(\mathbf{x}) \;=\; A_n(\mathbf{x}) + B_n(\mathbf{x}) + C_n(\mathbf{x}) + R_n(\mathbf{x}) \qquad (3.47)$$

mit

$$A_n(\mathbf{x}) \;=\; \frac{E(m_n^K(\mathbf{x}))}{E(f_n^K(\mathbf{x}))}, \qquad\qquad\qquad (3.48)$$

$$B_n(\mathbf{x}) \;=\; -\frac{E(m_n^K(\mathbf{x}))}{E^2(f_n^K(\mathbf{x}))}[f_n^K(\mathbf{x}) - E(f_n^K(\mathbf{x}))]$$

$$+\frac{1}{E(f_n^K(\mathbf{x}))}[m_n^K(\mathbf{x}) - E(m_n^K(\mathbf{x}))], \qquad (3.49)$$

$$C_n(\mathbf{x}) \;=\; +\frac{1}{E^2(f_n^K(\mathbf{x}))}\{\frac{E(m_n^K(\mathbf{x}))}{E(f_n^K(\mathbf{x}))}[f_n^K(\mathbf{x}) - E(f_n^K(\mathbf{x}))]^2$$

$$-[f_n^K(\mathbf{x}) - E(f_n^K(\mathbf{x}))][m_n^K(\mathbf{x}) - E(m_n^K(\mathbf{x}))]\} \qquad (3.50)$$

und

$$R_n(\mathbf{x}) \;=\; \mu_n^K(\mathbf{x}) - A_n(\mathbf{x}) - B_n(\mathbf{x}) - C_n(\mathbf{x}). \qquad (3.51)$$

Der folgende Satz gibt Aufschluß über Erwartungswert und Varianz der führenden Terme in der Entwicklung (3.47). Mit den Bezeichnungen

$$L_n(\mathbf{x}) \;=\; A_n(\mathbf{x}) + B_n(\mathbf{x}) \text{ und} \qquad\qquad (3.52)$$

$$M_n(\mathbf{x}) \;=\; L_n(\mathbf{x}) + C_n(\mathbf{x}) \qquad\qquad\qquad (3.53)$$

gilt

Satz 3.7 *Für den streng stationären, *-mischenden Prozeß gelte (3.38). Ferner seien die Annahmen (K.10) und (K.13) jeweils mit $s = 1, 2$, $q = r + \varepsilon$ ($r = 1, 2, 3$), (K.11), (D.3), (D.4), (D.8), (H.1) und (H.2) erfüllt. $\tilde{v}^{(2)}$ existiere auf dem Träger von f. (3.7) gelte für $h = f, r = 1$, $h = \tilde{v}^{(1)}$, $r = 2$, und $h = \tilde{v}^{(2)}f$, $r = 0$. $\nabla f(\mathbf{x})$, $\nabla \mu(\mathbf{x})$ und $\mathbf{H}_\mu(\mathbf{x})$ seien beschränkt. Dann gilt*

$$
\begin{aligned}
E[M_n(\mathbf{x})] \;=\; & \mu(\mathbf{x}) - h_n \int \nabla \mu(\mathbf{x})' \mathbf{u} K(\mathbf{u}) \lambda(d\mathbf{u}) \\
& + \frac{h_n^2}{2} \int \mathbf{u}' \mathbf{H}_\mu(\mathbf{x}) \mathbf{u} K(\mathbf{u}) \lambda(d\mathbf{u}) \\
& + \frac{h_n^2}{f(\mathbf{x})} \nabla f(\mathbf{x})' [\int \mathbf{u}\mathbf{u}' K(\mathbf{u}) \lambda(d\mathbf{u}) \\
& - \int \mathbf{u} K(\mathbf{u}) \lambda(d\mathbf{u}) \int \mathbf{u}' K(\mathbf{u}) \lambda(d\mathbf{u})] \nabla \mu(\mathbf{x}) \\
& + o(h_n^2) \;+\; o(\frac{1}{nh_n^p}).
\end{aligned}
\tag{3.54}
$$

und

$$
Var(L_n(\mathbf{x})) = \frac{1}{nh_n^p} \frac{v(\mathbf{x})}{f(\mathbf{x})} \int K^2(\mathbf{u}) \lambda(d\mathbf{u}) + o(\frac{1}{nh_n^p}).
\tag{3.55}
$$

Beweis: Für den Erwartungswert von $M_n(\mathbf{x}))$ ergibt sich die Beziehung

$$
\begin{aligned}
E(M_n^K(\mathbf{x})) \;=\; & A_n(\mathbf{x}) \\
& + \frac{1}{E^2(f_n^K(\mathbf{x}))} \{ \frac{E(m_n^K(\mathbf{x}))}{E(f_n^K(\mathbf{x}))} \mathrm{Var}[f_n^K(\mathbf{x})] - \\
& \mathrm{Cov}[f_n^K(\mathbf{x}), m_n^K(\mathbf{x})]\}.
\end{aligned}
\tag{3.56}
$$

Den ersten Summanden auf der rechten Seite von (3.56) kann man in der Form

$$
\begin{aligned}
A_n(\mathbf{x}) \;=\; & \mu(\mathbf{x}) \\
& + \frac{1}{f(\mathbf{x})} [E(m_n^K(\mathbf{x})) - m(\mathbf{x}) - \mu(\mathbf{x})(E(f_n^K(\mathbf{x})) - f(\mathbf{x}))] \\
& + \frac{1}{f(\mathbf{x})} E[f_n^K(\mathbf{x}) - f(\mathbf{x})][\mu(\mathbf{x}) - \frac{E(m_n^K(\mathbf{x}))}{E(f_n^K(\mathbf{x}))}]
\end{aligned}
\tag{3.57}
$$

schreiben, welches durch Ausmultiplizieren der rechten Seite von (3.57) zu verifizieren ist. Für den Zähler des zweiten Summanden auf der rechten Seite von (3.57) erhält man

$$E[m_n^K(\mathbf{x})] - m(\mathbf{x}) - \mu(\mathbf{x})[E(f_n^K(\mathbf{x})) - f(\mathbf{x})]$$

$$= \int \{[m(\mathbf{x} - h_n\mathbf{u}) - m(\mathbf{x})] - \mu(\mathbf{x})[f(\mathbf{x} - h_n\mathbf{u}) - f(\mathbf{x})]\} K(\mathbf{u})\lambda(d\mathbf{u})$$

$$= \int \{\mu(\mathbf{x} - h_n\mathbf{u})f(\mathbf{x} - h_n\mathbf{u}) - \mu(\mathbf{x})f(\mathbf{x})$$

$$-\mu(\mathbf{x})f(\mathbf{x} - h_n\mathbf{u}) + \mu(\mathbf{x})f(\mathbf{x})\} K(\mathbf{u})\lambda(d\mathbf{u})$$

$$= \int [\mu(\mathbf{x} - h_n\mathbf{u}) - \mu(\mathbf{x})][f(\mathbf{x} - h_n\mathbf{u}) - f(\mathbf{x})]K(\mathbf{u})\lambda(d\mathbf{u})$$

$$+ f(\mathbf{x}) \int [\mu(\mathbf{x} - h_n\mathbf{u}) - \mu(\mathbf{x})]K(\mathbf{u})\lambda(d\mathbf{u}). \tag{3.58}$$

Für den ersten Term von (3.58) ergibt sich

$$\int [\mu(\mathbf{x} - h_n\mathbf{u}) - \mu(\mathbf{x})][f(\mathbf{x} - h_n\mathbf{u}) - f(\mathbf{x})]K(\mathbf{u})\lambda(d\mathbf{u})$$

$$= \int [-h_n\mathbf{u}'\nabla f(\mathbf{x}) + \phi_1(h_n\mathbf{u})][-h_n\mathbf{u}'\nabla\mu(\mathbf{x})$$

$$+\frac{h_n^2}{2}\mathbf{u}'\mathbf{H}_\mu(\mathbf{x})\mathbf{u} + \phi_2(h_n\mathbf{u})]K(\mathbf{u})\lambda(d\mathbf{u})$$

$$= \int \{h_n^2\mathbf{u}'\nabla f(\mathbf{x})\nabla\mu(\mathbf{x})'\mathbf{u} + \phi_2(h_n\mathbf{u})[f(\mathbf{x} - h_n\mathbf{u}) - f(\mathbf{x})]$$

$$+\phi_1(h_n\mathbf{u})[\mu(\mathbf{x} - h_n\mathbf{u}) - \mu(\mathbf{x})] - \phi_1(h_n\mathbf{u})\phi_2(h_n\mathbf{u})$$

$$-\frac{h_n^3}{2}\mathbf{u}'\nabla f(\mathbf{x})\mathbf{u}'\mathbf{H}_\mu(\mathbf{x})\mathbf{u}\} K(\mathbf{u})\lambda(d\mathbf{u}),$$

wobei

$$\phi_1(\mathbf{z}) = f(\mathbf{x} - \mathbf{z}) - f(\mathbf{x}) + \mathbf{z}'\nabla f(\mathbf{x})$$

$$\phi_2(\mathbf{z}) = \mu(\mathbf{x} - \mathbf{z}) - \mu(\mathbf{x}) + \mathbf{z}'\nabla\mu(\mathbf{x}) - \tfrac{1}{2}\mathbf{z}'\mathbf{H}_\mu(\mathbf{x})\mathbf{z}.$$

In Analogie zur Beweisführung in Lemma 3.1 gilt

$$\left| \int \phi_2(h_n\mathbf{u})(f(\mathbf{x}-h_n\mathbf{u})-f(\mathbf{x}))K(\mathbf{u})\lambda(d\mathbf{u})\right|$$

$$\leq \int |\phi_2(h_n\mathbf{u})||f(\mathbf{x}-h_n\mathbf{u})-f(\mathbf{x})||K(\mathbf{u})|\lambda(d\mathbf{u})$$

$$\leq Ch_n^{2+2\epsilon}\int_{\|\mathbf{u}\|\leq\delta/h_n}\|\mathbf{u}\|^{2+2\epsilon}|K(\mathbf{u})|\lambda(d\mathbf{u})$$

$$+\int_{\|\mathbf{u}\|>\delta/h_n}|\phi_2(h_n\mathbf{u})||f(\mathbf{x}-h_n\mathbf{u})-f(\mathbf{x})||K(\mathbf{u})|\lambda(d\mathbf{u})$$

$$\leq Ch_n^{2+\epsilon}\delta^\epsilon\int_{\|\mathbf{u}\|\leq\delta/h_n}\|\mathbf{u}\|^{2+\epsilon}|K(\mathbf{u})|\lambda(d\mathbf{u})$$

$$+\int_{\|\mathbf{u}\|>\delta/h_n}|\mu(\mathbf{x}-h_n\mathbf{u})|(f\mathbf{x}-h_n\mathbf{u})|K(\mathbf{u})|\lambda(d\mathbf{u})$$

$$+f(\mathbf{x})\int_{\|\mathbf{u}\|>\delta/h_n}|\mu(\mathbf{x}-h_n\mathbf{u})||K(\mathbf{u})|\lambda(d\mathbf{u})$$

$$+\int_{\|\mathbf{u}\|>\delta/h_n}f(\mathbf{x}-h_n\mathbf{u})(|\mu(\mathbf{x})|+h_n|\mathbf{u}'\nabla\mu(\mathbf{x})|$$

$$+\frac{h_n^2}{2}|\mathbf{u}'\mathbf{H}_\mu(\mathbf{x})\mathbf{u}|)|K(\mathbf{u})|\lambda(d\mathbf{u})$$

$$+f(\mathbf{x})\int_{\|\mathbf{u}\|>\delta/h_n}(|\mu(\mathbf{x})|+h_n|\mathbf{u}'\nabla\mu(\mathbf{x})|$$

$$+\frac{h_n^2}{2}|\mathbf{u}'\mathbf{H}_\mu(\mathbf{x})\mathbf{u}||K(\mathbf{u})|\lambda(d\mathbf{u})$$

$$\leq Ch_n^{2+\epsilon}\delta^\epsilon\int_{\|\mathbf{u}\|\leq\delta/h_n}\|\mathbf{u}\|^{2+\epsilon}|K(\mathbf{u})|\lambda(d\mathbf{u})$$

$$+\frac{h_n^{2+\epsilon}}{\delta^{2+\epsilon}}\{\sup_{\|\mathbf{u}\|>\delta/h_n}\|\mathbf{u}\|^{2+\epsilon}|K(\mathbf{u})|\sup_{\|\mathbf{u}\|>\delta}|\mu(\mathbf{x}-\mathbf{u})|$$

$$+f(\mathbf{x})\sup_{\|\mathbf{u}\|>\delta}|\mu(\mathbf{x}-\mathbf{u})|\int_{\|\mathbf{u}\|>\delta/h_n}\|\mathbf{u}\|^{2+\epsilon}|K(\mathbf{u})|\lambda(d\mathbf{u})$$

$$+\frac{h_n^\epsilon}{\delta^\epsilon}[1+f(\mathbf{x})]\sup_{\|\mathbf{u}\|>\delta/h_n}\frac{1}{\|\mathbf{u}\|^2}[|\mu(\mathbf{x})|+h_n|\mathbf{u}'\nabla\mu(\mathbf{x})|$$

$$+\frac{h_n^2}{2}|\mathbf{u}'\mathbf{H}_\mu(\mathbf{x})\mathbf{u}|]\sup_{\|\mathbf{u}\|>\delta/h_n}\|\mathbf{u}\|^{2+\epsilon}|K(\mathbf{u})|\lambda(d\mathbf{u})$$

$$=\; O(h_n^{2+\epsilon})\;=\;o(h_n^2).$$

Analog zeigt man, daß die Integrale

$$\int\phi_1(h_n\mathbf{u})[\mu(\mathbf{x}-h_n\mathbf{u})-\mu(\mathbf{x})]K(\mathbf{u})\lambda(d\mathbf{u})$$

$$\int\phi_1(h_n\mathbf{u})\phi_2(h_n\mathbf{u})K(\mathbf{u})\lambda(d\mathbf{u})\qquad\qquad\text{und}$$

$$\frac{h_n^3}{2}\int\mathbf{u}'\nabla f(\mathbf{x})\mathbf{u}'\mathbf{H}_\mu(\mathbf{x})\mathbf{u}K(\mathbf{u})\lambda(d\mathbf{u})$$

höchstens von der Ordnung $O(h_n^{2+\epsilon})$, $0<\epsilon\le 1$, sind. Für den zweiten Ausdruck in (3.58) folgt mit ähnlicher Argumentation unter Verwendung von (3.36) mit $h=\mu$:

$$f(\mathbf{x})\int[\mu(\mathbf{x}-h_n\mathbf{u})-\mu(\mathbf{x})]K(\mathbf{u})\lambda(d\mathbf{u})$$

$$=\;-h_nf(\mathbf{x})\int\nabla\mu(\mathbf{x})'\mathbf{u}K(\mathbf{u})\lambda(d\mathbf{u})$$

$$+\frac{h_n^2}{2}f(\mathbf{x})\int\mathbf{u}'\mathbf{H}_\mu(\mathbf{x})\mathbf{u}K(\mathbf{u})\lambda(d\mathbf{u})\;+\;o(h_n^2).$$

Analog ergibt sich der letzte Term auf der rechten Seite von (3.57) sich zu

$$\frac{1}{f(\mathbf{x})}E[f_n^K(\mathbf{x})-f(\mathbf{x})][\mu(\mathbf{x})-\frac{E(m_n^K(\mathbf{x}))}{E(f_n^K(\mathbf{x}))}]$$

$$=\;\frac{1}{E(f_n^K(\mathbf{x}))f(\mathbf{x})}[Ef_n^K(\mathbf{x})-f(\mathbf{x})][\mu(\mathbf{x})E(f_n^K(\mathbf{x}))$$

$$-\mu(\mathbf{x})f(\mathbf{x})+m(\mathbf{x})-E[m_n^K(\mathbf{x})]$$

$$= \frac{1}{E(f_n^K(\mathbf{x}))f(\mathbf{x})}\{\mu(\mathbf{x})E^2[f_n^K(\mathbf{x}) - f(\mathbf{x})] -$$

$$E[f_n^K(\mathbf{x}) - f(\mathbf{x})][E(m_n^K(\mathbf{x})) - m(\mathbf{x})]\}$$

$$= \frac{1}{f(\mathbf{x})[f(\mathbf{x}) + O(h_n)]}h_n^2\mu(\mathbf{x})[\int \nabla f(\mathbf{x})'\mathbf{u}K(\mathbf{u})\lambda(d\mathbf{u})]^2$$

$$-h_n^2 \int \nabla f(\mathbf{x})'\mathbf{u}K(\mathbf{u})\lambda(d\mathbf{u}) \int \nabla m(\mathbf{x})'\mathbf{u}K(\mathbf{u})\lambda(d\mathbf{u})$$

$$+ o(h_n^2)$$

$$= \frac{1}{f^2(\mathbf{x})}\{h_n^2\mu(\mathbf{x})[\int \nabla f(\mathbf{x})'\mathbf{u}K(\mathbf{u})\lambda(d\mathbf{u})]^2$$

$$-h_n^2 \int \nabla f(\mathbf{x})'\mathbf{u}K(\mathbf{u})\lambda(d\mathbf{u})$$

$$\times[f(\mathbf{x})\int \nabla\mu(\mathbf{x})'\mathbf{u}K(\mathbf{u})\lambda(d\mathbf{u}) + \mu(\mathbf{x})\int \nabla f(\mathbf{x})'\mathbf{u}K(\mathbf{u})\lambda(d\mathbf{u})]\}$$

$$+ o(h_n^2)$$

$$= \frac{-h_n^2}{f(\mathbf{x})}\int \nabla f(\mathbf{x})'\mathbf{u}K(\mathbf{u})\lambda(d\mathbf{u}) \int \nabla\mu(\mathbf{x})'\mathbf{u}K(\mathbf{u})\lambda(d\mathbf{u}) + o(h_n^2),$$

wobei die Beziehungen (3.39) und (3.40) sowie die Identität $\frac{1}{c+O(h_n)} = \frac{1}{c}\frac{1}{1+O(h_n)} = \frac{1}{c}(1 + O(h_n))$, $c \neq 0$, verwendet werden.

Aus Lemma 3.3 folgt, daß der zweite Summand in der Entwicklung (3.56) ein $O(\frac{1}{nh_n^p})o(h_n) = o(\frac{1}{nh_n^p})$ ist, wie man durch Einsezten von (3.39), (3.40), (3.41) und (3.43) erkennt. Faßt man die oben berechneten Summanden von (3.57) zusammen, so ergibt sich (3.54).

Zur asymptotischen Entwicklung der Varianz von $L_n(\mathbf{x})$ wendet man (3.41), (3.42) und (3.43) an und erhält

$$\mathrm{Var}(L_n(\mathbf{x})) = \frac{E^2(m_n^K(\mathbf{x}))}{E^4(f_n^K(\mathbf{x}))}\mathrm{Var}(f_n^K(\mathbf{x})) + \frac{1}{E^2(f_n^K(\mathbf{x}))}\mathrm{Var}(m_n^K(\mathbf{x}))$$

$$- 2\frac{E(m_n^K(\mathbf{x}))}{E^3(f_n^K(\mathbf{x}))}\mathrm{Cov}(f_n^K(\mathbf{x}), m_n^K(\mathbf{x}))$$

$$= \frac{m^2(\mathbf{x}) + O(h_n)}{f^4(\mathbf{x}) + O(h_n)}\frac{1}{nh_n^p}f(\mathbf{x})\int K^2(\mathbf{u})\lambda(d\mathbf{u})$$

$$\frac{1}{f^2(\mathbf{x}) + O(h_n)} \frac{1}{nh_n^p} f(\mathbf{x}) E(Y_1^2 | \mathbf{X}_1 = \mathbf{x}) \int K^2(\mathbf{u}) \lambda(d\mathbf{u})$$

$$- 2 \frac{m(\mathbf{x}) + O(h_n)}{f^3(\mathbf{x}) + O(h_n)} \frac{1}{nh_n^p} f(\mathbf{x}) \mu(\mathbf{x}) \int K^2(\mathbf{u}) \lambda(d\mathbf{u})$$

$$+ o(\frac{1}{nh_n^p})$$

$$= \frac{1}{nh_n^p} \left[\frac{\mu^2(\mathbf{x})}{f(\mathbf{x})} + \frac{1}{f(\mathbf{x})} E(Y_1^2 | \mathbf{X}_1 = \mathbf{x}) \right.$$

$$\left. - 2 \frac{\mu^2(\mathbf{x})}{f(\mathbf{x})} \right] \int K^2(\mathbf{u}) \lambda(d\mathbf{u}) + o(\frac{1}{nh_n^p})$$

$$= \frac{1}{nh_n^p} \frac{v(\mathbf{x})}{f(\mathbf{x})} \int K^2(\mathbf{u}) \lambda(d\mathbf{u}) + o(\frac{1}{nh_n^p}).$$

◁

Ist $E(R_n(\mathbf{x}))$ von der Ordnung $o(h_n^2) + o(\frac{1}{nh_n^p})$, so ist durch (3.54) der Erwartungswert von $\mu_n^K(\mathbf{x})$ gegeben. Die Bedingung (3.38) bedeutet, daß $s_n = \sum_{i=1}^{n} \psi_i$ langsamer gegen ∞ konvergiert als die Folge h_n^p gegen Null strebt. Für Folgen mit endlicher Reihe ist (3.38) natürlich stets erfüllt. Zur Herleitung der ersten beiden Momente benötigt man somit eine leichte Einschränkung an die Abhängigkeitsstruktur des Prozesses $\{(\mathbf{X}_i', Y_i)', i = 1, 2, \ldots\}$ im Vergleich zu *-mischenden Prozessen. Der Ausdruck für die Varianz ändert sich nicht, wenn K asymmetrisch ist. (3.55) ist schon von Robinson (1983) gezeigt worden (vgl. Satz 3.3).

Das Resultat (3.54) vereinfacht sich für den Fall symmetrischer Kernfunktionen in der folgenden Weise:

Korollar 3.8 *Unter den Annahmen von Satz 3.7 und (K.2) (mit $r = 1$) gilt:*

$$E(M_n(\mathbf{x})) = \mu(\mathbf{x}) + \frac{h_n^2}{2} \int \mathbf{u}' \mathbf{H}_\mu(\mathbf{x}) \mathbf{u} K(\mathbf{u}) \lambda(d\mathbf{u})$$

$$+ \frac{h_n^2}{f(\mathbf{x})} \nabla f(\mathbf{x})' \int \mathbf{u}\mathbf{u}' K(\mathbf{u}) \lambda(d\mathbf{u}) \nabla \mu(\mathbf{x})$$

$$+ o(h_n^2) + o(\frac{1}{nh_n^p}). \tag{3.59}$$

Beweis: Unter der Bedingung (K.2) (mit $r = 1$) verschwindet das Integral $\int \mathbf{u} K(\mathbf{u}) \lambda(d\mathbf{u})$, woraus das obige Ergebnis folgt.

◁

Ersetzt man in (3.59) h_n durch $[\dfrac{k_n}{c_p f(\mathbf{x})n}]^{1/p}$, so stimmen die Ergebnisse dieses Korollars mit den in (3.13) für den NN-Schätzer aufgeführten überein. Im Falle symmetrischer Kerne können aus (3.59) und (3.55) leicht der MSE, der IMSE sowie optimale Bandbreiten berechnet werden:

Korollar 3.9 *Unter den Annahmen von Korollar (3.8) gilt:*

$$MSE(L_n(\mathbf{x})) = \frac{h_n^4}{4}\{\int \mathbf{u}'[\mathbf{H}_\mu(\mathbf{x}) + \frac{2}{f(\mathbf{x})}\nabla f(\mathbf{x})\nabla\mu(\mathbf{x})']\mathbf{u}K(\mathbf{u})\lambda(d\mathbf{u})\}^2$$

$$+\frac{1}{nh_n^p}\frac{v(\mathbf{x})}{f(\mathbf{x})}\int K^2(\mathbf{u})\lambda(d\mathbf{u})$$

$$+o(h_n^4) + o(\frac{1}{nh_n^p}) \tag{3.60}$$

$$IMSE(L_n(\mathbf{x})) = \frac{h_n^4}{4}\int\{\int \mathbf{u}'[\mathbf{H}_\mu(\mathbf{x}) + \frac{2}{f(\mathbf{x})}\nabla f(\mathbf{x})\nabla\mu(\mathbf{x})']$$

$$\times\mathbf{u}K(\mathbf{u})\lambda(d\mathbf{u})\}^2 \nu(d\mathbf{x})$$

$$+\frac{1}{nh_n^p}\int\frac{v(\mathbf{x})}{f(\mathbf{x})}\nu(d\mathbf{x})\int K^2(\mathbf{u})\lambda(d\mathbf{u})$$

$$+o(h_n^4) + o(\frac{1}{nh_n^p}), \tag{3.61}$$

wobei das Maß ν sowie die Funktionen K, μ und f so beschaffen sein mögen, daß die obigen Integrale existieren.

Die im Sinne des IMSE optimale Bandweite h_n^* ist approximativ durch

$$h_n^* \approx \{\frac{p}{n}\frac{\int \frac{v(\mathbf{x})}{f(\mathbf{x})}\nu(d\mathbf{x})\int K^2(\mathbf{u})\lambda(d\mathbf{u})}{\int\{\int \mathbf{u}'[\mathbf{H}_\mu(\mathbf{x}) + \frac{2}{f(\mathbf{x})}\nabla f(\mathbf{x})\nabla\mu(\mathbf{x})']\mathbf{u}K(\mathbf{u})\lambda(d\mathbf{u})\}^2\nu(d\mathbf{x})}\}^{\frac{1}{p+4}} \tag{3.62}$$

gegeben. Der optimale IMSE beträgt approximativ

$$IMSE_{opt}(L_n(\mathbf{x})) \approx (\frac{1}{n})^{\frac{4}{p+4}}[\frac{4+p}{4}p^{\frac{-p}{p+4}}]$$

$$\times[\int\frac{v(\mathbf{x})}{f(\mathbf{x})}\nu(d\mathbf{x})\int K^2(\mathbf{u})\lambda(d\mathbf{u})]^{\frac{4}{p+4}} \tag{3.63}$$

$$\times\{\int[(\int \mathbf{u}'[\mathbf{H}_\mu(\mathbf{x})$$

$$+\frac{2}{f(\mathbf{x})}\nabla f(\mathbf{x})\nabla\mu(\mathbf{x})']\mathbf{u}K(\mathbf{u})\lambda(d\mathbf{u})]^2\nu(d\mathbf{x})\}^{\frac{p}{p+4}}$$

Beweis: (3.60) erhält man direkt aus (3.59) und (3.55), wenn man die Formel MSE = Bias^2 + Var anwendet. (3.61) ergibt sich durch Integration von (3.60) über $\mathbf{x}$. (3.62) folgt durch Nullsetzen der Ableitung von (3.61) und Auflösung nach h_n. (Leicht überprüft man auch die hinreichenden Bedingungen durch nochmaliges Differenzieren von (3.61).) Einsetzen von h_n^* in (3.61) liefert schließlich (3.63).

$\lhd$

Unter der Annahme, daß der Erwartungswert und die Varianz des Resttermes $\mu_n^K(\mathbf{x}) - L_n[\mathbf{x}]$ sowie dessen Kovarianz mit $L_n(\mathbf{x})$ höchstens von der Ordnung $o(h_n^2) + o(\frac{1}{nh_n^p})$ sind, stellen obige Aussagen eine Verallgemeinerung der Ergebnisse von Collomb (1976) auf den Fall *-mischender Prozesse dar. Die optimale Konvergenzrate des IMSE $\frac{4}{p+4}$ stimmt mit der für unabhängige Beobachtungen überein. MSE und IMSE lassen sich für asymmetrische Kernfunktionen ebenfalls hinschreiben; jedoch ist eine explizite Angabe der optimalen Bandweite nicht mehr möglich, da die notwendigen Bedingungen sich nicht explizit auflösen lassen.

Die bisherigen Forschungsergebnisse über Kern- und NN-Schätzer in der Zeitreihenanalyse betreffen lediglich deren asymptotische Eigenschaften. Bei einem Vergleich der Konvergenzraten der IMSE schneiden die nichtparametrischen Methoden erheblich schlechter als die parametrischen ab. Die Tabellen 3.1 und 3.2 enthalten die Konvergenzrate $n^{-\frac{1}{p+4}}$ der IMSE-optimalen Bandweiten und Vielfache von nh_n^{*p}.

Die optimale Bandweite konvergiert recht langsam gegen Null, wobei für hohe Werte von p vergleichsweise große Bandweiten erforderlich werden. Für $p = 6$ benötigt man beispielsweise 10000 Beobachtungen, um die gleiche optimale Bandweite (d.h. gleiche Größenordnung des Bias) zu erhalten wie im Falle $p = 1$ und 100 Beobachtungen. Zur Konvergenzgeschwindigkeit der Varianz argumentiert man ähnlich: Damit bei Kernen mit kompakten Trägern für $p = 6$ annähernd die gleiche Anzahl von Beobachtungen in den Schätzer $\mu_n^K(\mathbf{x})$ eingeht wie bei $p = 1, n = 100$, sind 10000 Beobachtungen erforderlich. Es bedarf also sehr großer Datensätze, wenn die qualitativen Konsistenzaussagen (Sätze 3.1 bis 3.6) wirksam werden sollen.

In den nächsten Kapiteln werden deshalb Methoden vorgeschlagen, die dazu beitragen können, Varianz und Bias der Verfahren zu verkleinern. Um die Schreibweise einfacher zu halten, wird der Zeitreihenfall auch hier in das

Tabelle 3.1: Vielfaches der IMSE-optimalen Bandweite in Abhängigkeit von n und p

p \ n	100	500	1000	5000	10000	50000	100000
1	0.398	0.289	0.251	0.182	0.158	0.115	0.100
2	0.464	0.355	0.316	0.242	0.215	0.165	0.147
3	0.518	0.412	0.373	0.296	0.268	0.213	0.193
4	0.562	0.460	0.422	0.345	0.316	0.259	0.237
5	0.599	0.501	0.464	0.388	0.359	0.301	0.278
6	0.631	0.537	0.501	0.427	0.398	0.339	0.316
7	0.658	0.568	0.534	0.461	0.433	0.374	0.351
8	0.681	0.596	0.562	0.492	0.464	0.406	0.383
9	0.702	0.620	0.588	0.519	0.492	0.435	0.412
10	0.720	0.642	0.611	0.544	0.518	0.462	0.439

Tabelle 3.2: Werte von nh_n^p, wobei die Bandweite proportional der optimalen Bandbreite ist, in Abhängigkeit von n und p

p \ n	100	500	1000	5000	10000	50000	100000
1	40	144	251	910	1585	5743	10000
2	22	63	100	292	464	1357	2154
3	14	35	52	130	193	484	720
4	10	22	32	71	100	224	316
5	8	16	22	44	60	123	167
6	6	12	16	30	40	76	100
7	5	10	12	22	28	51	66
8	5	8	10	17	22	37	46
9	4	7	8	14	17	28	35
10	4	6	7	11	14	22	27

Regressionsmodell mit abhängigen Beobachtungen eingebettet.

Kapitel 4

Ein Lösungsansatz zum Problem der Dimensionalität

Wesentliche Voraussetzungen für asymptotische Eigenschaften der Kernschätzer sind die Bedingungen (H.1) und (H.2), wobei (H.1) sichert, daß die Verzerrung des Schätzers μ_n^K für $n \longrightarrow \infty$ gegen Null konvergiert, und (H.2) das asymptotische Verschwinden der Varianz garantiert. Die Gültigkeit beider Annahmen ist jedoch auch bei langen Zeitreihen für wachsendes p wohl kaum vorrauszusetzen, wie durch die Tabellen 3.1 und 3.2 eindrucksvoll bestätigt wird. Wenn sich die Dichte im Punkt $\mathbf{x}$ nicht wesentlich verändert, ist $nh_n^p f(\mathbf{x})$ der erwarteten Anzahl der Verläufe $\mathbf{X}_i$ proportional, die bei Kernen mit kompakten Trägern in einer Umgebung von $\mathbf{x}$ mit Radius h_n liegen und somit in die Schätzung $\mu_n^K(\mathbf{x})$ einfließen. Die Forderung (H.2) bedeutet also, daß die erwartete Anzahl der Beobachtungen in der Nähe von $\mathbf{x}$ über alle Grenzen wächst. Ihre Realisierung wird in der Praxis für wachsendes p zunehmend schwieriger, da der $\mathbb{R}^p$ dann nahezu "datenleer" ist. Dieses Aufblähen der Varianz beim Anwachsen der Dimension wird gelegentlich als der *Fluch der Dimensionalität* (*"curse of dimensionality"*) bezeichnet. Einerseits werden sich im Zeitreihenfall einige typische Verlaufsmuster häufiger wiederholen, welches auf das Wirken asymptotischer Eigenschaften hoffen läßt; andererseits ist es gerade in der Zeitreihenanalye sinnvoll, längere Verläufe (p groß) zu untersuchen, welches wieder das Problem der Dimensionalität in den Vordergrund rückt.

Zur Lösung des Problems ist es erforderlich, den doch sehr allgemei-

Abbildung 4.1: 4 Verlaufsmuster

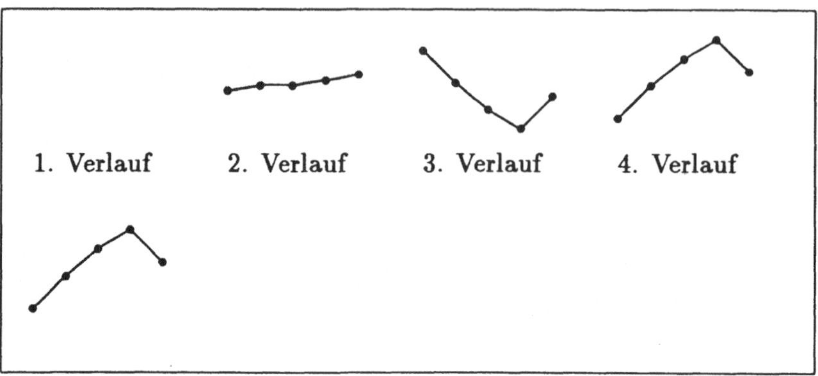

nen nichtparametrischen Modellrahmen weiter einzuschränken. Eine in der Literatur vorgeschlagene Möglichkeit besteht etwa darin, *additive nichtparametrische Regressionsmodelle* anzuwenden, die sich natürlich auf den Zeitreihenfall methodisch sofort übertragen lassen. Solche Modelle werden im achten Kapitel kurz beschrieben.

4.1 Prognose auf der Basis ähnlicher, aber möglicherweise entfernter Verlaufsmuster

In dieser Arbeit wird ein anderer Ausweg aus dem Problem der Dimensionalität vorgeschlagen, der speziell für zeitreihenanalytische Probleme geeignet erscheint. Ziel dieser Modifikation ist es, die Anzahl der in die Kernschätzung eingehenden Beobachtungen zu erhöhen und somit die Varianz der Schätzung zu verringern. Bei der NN-Schätzung soll die Verzerrung verringert werden, indem weniger informative Beobachtungen durch solche ersetzt werden, deren Vergangenheit informativer für die Prognose der Zeitreihe ist. In den Schätzer (2.32) gehen nur Beobachtungen ein, deren vorherige Verläufe in unmittelbarer Nähe des Verlaufes $x = X_t$ liegen. In vielen Fällen mögen aber auch solche Daten Informationen über $\mu(x)$ enthalten, deren Vergangenheitsstrukturen X_s bis auf Niveauunterschiede dem Verlauf x ähnlich sind. Man betrachte dazu die Abbildung 4.1 und entscheide, welche der Verläufe 1 bis 3 dem Verlauf 4 am ähnlichsten sind. Während der euklidische Abstand von Verlauf 4 zu den Verläufen 2 und 3 erheblich geringer ist als zum Verlauf 1, sind die Verlaufsmuster von 1 und 4 sehr ähnlich. Das Muster 1 wird aber in einen gewöhnlichen Kernschät-

Abbildung 4.2: 4 Verlaufsmuster

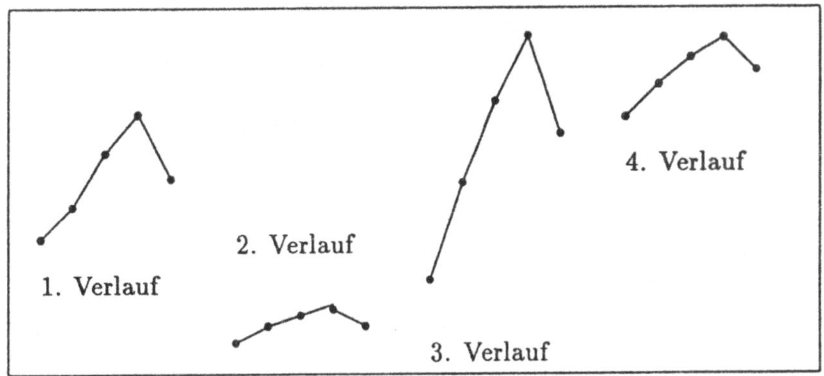

Abbildung 4.3: Längsschnitt einer Talsperre. Quelle: Geographie - Mit der Erde und ihren Grenzen leben. Hrsg. Buck L. et al., Ernst Klett Verlag, Stuttgart, 1972.

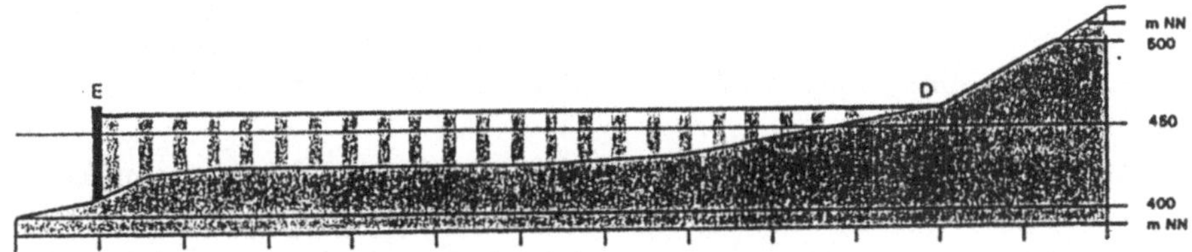

zer mit Kernfunktion auf kompaktem Träger nicht einfließen, obwohl es anscheinend durchaus informativ für die Prognose der Zeireihe nach dem Verlauf 4 sein kann. Es erscheint daher sinnvoll, Beobachtungen, für deren Vergangenheit X_s ein $\theta_{0s} \in \mathbb{R}$ existiert, derart daß $\|X_t - (\theta_{0s} 1_p + X_s)\|^2$ möglichst klein ist, in die Schätzung aufzunehmen.

Neben ähnlichen Verläufen auf verschiedenen Niveaus können auch solche informativ sein, deren Ablauf ähnlich, deren Reaktionsmuster jedoch heftiger oder weniger heftig sind. In Abbildung 4.2 sind solche von der Struktur her ähnliche Verläufe mit unterschiedlichen Niveaus und Ablaufintensitäten dargestellt. Insgesamt ist es also naheliegend, Informationen aus solchen Verläufen zu ziehen, für welche $\theta_s = (\theta_{0s}, \theta_{1s})' \in \mathbb{R} \times \mathbb{R}_+$ existieren, so daß

$$\|\mathbf{X}_t - (\theta_{0s}\mathbf{1}_p + \theta_{1s}\mathbf{X}_s)\|^2, \ p \geq 2, \tag{4.1}$$

möglichst klein wird. Anstelle der euklidischen Norm kann im Prinzip auch jede andere Norm (etwa die *Maximumnorm*) verwendet werden; jedoch führt die euklidische Norm zu einfachen und expliziten Ausdrücken für die gesuchten Minimalstellen, die weiter unten bestimmt werden. Diese *Identifikation ähnlicher* aber möglicherweise entfernter *Verläufe* erscheint insbesondere in der folgenden fiktiven Situation sinnvoll: Für die in Abbildung 4.3 skizzierte Talsperre soll – basierend auf Tagesdaten – der Wasserstand prognostiziert werden. Der Pegel wird im wesentlichen von der Niederschlagsmenge beeinflußt, die aber nicht explizit ins Modell aufgenommen werden soll. Wie aus der Skizze ersichtlich wird, werden die Reaktionsmechnismen etwa auf Wolkenbrüche zu ähnlichen Verlaufsmustern führen, egal ob die Talsperre voll oder nahezu leer ist. Nur werden bei Niedrigwasser die Reaktionen des Pegelstandes heftiger sein als bei Hochwasser. Dieses Beispiel mutet zugegebenermaßen recht konstruiert an. Jedoch spielt in der Modellierung von Zeitreihen aus vielen Anwendungsgebieten die Vorstellung von sogenannten "random shocks" (hier Wolkenbrüche) eine wesentliche Rolle. Das System reagiert auf diese zufälligen Anstöße unabhängig vom Niveau mit ähnlichen Ablaufstrukturen. Auch in der parametrischen Zeitreihenanalyse gehen über die Parameterschätzung erst einmal alle Zeitreihenwerte in die Prognose ein; die Prognose im AR(p)-Modell etwa ist dann eine Linearkombination der letzten p Werte der Zeitreihe.

Zur Herleitung eines modifizierten Kernschätzers, der auch entfernte informative Zeitreihenverläufe einbezieht, bedarf es einer wesentlichen Einschränkung an den zugrundeliegenden stochastischen Prozess. Die hier diskutierte Vorgehensweise ist nur dann sinnvoll, wenn der Prozeß $\{(\mathbf{X}_s', Y_s)'$, $s = 1, 2, \ldots\}$ der Bedingung

$$E(Y_1|\mathbf{X}_1 = \mathbf{x}) = \theta_0 + \theta_1 E(Y_1|\theta_0 \mathbf{1}_p + \theta_1 \mathbf{X}_1 = \mathbf{x}), \ (\theta_0, \theta_1)' \in \mathbb{R} \times [a, b], \tag{4.2}$$

mit $a = 0$, $b \to \infty$ genügt. (4.2) hat zur Folge, daß nicht nur Verläufe $\mathbf{X}_s$ in der Nähe von $\mathbf{x}$ informativ für den Fortgang des Prozesses sind, sondern auch entferntere, deren Struktur in der oben spezifizierten Weise ähnlich der von $\mathbf{x}$ ist. Die Bedingung (4.2) wird vom linearen Modell $E(Y_t|\mathbf{X}_t = \mathbf{x}) = \mathbf{x}'\beta$, $\beta = (\beta_1, \ldots, \beta_p)' \in \mathbb{R}^p$ genau dann erfüllt, wenn $\sum_{j=1}^p \beta_j = 1$ gilt, denn für $\theta_{1t} \neq 0$ erhält man

$$\begin{aligned}
E(\theta_{0t} + \theta_{1t}Y_t|\theta_{0t}\mathbf{1}_p + \theta_{1t}\mathbf{X}_t = \mathbf{x}) &= E(\theta_{0t} + \theta_{1t}Y_t|\mathbf{X}_t = \frac{1}{\theta_{1t}}(\mathbf{x} - \theta_{0t}\mathbf{1}_p)) \\
&= \theta_{0t} + \theta_{1t}\frac{1}{\theta_{1t}}(\mathbf{x} - \theta_{0t}\mathbf{1}_p)'\beta
\end{aligned}$$

$$= \mathbf{x}'\beta + \theta_{0t}(1 - \mathbf{1}'_p\beta).$$

Unter Verwendung von (4.2) soll nun in Analogie zu (2.22) ein modifizierter Kernschätzer hergeleitet werden: Der Ausdruck auf der rechten Seite von (4.2) läßt sich in der Form

$$E(\theta_{0t} + \theta_{1t}Y_t | \theta_{0t}\mathbf{1}_p + \theta_{1t}\mathbf{X}_t = \mathbf{x}) \tag{4.3}$$

$$= \frac{1}{f_{\theta_{0t}\mathbf{1}_p + \theta_{1t}\mathbf{X}_t}(\mathbf{x})} \int y f_{\theta_{0t}\mathbf{1}_p + \theta_{1t}\mathbf{X}_t, \theta_{0t} + \theta_{1t}Y_t}(\mathbf{x}, y)\lambda(dy)$$

schreiben. Ersetzt man in (4.3) die Dichten durch ihre Kernschätzungen und verwendet einen Kern K für die Randdichte von $\mathbf{X}_t$ und einen Kern der Form (2.21) für die gemeinsame Dichte, so erhält man den Ausdruck

$$\frac{\int y \sum_{s=1}^n K(\frac{1}{h_n}(\mathbf{x} - (\theta_{0s}\mathbf{1}_p + \theta_{1s}\mathbf{X}_s)))K_2(\frac{1}{h_n}(y - (\theta_{0s} + \theta_{1s}Y_s)))\lambda(dy)}{\sum_{s=1}^n K(\frac{1}{h_n}(\mathbf{x} - (\theta_{0s}\mathbf{1}_p + \theta_{1s}\mathbf{X}_s)))}.$$

$$\tag{4.4}$$

Ist K_2 symmetrisch, ergibt sich mit Hilfe von (K.1) und der Substitution $z = \frac{1}{h_n}(y - (\theta_{0s} + \theta_{1s}Y_s))$

$$\mu_n^\theta(\mathbf{x}) = \frac{\sum_{s=1}^n K(\frac{1}{h_n}(\mathbf{x} - (\theta_{0s}^*\mathbf{1}_p + \theta_{1s}^*\mathbf{X}_s)))(\theta_{0s}^* + \theta_{1s}^*Y_s)}{\sum_{s=1}^n K(\frac{1}{h_n}(\mathbf{x} - (\theta_{0s}^*\mathbf{1}_p + \theta_{1s}^*\mathbf{X}_s)))}, \tag{4.5}$$

wobei als θ_s^* die Minimalstelle von (4.1) über $\mathbb{R} \times \mathbb{R}_+$ eingesetzt worden ist. Diese soll nun explizit bestimmt werden. Dabei wird jedoch anstelle der Restriktion $\theta_{1s} \geq 0$ die allgemeinere Bedingung $0 \leq a \leq \theta_{1s} \leq b$ mit $0 \leq a < 1 < b$ berücksichtigt. Um die Darstellung zu vereinfachen, werden die Indizes s in θ_s weggelassen und die Bezeichnungen

$$\mathbf{w} = (\mathbf{1}'_p\mathbf{x}, \mathbf{X}'_s\mathbf{x})', \quad \mathbf{W} = \begin{pmatrix} p & \mathbf{1}'_p\mathbf{X}_s \\ \mathbf{1}'_p\mathbf{X}_s & \mathbf{X}'_s\mathbf{X}_s \end{pmatrix},$$

und

$$\mathbf{e}_k = (\delta_{k1}, \delta_{k2})' \text{ mit } \delta_{kl} = I_{\{k\}}(l), \ k = 1, 2,$$

vereinbart. Das Minimierungsproblem kann damit in der Form

$$-2\mathbf{w}'\theta + \theta'\mathbf{W}\theta \longrightarrow \min \text{ u. d. N. } a - \mathbf{e}'_2\theta \leq 0, \ \mathbf{e}'_2\theta - b \leq 0, \tag{4.6}$$

geschrieben werden. Die Lösung von (4.6) gewinnt man aus den lokalen Kuhn-Tucker-Bedingungen

$$-2\mathbf{w} + 2\mathbf{W}\theta^* + (v_2^* - v_1^*)\mathbf{e}_2 = 0, \tag{4.7}$$

$$(a - \mathbf{e}_2'\theta^*)v_1^* + (\mathbf{e}_2'\theta^* - b)v_2^* = 0, \quad v_1^*, v_2^* \geq 0. \tag{4.8}$$

(4.8) ist erfüllt, wenn einer der folgenden Fälle eintritt

(i) $\theta_1^* = a$, $v_1^* \geq 0$, $v_2^* = 0$:
In diesem Fall wird (4.7) zu $-2\mathbf{w} + 2\mathbf{W}(\theta_0^*, a)' - v_1^*\mathbf{e}_2 = 0$, woraus

sich θ_0^* und v_1^* bestimmen zu

$$\theta_0^* = \overline{x} - a\overline{X}_s$$

$$\begin{aligned}
v_1^* &= 2(\theta_0^* \mathbf{1}_p' \mathbf{X}_s + \mathbf{X}_s'\mathbf{X}_s a - \mathbf{x}'\mathbf{X}_s) \\
&= \overline{X}_s(\overline{x} - a\overline{X}_s) + \tfrac{a}{p}\mathbf{X}_s'\mathbf{X}_s - \tfrac{1}{p}\mathbf{x}'\mathbf{X}_s \\
&= a s_{X_s,X_s} - s_{x,X_s},
\end{aligned}$$

wobei die Querstriche jeweils das arithmetische Mittel über die Komponenten des zugehörigen Vektors bedeuten und $s_{x,y}$ die empirische Kovarianz zwischen den Komponenten der Vektoren x und y ist. v_1^* ist also genau dann nicht negativ, wenn $s_{x,X_s}/s_{X_s,X_s} \leq a$ gilt. In diesem Fall ist die Lösung durch $\theta_0^* = \overline{x} - a\overline{X}_s$ gegeben.

(ii) $\theta_1^* = b$, $v_1^* = 0$, $v_2^* \geq 0$:
Ersetzt man in der Argumentation zum Fall (i) a durch b, $-v_1^*$ durch v_2^*, so erhält man $\theta_0^* = \overline{x} - b\overline{X}_s$, falls $s_{x,X_s}/s_{X_s,X_s} \geq b$.

(iii) $a < \theta_1^* < b$, $v_1^* = 0$, $v_2^* = 0$:
Im Falle $Rg(\mathbf{W}) = 2$ (d.h. $\mathbf{X}_s \neq \lambda\mathbf{1}_p$, $\lambda \in \mathbb{R}$) ist dann $\theta^* = \mathbf{W}^{-1}\mathbf{w}$.

Die positive Definitheit von $\mathbf{W}$ ($Rg(W) = 2$) sichert, daß das so bestimmte θ^* die eindeutige Lösung des Minimierungsproblemes ist.

Zusammenfassend kann die Lösung des Minimierungsproblems in der Form

$$\theta_0^* = \overline{x} - \theta_1^*\overline{X}_s, \tag{4.9}$$

$$\theta_1^* = \begin{cases} a & , \text{falls } \dfrac{s_{x,X_s}}{s_{X_s,X_s}} \leq a \\[2ex] \dfrac{s_{x,X_s}}{s_{X_s,X_s}} & , \text{falls } a < \dfrac{s_{x,X_s}}{s_{X_s,X_s}} < b \\[2ex] b & , \text{falls } \dfrac{s_{x,X_s}}{s_{X_s,X_s}} \geq b \end{cases} \tag{4.10}$$

geschrieben werden. Da für alle Verläufe $\mathbf{X}_s$, für die $a \leq \frac{s_{x,X_s}}{s_{X_s,X_s}} \leq b$ nicht erfüllt ist, $\theta_{1,s}^* \neq \frac{s_{x,X_s}}{s_{X_s,X_s}}$ gilt, werden diese in der Regel schlechter angepaßt, und die darauf folgenden Werte erhalten in der Mittelwertbildung weniger Gewicht.

Anschließend werden einige Grenzfälle diskutiert, die sich auch bei der Implementierung der Formeln (4.9) und (4.10) in einem Computerprogramm als wichtig erweisen.

(i) Die Tatsache, daß für $s_{x,X_s}/s_{X_s,X_s} \notin [a,b]$ $\theta_1^* = a$ bzw. $\theta_1^* = b$ gesetzt wird, sichert für endliche Stichprobenumfänge nicht, daß die Nachfolger solcher Verläufe unberücksichtigt bleiben. Will man dies gewährleisten, so ist etwa $\theta_{1,s}^* = \infty$ zu setzen.

(ii) Ist der Verlauf $\mathbf{X}_s$ konstant, so verschwindet der Nenner von $\theta_{1,s}^*$. Ist der Verlauf $\mathbf{x}$ ebenfalls konstant, setzt man $\theta_{1,s}^* = 1$. Andernfalls ist $\mathbf{X}_s$ wenig informativ, und man sollte $\theta_{1,s}^* = \infty$ setzen, so daß die nachfolgenden Werte keinen Einfluß auf den Schätzer $\mu_n^\theta(\mathbf{x})$ haben.

Um die obigen Grenzfälle zu berücksichtigen, sollten anstelle von θ_s^* die Größen

$$\tilde{\theta}_0 = \bar{x} - \tilde{\theta}_1 \overline{X}_s, \tag{4.11}$$

$$\tilde{\theta}_1 = \begin{cases} \infty & \text{, falls } s_{x,X_s}/s_{X_s,X_s} \notin [a,b] \\ & \quad \text{oder } s_{x,X_s} \neq s_{X_s,X_s} = 0, \\ 1 & \text{, falls } s_{x,X_s} = s_{X_s,X_s} = 0, \\ s_{x,X_s}/s_{X_s,X_s} & \text{, sonst.} \end{cases} \tag{4.12}$$

berechnet und in μ_n^θ eingesetzt werden. Der daraus resultierende Schätzer sei mit $\tilde{\mu}_n^\theta$ bezeichnet.

Im folgenden wird die schwache Konsistenz des Schätzers $\tilde{\mu}_n^\theta$ nachgewiesen, indem im wesentlichen Satz 3.4 verwendet wird. Dazu benötigt man das folgende

Lemma 4.1 *Sei der Prozeß $\{(\mathbf{X}_s', Y_s)', \ s = 1, 2, \ldots\}$ stark-, ϕ-, ρ- bzw. *-mischend und g $\mathcal{B}_{p+1}$-meßbar. Dann ist auch $\{g(\mathbf{X}_s', Y_s), s = 1, 2, \ldots\}$ stark- ϕ-, ρ- bzw. *-mischend.*

Beweis: $\{\mathbf{V}_s = (\mathbf{X}_s', Y_s)',\ s = 1, 2, \ldots\}$ stark-, ϕ-, ρ- bzw. *-mischend bedeutet, daß für alle Elemente A, B der σ-Algebren

$$\tilde{\mathcal{A}}_1^s \;=\; \sigma(\bigcup_{i=1}^{s}\{\mathbf{V}_i^{-1}(A') \;:\; A' \in \mathcal{B}_{p+1}\}) \qquad \text{und}$$

$$\tilde{\mathcal{A}}_{s+t}^{\infty} \;=\; \sigma(\bigcup_{i=s+t}^{\infty}\{\mathbf{V}_i^{-1}(B') \;:\; B' \in \mathcal{B}_{p+1}\})$$

(3.1) gilt, wobei die Folgen α_t, ϕ_t, ρ_t- und ψ_t monoton fallende Nullfogen sind. Wendet man auf $\mathbf{V}_s$ eine $\mathcal{B}_{p+1}$-meßbare Funktion

$$g :\ (\mathbb{R}^{p+1}, \mathcal{B}_{p+1}) \longrightarrow (\mathbb{R}^{p+1}, \mathcal{B}_{p+1})$$

an, so ist zu zeigen, daß für alle

$$A \;\in\; \sigma(\bigcup_{i=1}^{s}\{(g \circ \mathbf{V}_i)^{-1}(A'') \;:\; A'' \in \mathcal{B}_{p+1}\}) \quad =:\ \overline{\mathcal{A}}_1^s \qquad \text{und alle}$$

$$B \;\in\; \sigma(\bigcup_{i=s+t}^{\infty}\{(g \circ \mathbf{V}_i)^{-1}(B'') \;:\; B'' \in \mathcal{B}_{p+1}\}) \quad =:\ \overline{\mathcal{A}}_{s+t}^{\infty}$$

(3.1) gilt, wobei die Folgen α_t, ϕ_t, ρ_t- und ψ_t monoton fallende Nullfogen sind. Wegen

$$(g \circ \mathbf{V}_i)^{-1}(A'') \;=\; \mathbf{V}_i^{-1} \circ g^{-1}(A'') \;\in\; \tilde{\mathcal{A}}_1^s \text{ für } i = 1, \ldots, s, \text{ und}$$
$$(g \circ \mathbf{V}_i)^{-1}(B'') \;=\; \mathbf{V}_i^{-1} \circ g^{-1}(B'') \;\in\; \tilde{\mathcal{A}}_{t+s}^{\infty} \text{ für } i = s+t, \ldots, \infty,$$

folgt $\overline{\mathcal{A}}_1^s \subset \tilde{\mathcal{A}}_1^s$ und $\overline{\mathcal{A}}_{t+s}^{\infty} \subset \tilde{\mathcal{A}}_{t+s}^{\infty}$. Da (3.1) für alle $A \in \tilde{\mathcal{A}}_1^s$ und alle $B \in \tilde{\mathcal{A}}_{t+s}^{\infty}$ gilt, trifft dies erst recht für die kleineren Mengensysteme $\overline{\mathcal{A}}_1^s$ und $\overline{\mathcal{A}}_{t+s}^{\infty}$ zu. Somit ist auch $g \circ \mathbf{V}_s$ stark-, ϕ- bzw. *-mischend.

$$\lhd$$

Lemma 4.1 ist ein Baustein des Beweises für den folgenden

Satz 4.1 *Sei* $\{(\mathbf{X}_t', Y_t)', t = 1, 2, \ldots\}$ *streng stationär und stark-, ϕ-, ρ_t- oder *-mischend und $0 \leq a < 1 < b \leq \infty$. Weiter sei*

$$f_{\tilde{\theta}_0 1_p + \tilde{\theta}_1 X_1} \quad \textit{beschränkt in einer Umgebung von } \mathbf{x}. \tag{4.13}$$

Neben den Voraussetzungen des Satzes 3.4 gelte (D.5) und (4.2). Dann konvergiert $\tilde{\mu}_n^{\theta}(\mathbf{x})$ in Wahrscheinlichkeit gegen $\mu(\mathbf{x})$.

Beweis: Bei fest vorgegebenen $\mathbf{x}$ hängt $\tilde{\theta}_s$ nur von $\mathbf{X}_s$ ab. Die strenge Stationarität der Prozesse $\mathbf{X}_s$ und Y_s, $s = 1, 2, \ldots$ übertägt sich auf die transformierten Zufallsvariablen

$$\mathbf{U}_s = \tilde{\theta}_{0s} \mathbf{1}_p + \tilde{\theta}_{1s} \mathbf{X}_s$$
$$und$$
$$V_s = \tilde{\theta}_{0s} + \tilde{\theta}_{1s} Y_s, \quad s = 1, 2, \ldots.$$

Zunächst wird gezeigt, daß der Prozeß der transformierten Zufallsvariablen $\{(\mathbf{U}_s, V_s), s = 1, 2, \ldots\}$ den Vorausetzungen des Satzes 3.4 genügt: Da $\mathbf{X}_1$ eine Dichte besitzt, hat auch $\mathbf{U}_1$ eine λ^p-Dichte f_U. Wegen (D.4) und (D.5) existiert ein $\varepsilon > 0$ derart, daß $f(\mathbf{u}) > \frac{\delta}{2}$ für alle $\mathbf{u}$ der ε-Umgebung $U_\varepsilon(\mathbf{x})$ von $\mathbf{x}$. Nun gilt – wegen

$$\|\mathbf{x} - \mathbf{U}_1\| = \min_{\theta \in \mathbb{R} \times [a,b]} \|\mathbf{x} - (\theta_0 \mathbf{1}_p + \theta_1 \mathbf{X}_1)\| \leq \|\mathbf{x} - \mathbf{X}_1\| \text{ fast sicher } -$$

die Abschätzung

$$P(\|\mathbf{x} - \mathbf{U}_1\| < \varepsilon) \geq P(\|\mathbf{x} - \mathbf{X}_1\| < \varepsilon),$$

woraus man

$$\int_{\{\|\mathbf{x} - \mathbf{u}\| < \varepsilon\}} f_U(\mathbf{u}) \lambda(d\mathbf{u}) \geq \int_{\{\|\mathbf{x} - \mathbf{u}\| < \varepsilon\}} f(\mathbf{u}) \lambda(d\mathbf{u}) \geq \frac{\delta}{2} \frac{2\pi^{p/2}}{p\Gamma(p/2)} \varepsilon^p > 0,$$

ableitet. Damit gilt außerhalb von λ^p-Nullmengen auch $f_U(\mathbf{u}) > 0$, in einer genügend klein gewählten ε'-Umgebung $U_{\varepsilon'}(\mathbf{x})$ von $\mathbf{x}$, $0 < \varepsilon' \leq \varepsilon$. Die Beschränktheit von $f_U(\mathbf{x})$ folgt direkt aus (4.13). Somit genügt die Dichte der transformierten Variablen $\mathbf{U}_s$ den Voraussetzungen (D.2), (D.4) und (D.8) des Satzes 3.4.

Aus (4.2) folgt für $s_{x,X_s}/s_{X_s,X_s} \in [a, b]$

$$\begin{aligned} E(V_1 | \mathbf{U}_1 = \mathbf{x}) &= E_{\tilde{\theta}}[E(V_1 | \mathbf{U}_1 = \mathbf{x}, \tilde{\theta})] \\ &= E_{\tilde{\theta}}[E(Y_1 | \mathbf{X}_1 = \mathbf{x}, \tilde{\theta})] \\ &= E(Y_1 | \mathbf{X}_1 = \mathbf{x}), \end{aligned} \tag{4.14}$$

woraus sich $E(V_1 - \mu(\mathbf{U}_1) | \mathbf{U}_1 = \mathbf{x}) = 0$ ergibt. Man beachte, daß Beobachtungen, die Verläufen folgen, für die $\frac{s_{x,X_s}}{s_{X_s,X_s}} \notin [a, b]$ gilt, nicht in den Schätzer $\tilde{\mu}_n^\theta$ eingehen. Die Existenz und Stetigkeit dieses Erwartungswertes in $\mathbf{x}$ liefert auch die Existenz und die Stetigkeit von $E(|V_1 - \mu(\mathbf{U}_1)| \,|\, \mathbf{U}_1 = \mathbf{x})$. Für den unbedingten Erwartungswert erhält man somit

$$E(|V_1 - \mu(\mathbf{U}_1)|) = \int E(|V_1 - \mu(\mathbf{U}_1)| \,|\, \mathbf{U}_1 = \mathbf{x}) f_U(\mathbf{x}) \lambda(d\mathbf{x}) < \infty.$$

Der Prozeß $\{(\mathbf{U}_s, V_s), t = 1, 2, \ldots\}$ genügt also ebenfalls den Bedingungen (M.1) und (M.3). Da sich als Folgerung aus Lemma 4.1 auch die Mischungseigenschaften übertragen, sind alle Voraussetzungen, die in Satz 3.4 an des Verteilungsgesetzes der Daten geknüpft sind, für $\{(\mathbf{U}_s, V_s), s = 1, 2, \ldots\}$ erfüllt. Da die Annahmen bezüglich der Kernfunktion und der Bandweite von Satz 3.4 übernommen worden sind, folgt daß $\tilde{\mu}_n^\theta(\mathbf{x})$ für $n \longrightarrow \infty$ in Wahrscheinlichkeit gegen $E(V_1|\mathbf{U}_1 = \mathbf{x})$ konvergiert. Daraus ergibt sich wegen (4.14) die Behauptung.

$\triangleleft$

4.2　Verringerung des Einflusses allzu ferner Verlaufsmuster

Zur Berechnung des Schätzers (4.5) werden nicht nur in der Nähe der Auswertungsstelle informative Verläufen gesucht, sondern auch andere strukturell ähnliche Beobachtungsfolgen herangezogen. Dies erhöht die Anzahl der eingehenden Beobachtungen und verringert die Varianz der Kernschätzung, wenn $\mathrm{Var}(V_1|\mathbf{U}_1 = \mathbf{x})$ nicht wesentlich von $\mathrm{Var}(Y_1|\mathbf{X}_1 = \mathbf{x})$ abweicht. Ebenso wird der Bias des NN-Schätzers reduziert, ohne seine Varianz spürbar zu vergrößern. In diesem Fall liefert der Schäzter (4.5) also einen Beitrag zur Überwindung des Problemes der Dimensionalität. Andernfalls bleibt ungewiß, ob es durch diese Vorgehensweise zu einer Varianzreduktion kommt. Es ist aber durchaus vorstellbar, daß die Information, die ein weit entfernt liegender Verlauf für die Auswertung im Punkt $\mathbf{x}$ liefert, weniger präzise ist als diejenige eines Verlaufes in unmittelbarer Nähe von $\mathbf{x}$. Zwar mag die Bedingung (4.2) durchaus für beide erfüllt, die Varianz der transformierten Varible nach dem entfernteren Verlaufes jedoch vergleichsweise hoch sein. Wie bei der Aitken-Schätzung im Linearen Modell erscheint es auch hier sinnvoll, solche Beobachtungen mit hoher Variabilität in der Schätzung von $\tilde{\mu}_n^\theta(\mathbf{x})$ herunter zu gewichten. Dazu sollen Abweichungen von direkter Übereinstimmung der Verläufe $\mathbf{X}_s$ und $\mathbf{x}$ bestraft werden, indem eine konvexe und zweimal stetig differenzierbare Straffunktion $S : \mathbb{R} \times \mathbb{R}_+ \longrightarrow \mathbb{R}_+$ eingeführt wird, die eine Minimalstelle im Punkt $\mathbf{e}_2 := (0,1)'$ hat. Man minimiert dann anstelle von (4.1) die Zielfunktion

$$q(\theta_s) = \|\mathbf{x} - (\theta_{0s}\mathbf{1}_p + \theta_{1s}\mathbf{X}_s)\|^2 + S(\theta_s), \ p \geq 2, \tag{4.15}$$

unter der Bedingung $\theta_s \in \mathbb{R} \times \mathbb{R}_+$. Man beachte, daß auch in $\tilde{\mu}_n^\theta$ die unstetige Straffunktion $S(\theta) = \infty I_{\mathbb{R} \times [(-\infty,a) \cup (b,\infty)]}$ eingeht. Durch den Strafterm $S(\theta_s)$ wird die Anpassung von entfernten Verläufen $\mathbf{X}_s$ an $\mathbf{x}$

verschlechtert, so daß die darauf folgenden Beobachtungen an Gewicht verlieren oder gar ganz aus der aktuellen Schätzung herausfallen. Sei also θ_s^S die (noch herzuleitende) Minimalstelle von (4.15). Eine Verallgemeinerung des Schätzers $\tilde{\mu}_n^\theta$ ist dann durch

$$\mu_n^S(\mathbf{x}) = \frac{\sum_{s=1}^n K(\frac{1}{h_n}(\mathbf{x} - (\theta_{0s}^S \mathbf{1}_p + \theta_{1s}^S \mathbf{X}_s)))(\theta_{0s}^* + \theta_{1s}^* Y_s)}{\sum_{s=1}^n K(\frac{1}{h_n}(\mathbf{x} - (\theta_{0s}^S \mathbf{1}_p + \theta_{1s}^S \mathbf{X}_s)))} \tag{4.16}$$

gegeben, wobei $\theta_{0s}^* = \bar{x} - \theta_{1s}^* \overline{X}_s$ und $\theta_{1s}^* = s_{x,X_s}/s_{X_s,X_s}$ eingesetzt werden. Um die Eindeutigkeit der Minimalstelle von (4.16) zu gewährleisten benötigt man jedoch die strenge Konvexität von S, so daß genau genommen (4.5) kein Spezialfall von (4.16) ist.

Im folgenden wird die Minimalstelle θ_s^S von (4.15) unter der Nebenbedingung $\theta_s \in \mathbb{R} \times \mathbb{R}_+$ über die lokalen Kuhn-Tucker-Bedingungen bestimmt. Letzere haben die Gestalt

$$-2\mathbf{w} + 2\mathbf{W}\theta^S + \nabla S(\theta^S) - v^S \mathbf{e}_2 = 0, \tag{4.17}$$

$$-v^S \mathbf{e}_2' \theta = 0, \ v^S \geq 0, \tag{4.18}$$

Wiederum sind zwei Fälle zu unterscheiden:

(i) $\theta_1^S = 0, v^S \geq 0$:

In diesem Fall kann (4.17) umgeschrieben werden in

$$\theta_0^S = \bar{x} - \frac{1}{2p}\frac{\partial S}{\partial \theta_0}(\theta^S) \ \text{und} \tag{4.19}$$

$$v^S = -2(\mathbf{x}' - \bar{x}\mathbf{1}_p)'(\mathbf{X}_s - \overline{X}_s \mathbf{1}_p) - \overline{X}_s \frac{\partial S}{\partial \theta_0}(\theta^S) + \frac{\partial S}{\partial \theta_1}(\theta^S).$$

v^S ist genau dann größer als Null, wenn

$$s_{x,X_s} \leq \frac{1}{2p}[\frac{\partial S}{\partial \theta_1}(\theta^S) - \overline{X}_s \frac{\partial S}{\partial \theta_0}(\theta^S)]. \tag{4.20}$$

(ii) $\theta_1^S > 0, v^S = 0$:

θ^S bestimmt sich dann aus der Gleichung

$$\nabla q(\theta^S) = -2\mathbf{w} + 2\mathbf{W}\theta^S + \nabla S(\theta^S) = 0. \tag{4.21}$$

Die Gleichungen (4.19) und (4.21) können mit Hilfe des Newton-Verfahrens iterativ gelöst werden. Zur Lösung von (4.19) startet man mit $\theta_0^{(0)} = 0$ und setzt sukzessiv

$$\theta_0^{(k+1)} = \theta_0^{(k)}[1 + \frac{1}{2p}\frac{\partial^2 S}{\partial \theta_0^2}(\theta_0^{(k)}, 0)]^{-1}[\theta_0^{(k)} - \overline{x} + \frac{1}{2p}\frac{\partial S}{\partial \theta_0}(\theta_0^{(k)}, 0)], \quad k = 0, 1, \ldots.$$

$$(4.22)$$

Die Lösung θ^S von (4.21) berechnet sich durch die Rekursion

$$\theta^{(0)} = \mathbf{e}_2, \qquad (4.23)$$

$$\theta^{(k+1)} = \theta^{(k)} + [\mathbf{W} + \frac{1}{2}H_S(\theta^{(k)})]^{-1}[\mathbf{w} - \mathbf{W}\theta^{(k)} - \frac{1}{2}\nabla S(\theta^{(k)})], \quad k = 0, 1, \ldots,$$

$$(4.24)$$

wobei H_S die Hessematrix von S ist. Wegen der positiven Definitheit von $\mathbf{W}$ und der strengen Konvexität von S findet dieser Algorithmus die einzige Minimalstelle des Problems und zwar mit mindestens quadratischer Konvergenzrate. Im Falle einer quadratischen Funktion S liefern (4.22) und (4.24) die exakte Lösung in einem Schritt. Der Fall einer Randlösung kann durch geeignete Wahl von S vermieden werden. Er tritt nicht ein, wenn (4.20) verletzt ist, welches stets durch die Bedingung

$$\lim_{\theta_1 \downarrow 0} \frac{\partial S}{\partial \theta_1}(\theta) = -\infty \qquad (4.25)$$

garantiert werden kann. Eine mögliche Klasse von Straffunktionen, die (4.25) erfüllt, ist durch

$$S(\theta) = \alpha S_0(\theta_0) + \beta S_1(\theta_1), \quad \alpha, \beta > 0, \qquad (4.26)$$

gegeben, wobei S_0 bzw. S_1 streng konvex sei mit Minimalstelle in 0 bzw. 1. Für S_0 eignen sich insbesondere quadratische Funktionen, und für S_1 bieten sich Funktionen der Gestalt

$$S_1(\theta_1) = [\frac{1}{v(\theta_1)} - v(\theta_1)]^2 \qquad (4.27)$$

an, wobei v monoton wachsend mit $\lim_{\theta_1 \downarrow 0} v(\theta_1) = 0$, $v(1) = 1$ und $\lim_{\theta_1 \to \infty} v(\theta_1) = \infty$. In diesem Fall verhält sich S_1 qualitativ ähnlich, wenn $\theta_1 \to 0$ und $\theta_1 \to \infty$. Für v eignen sich etwa Funktionen der Art

$$v(\theta) = \theta^\rho, \quad \rho > 0.$$

Die Steuerungsparameter α, β und ρ legen fest, wie stark Unterschiede der Verläufe bezüglich ihres Niveaus und ihrer Reaktionsintensität bestraft werden. Bei konstantem ρ bedeutet $(\alpha, \beta)' = 0$ keine Bestrafung und liefert somit die Minimalstelle von (4.1), wohingegen $(\alpha, \beta) \longrightarrow (\infty, \infty)$ zum gewöhnlichen Kernschätzer (2.32) führt.

Sei im folgenden $\mu_n^{\alpha, \beta}$ der modifizierte Kernschätzer (4.16) mit Straffunktion S gemäß (4.26). Es stellt sich nun die Frage, wie die Konstanten α und β festgelegt werden können. Die bequemste Art, sich aus der Affäre zu ziehen, besteht darin, die Angabe dieser Parameter dem Urteil von Sachverständigen aus dem jeweiligen Anwendungsgebiet zu überlassen, die angeben sollen, wie weit die in den Schätzer $\mu_n^{\alpha, \beta}$ eingehenden Beobachtungen von der Auswertungsstelle $\mathbf{x}$ entfernt sein dürfen, ohne wesentlich an Erklärungsanspruch zu verlieren. Da aber solche sachlogischen Gutachten zumeist nicht existieren, ist man darauf angewiesen, Informationen über α, β und h_n aus der Zeitreihe selbst zu gewinnen. Dazu wählt man eine Teilmenge $\{(\mathbf{X}_t', Y_t)', \ t = N_1, \ldots, N_2\}$, $1 < N_1 < N_2 \leq n$ des Datensatzes aus. Bei der *Back-forecasting-Methode* bestimmt man α, β und h_n als Minimalstelle von

$$\sum_{t=N_1}^{N_2} [Y_t - \mu_n^{\alpha, \beta}(\mathbf{X}_t)]^2. \tag{4.28}$$

Diese Minimierung ist schon für einen einzigen Parameter aufwendig und für ein dreidimensionales Problem nahezu undurchführbar. Um Anhaltspunkte über die ungefähre Lage von α und β zu bekommen, kann man aber in der folgenden Weise vorgehen.

Zunächst wird die Bandweite h_n datenorientiert (etwa über backforecasting) für $\alpha = \beta = 0$ festgelegt. Man beachte, daß für $\alpha = \beta = 0$ und Kerne mit kompakten Trägern die Anzahl der in den Schätzer einfließenden Werte maximal wird. Durch eine Erhöhung von α und β werden Beobachtungen, die auf entferntere Verläufe folgen, zunehmend an Gewicht verlieren und schließlich nicht mehr in der Schätzung berücksichtigt. Ist die Festlegung $\alpha = \beta = 0$ falsch, so werden die Prognosen umso schlechter sein, je höher $|\theta_0|$ und $|\theta_1 - 1|$ sind. Die zur Bestimmung von $\mu_n^{\alpha, \beta}(\mathbf{X}_t)$ für $\mathbf{X}_s$, $s = 1, \ldots, t - 1$, zu berechnenden Minimalstellen von (4.15) seien mit $\theta_{s,t}^{\alpha, \beta} = (\theta_{0;s,t}^{\alpha, \beta}, \theta_{1;s,t}^{\alpha, \beta})'$ bezeichnet und sollen dazu verwendet werden, die Beziehung zwischen dem Absolutbetrag von θ_0 und θ_1 und dem Betrag des Fehlers der aufgrund des Verlaufes $\mathbf{X}_t$ erstellten Prognose zu ergründen. Dazu können die Absolutbeträge der Fehler

$$e_t^{\alpha, \beta} = Y_t - \mu_n^{\alpha, \beta}(\mathbf{X}_t) \tag{4.29}$$

jeweils gegen eine Lagestatistik aus den Größen $\theta_{0;s,t}^{\alpha, \beta}$ und $\theta_{1;s,t}^{\alpha, \beta}$, $s = 1, \ldots, t - 1$, für $\alpha = \beta = 0$ geplottet werden. Werte, die zu nicht in den

Abbildung 4.4: Typische Fehler- vs.- θ-Plots, falls "entfernte" Verläufe weniger informativ sind.

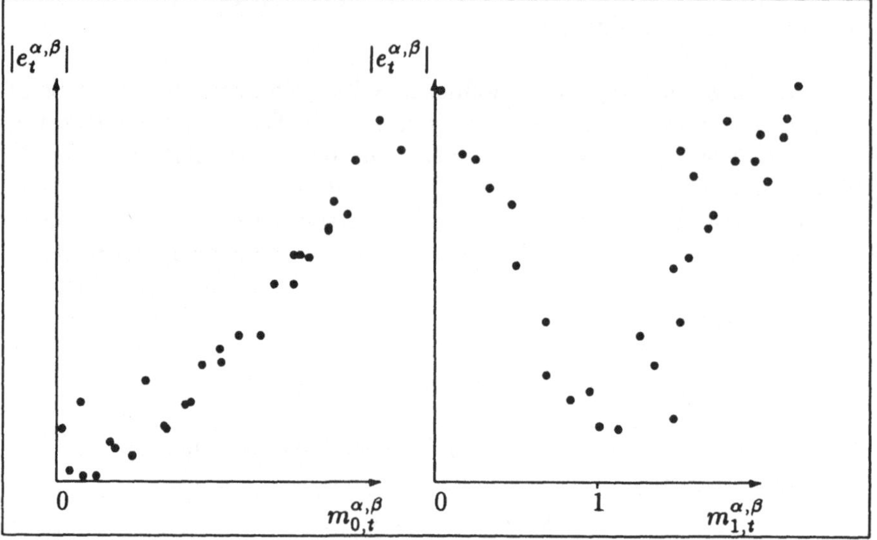

Schätzer eingehenden Beobachtungen gehören, bekommen bei der Mittelung das Gewicht Null. Eine naheliegende Wahl dieses Lageparameters ist durch

$$m_{k,t}^{\alpha,\beta} \;=\; \frac{\sum_{s=1}^{t-1} K(\frac{1}{h_n}(\mathbf{X}_t - (\theta_{0s}^{\alpha,\beta}\mathbf{1}_p + \theta_{1s}^{\alpha,\beta}\mathbf{X}_s)))|\theta_{k;s,t}^{0,0}|}{\sum_{s=1}^{n} K(\frac{1}{h_n}(\mathbf{X}_t - (\theta_{0s}^{\alpha,\beta}\mathbf{1}_p + \theta_{1s}^{\alpha,\beta}\mathbf{X}_s)))}, \qquad (4.30)$$
$$k = 0,1, \; t = N_1,\ldots,N_2,$$

gegeben. Nimmt der Erklärungsanspruch von zu $\mathbf{X}_t$ ähnlichen Verläufen ab, wenn diese weiter entfernt sind, so wird der Fehlerbetrag mit steigenden $|\theta_k - k|$, $k = 0,1$, wachsen. Für diesen Fall sind zwei typische Fehler- vs.- θ-Plots in der Abbildung 4.4 dargestellt.

Die Verläufe der Fehler-versus-θ-Plots, wie sie in Abbildung 4.4 wiedergegeben sind, geben Anlaß dazu, α und β zu vergrößern. Nach einer derartigen Erhöhung der Bestrafung sollten erneut Fehler-versus-θ-Plots für die neuen Schätzungen durchgeführt werden; und zwar plottet man wiederum $|e_t^{\alpha,\beta}|$ gegen $m_{k,t}^{\alpha,\beta}$. (Vgl. (4.29) und (4.30).) Da durch den größeren Einfluß des Straftermes die Güte der Anpassung von $\mathbf{x} = \mathbf{X}_t$ durch $(\theta_{0s}^{\alpha,\beta}\mathbf{1}_p + \theta_{1s}^{\alpha,\beta}X_s)$ für große $|\theta_{ks}^{\alpha,\beta} - k|$, $k = 0,1$, abnimmt, gehen bei Kernen mit kompakten Trägern weniger und vornehmlich zu vergleichsweise besser angepassten Verläufen gehörige Werte in den Schätzer und Prognosefehler ein. Man erwartet kleinere Beträge der Prognosefehler und kleinere Werte für $|m_{k,t}^{\alpha,\beta} - k|$, $k = 0, 1$. Weisen die Punktwolken der neuen Plots nicht auf eine Erhöhung der Fehlerbeträge bei hohen Werten für $|\theta_{ks}^{\alpha,\beta} - k|$, $k = 0, 1$, hin, so veringere man die Bestrafung; ergeben sich wiederum die in Abbildung 4.4 skizzierten Effekte, so erhöhe man die Bestrafung erneut. Für jede solche Wahl von α und β berechne man des Back-forecasting-Kriterium (4.28) und wähle schließlich die Bestrafung, die diesbezüglich zu einem Minimum führt.

In diesem Zusammenhang – aber auch für die Umsetzung von Expertenurteilen – interessiert, wie sich Änderungen von α und β auf $\theta_{st}^{\alpha,\beta}$ auswirken. Wie bei der Lösung der Minimierungsprobleme wird im folgenden auf die Subskripte s und t verzichtet. Ferner wird von die Gültigkeit der Annahme (4.25) vorausgesetzt, so daß zur Bestimmung von $\theta^{\alpha,\beta}$ für $\beta \neq 0$ von der Gleichung (4.21) ausgegangen werden kann, durch die imlizit eine Beziehung zwischen dem Vektor $(\alpha, \beta)'$ und der Lösung $\theta^{\alpha,\beta}$ gegeben ist. Sind S_0 und S_1 zweimal stetig differenzierbar sowie streng konvex und gilt $rg(\mathbf{W}) = 2$, so ist

$$\frac{\partial}{\partial \theta} \nabla q((\alpha, \beta), \theta^{\alpha,\beta}) = 2\mathbf{W} + \begin{pmatrix} \alpha S_0''(\theta_0^{\alpha,\beta}) & 0 \\ 0 & \beta S_1''(\theta_1^{\alpha,\beta}) \end{pmatrix} \tag{4.31}$$

invertierbar, und mit Hilfe des Satzes über implizite Funktionen erhält man für die Ableitung von $\theta^{\alpha,\beta}$

$$\frac{\partial \theta^{\alpha,\beta}}{\partial (\alpha, \beta)'} = [2\mathbf{W} + \begin{pmatrix} \alpha S_0''(\theta_0^{\alpha,\beta}) & 0 \\ 0 & \beta S_1''(\theta_1^{\alpha,\beta}) \end{pmatrix}]^{-1} \begin{pmatrix} S_0'(\theta_0^{\alpha,\beta}) & 0 \\ 0 & \beta S_1'(\theta_1^{\alpha,\beta}) \end{pmatrix}. \tag{4.32}$$

Linearisiert man nach der Taylor-Formel, so ergibt sich

$$\begin{pmatrix} d\theta_0^{\alpha,\beta} \\ d\theta_1^{\alpha,\beta} \end{pmatrix} = \frac{\partial \theta^{\alpha,\beta}}{\partial (\alpha, \beta)'} \begin{pmatrix} d\alpha \\ d\beta \end{pmatrix} + \begin{pmatrix} o(d\alpha) \\ o(d\beta) \end{pmatrix}. \tag{4.33}$$

Umgekehrt führen vorgegebene Änderungen von $\theta^{\alpha,\beta}$ zu den Änderungen

$$\begin{pmatrix} d\alpha \\ d\beta \end{pmatrix} \approx [\frac{\partial \theta^{\alpha,\beta}}{\partial (\alpha, \beta)'}]^{-1} \begin{pmatrix} d\theta_0^{\alpha,\beta} \\ d\theta_1^{\alpha,\beta} \end{pmatrix} \tag{4.34}$$

von α und β, wobei die Bedingungen $\theta_0^{\alpha,\beta} \neq 0$ und $\theta_1^{\alpha,\beta} \neq 1$ vorausgesetzt werden müssen.

In die Formel geht die Matrix $\mathbf{W} = \mathbf{W}(\mathbf{X}_s)$ ein, die für den Verlauf $\mathbf{X}_s$ bestimmt werden kann. Anstelle von $\mathbf{W}(\mathbf{X}_s)$ sollte man eine geeignet über $\overline{\mathbf{W}}(\mathbf{X}_t)$, $t = N_1, \ldots, N_2$, gemittelte Matrix $\overline{\overline{\mathbf{W}}}$ verwenden, wobei $\overline{\mathbf{W}}(\mathbf{X}_t)$ über

$$\overline{\mathbf{W}}(\mathbf{X}_t) \;=\; \frac{\sum_{s=1}^{t-1} K\left(\frac{1}{h_n}\left(\mathbf{X}_t - (\theta_{0s}^{\alpha,\beta} \mathbf{1}_p + \theta_{1s}^{\alpha,\beta} \mathbf{X}_s)\right)\right)\mathbf{W}(\mathbf{X}_s)}{\sum_{s=1}^{n} K\left(\frac{1}{h_n}\left(\mathbf{X}_t - (\theta_{0s}^{\alpha,\beta} \mathbf{1}_p + \theta_{1s}^{\alpha,\beta} \mathbf{X}_s)\right)\right)} \;,$$
$$k = 0, 1, \; t = N_1, \ldots, N_2, \tag{4.35}$$

gegeben ist.

Um eine grobe Vorstellung von α und β zu bekommen, kann man nun wie folgt vorgehen: Zunächst erstelle man die Fehler-vs.-θ-Plots für $\alpha = \beta = 0$. Darin lege man $d\theta_0^{\alpha,\beta}$ und $d\theta_1^{\alpha,\beta}$ so fest, daß alle Fehlerbeträge nach Abzug von $d\theta_0^{\alpha,\beta}$ bzw. $d\theta_1^{\alpha,\beta}$ von $m_{0,t}^{\alpha,\beta}$ bzw. $m_{1,t}^{\alpha,\beta}$ in einem vorgegebenen Rahmen bleiben würden. Mit Hilfe der Formel (4.34) werden dann die dazu notwendigen Bestrafungen α und β bestimmt. Tatsächlich ist hier der Fall $\theta^{\alpha,\beta} = (0,1)'$ uninteressant, da solche Verläufe von jeglicher Bestrafung ausgeschlossen bleiben. Danach wird der Schätzer $\mu_n^{\alpha,\beta}$ neu berechnet. In der Nähe der in dieser groben Weise festgelegten Bestrafungsparameter α und β sollte dann noch genauer nach einem Minimum etwa des Back-forecasting-Kriteriums (4.28) gesucht werden.

Kapitel 5

Biasreduktion durch asymmetrische Kerne

Der Kernschätzer $\mu_n^K(\mathbf{x})$ ist gemäß Korollar 3.8 für endliche Stichprobenumfänge und symmetrische Kernfunktionen selbst dann verzerrt, wenn die zu schätzende Funktion μ linear ist. In diesem Fall verschwindet zwar der zweite Summand auf der rechten Seite von (3.59); der dritte Summand ist jedoch dann von Null verschieden, wenn $\nabla f(\mathbf{x})$ nicht senkrecht auf $\int \mathbf{u}\mathbf{u}' K(\mathbf{u})\lambda(d\mathbf{u})\nabla\mu(\mathbf{x})$ steht. Ist K ein positiver symmetrischer Produktkern, so sind lediglich die Diagonalelemente K_{ii} der Matrix $\int \mathbf{u}\mathbf{u}' K(\mathbf{u})\lambda(d\mathbf{u})$ von Null verschieden und positiv, so daß der dritte Summand nur dann verschwindet, wenn

$$\sum_{j=1}^{p} \frac{\partial f}{\partial x_j}(\mathbf{x})\frac{\partial \mu}{\partial x_j}(\mathbf{x})K_{jj} = 0 \qquad (5.1)$$

gilt. Ist $\mathbf{X}_1$ nicht gleichverteilt über einer Teilmenge des $\mathrm{I\!R}^p$, so ist (5.1) im allgemeinen nicht für alle $\mathbf{x}$ mit $f(\mathbf{x}) > 0$ erfüllbar. Dies bedeutet, daß die (bis zur Ordnung $o(h_n^2) + o(\frac{1}{nh_n^p})$) unverzerrte Schätzung selbst linearer Funktionen in der Regel nicht möglich ist.

5.1 Der Fall p=1

Wegen der besseren anschaulichen Interpretationsmöglichkeiten, wird nun vorübergehend vom Fall $p = 1$ ausgegangen. Dann schreibt sich (3.59) in der Form

Abbildung 5.1: Verzerrung bei der Schätzung linearer Funktionen

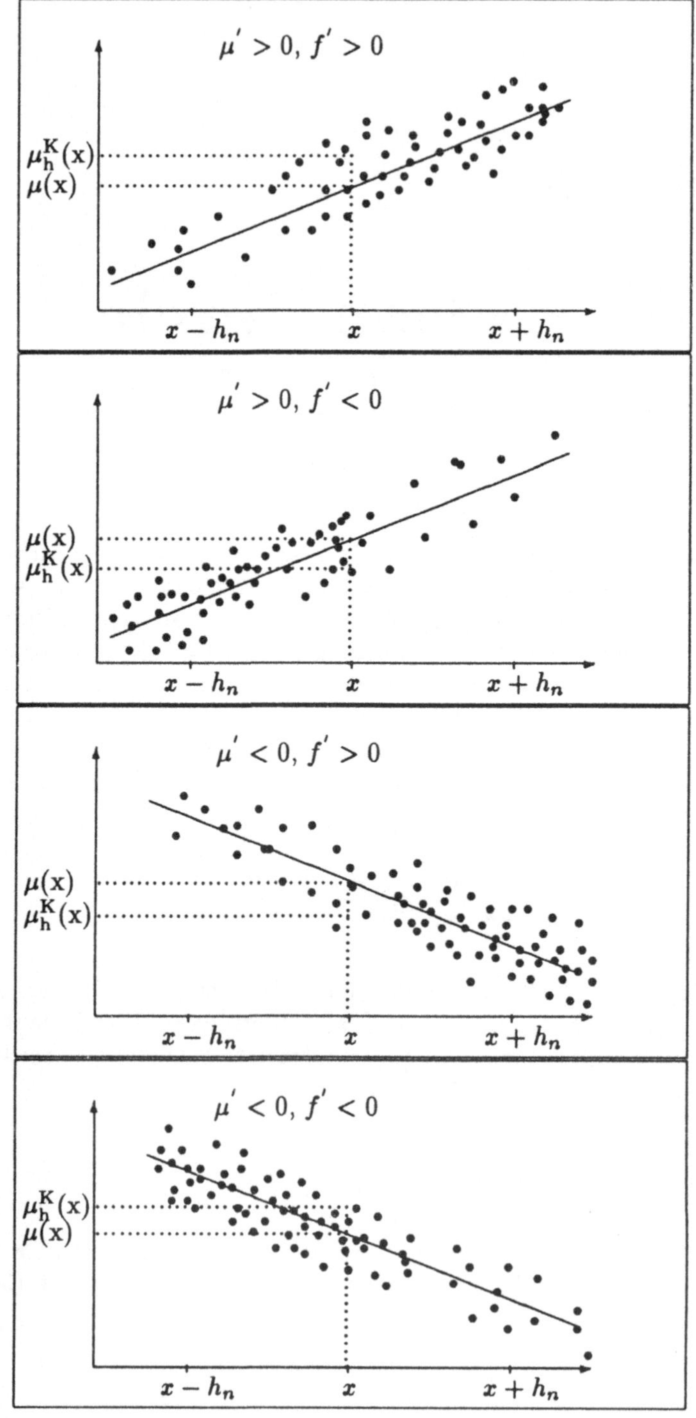

$$E(\mu_n^K(x)) = \mu(x)$$

$$+ \frac{h_n^2}{2}[\mu''(x) + 2\frac{f'(x)\mu'(x)}{f(x)}] \int u^2 K(u)\lambda(du)$$

$$+ o(h_n^2) + o(\frac{1}{nh_n}) \tag{5.2}$$

und für lineare Funktionen μ gilt

$$E(\mu_n^K(x)) = \mu(x) + ch_n^2\frac{f'(x)}{f(x)} \int u^2 K(u)\lambda(du)$$

$$+ o(h_n^2) + o(\frac{1}{nh_n}), \quad \text{mit } c = \mu'. \tag{5.3}$$

Dabei wird davon ausgegangen, daß $E[\mu_n^K(x) - M_n(x)]$ von der Ordnung $o(h_n^2) + o(\frac{1}{nh_n})$ ist. Die Verzerrung ist also proportional zur relativen Veränderung der Dichte. Bei abnehmender Dichte $f(x)$ tendiert $\mu_n^K(x)$ zur Überschätzung (Unterschätzung) von $\mu(x)$, wenn μ monoton fallend (wachsend) ist. Steigt die Dichte in x an, so ist $\mu_n^K(x)$ nach oben (unten) verzerrt, falls μ monoton wachsend (fallend) ist. Dieses Verhalten des Kernschätzers μ_n^K ist in der Abbildung 5.1 veranschaulicht. Beim NN-Schätzer treten natürlich im wesentlichen dieselben Probleme auf. Eine Lösung ist nicht möglich, wenn man nur positive, symmetrische Kerne verwendet.

In der Literatur wird die Wahl der Kernfunktion K üblicherweise als weniger wichtig gegenüber der Wahl der Bandbreite dargestellt, da unterschiedliche Bandbreiten einen größeren Einfluß auf die Schätzung haben als unterschiedliche Kerne. Dennoch kann man auch Kerne nach bestimmten Optimalitätskritertien auswählen. Epanechnikow (1969) leitet den (im Sinne minimalen IMSE) optimalen positiven Kern für Dichteschätzer her (vgl. Abbildung 2.2 und Tabelle 2.1), der sich auch für die Schätzung von Regressionsfunktionen in dieser Hinsicht als optimal erweist (vgl. Collumb 1976). Gasser und Müller (1984) und Gasser, Müller und Mammitzsch (1985) untersuchen den Einfluß der nicht notwendigerweise positiven Kernfunktion auf einen von Gasser und Müller (1979) eingeführten speziellen *Kernschätzer für* univariate Regressionsfunktionen sowie deren ν-te *Ableitungen*. Bei fest vorgegebenen Designpunkten $0 \le x_1 \le \ldots \le x_n \le 1$ mit $\max(x_{i+1} - x_i) = O(n^{-1})$ ist dieser wie folgt definiert

$$\mu_n^{GM}(x) = \frac{1}{h_n}\sum_{i=1}^{n}\int_{[s_{i-1},s_i)} K(\frac{x-z}{h_n})\lambda(dz)Y_i, \tag{5.4}$$

wobei $s_{i-1} \leq x_i \leq s_i$ gelten soll. Sie setzen für Kerne auf kompakten Trägern zusätzliche *Momentenbedingungen* voraus und erreichen dadurch, daß sich die *Konvergenzgeschwindigkeit* des IMSE erhöht. Ein *Kern minimaler Varianz (minimum variance kernel)* der Ordnung (ν, k) ist die Lösung des folgenden Problems: Minimiere

$$\int_{[-1,1]} K^2(u)\lambda\,(du) \tag{5.5}$$

unter den Nebenbedingungen

$$\int_{[-1,1]} K(u)u^j\,\lambda(du) = \begin{cases} 0, & j = 0,\ldots,\nu-1,\nu+1,\ldots,k-1 \\ (-1)^\nu \nu!, & j = \nu. \end{cases} \tag{5.6}$$

Kernfunktionen, die die Bedingungen (5.6) erfüllen, führen zu Schätzern für die ν-te Ableitung der Funktion μ. Für diese verschwinden im Falle $\nu = 0$ alle Biasterme bis zur Ordnung $o(h_n^k)$. Ein Kern der Ordnung $(0,2)$ ist ein symmetrischer Kern, der der Bedingung (2.5) genügt. Für einen symmetrischen Kern der Ordnung $(0,4)$ muß zusätzlich $\int_{[-1,1]} u^2 K(u)\,du = 0$ gelten. Dieses bewirkt, daß die asymptotische Entwicklung des Bias von der Ordnung $o(h_n^4)$ ist, jedoch müssen auch negative Abschnitte der Kernfunktion zugelassen werden. Nach einem Standardargument aus der Variationsrechnung sind die Lösungen des Minimierungsproblems (5.5), (5.6) Polynome des Grades $k - 2$, deren Koeffizienten sich über die Formel

$$\lambda_i = \begin{cases} 0, & k+i \quad \text{ungerade} \\ \dfrac{(-1)^{(i+\nu)/2}(k+\nu)!(k+i)!(k-\nu)(k-i)}{i!(i+\nu+1)\cdot 2^{2k+1}(\frac{k-\nu}{2})!(\frac{k+\nu}{2})!(\frac{k-i}{2})!(\frac{k+i}{2})!}, & k+i \quad \text{gerade} \end{cases} \tag{5.7}$$
$$i = 0,\ldots,k-2$$

bestimmen lassen. Ferner sind der Bias und die Varianz dieser Schätzer den Größen

$$B := \int_{[-1,1]} u^k K(u)\lambda(du) = -(-1)^{(k+\nu)/2}\frac{(k+\nu)!(k!)^2}{(\frac{k+\nu}{2})!(\frac{k-\nu}{2})!(2k)!} \tag{5.8}$$

$$V := \int_{[-1,1]} K^2(u)\lambda(du) = \frac{(k-\nu)^2}{2\nu+1}\cdot\frac{((k+\nu)!)^2}{2^{2k+1}((\frac{k+\nu}{2})!)^2((\frac{k-\nu}{2})!)^2}. \tag{5.9}$$

proportional.

Ein *optimaler Kern* der Ordnung (ν, k) minimiert den IMSE bezüglich
(5.6) und der zusätzlichen Nebenbedingung $\int_{[-1,1]} u^k K(u)\lambda(du) = \beta_k > 0$. Nach Argumenten der Variationsrechnung erhält man Polynome vom
Grade k als mögliche Lösungen. Diese sind jedoch nicht eindeutig bestimmt.
Daher wird die zusätzliche Forderung, K habe in $[-1,1]$ eine minimale
Anzahl von Vorzeichenwechseln eingeführt und man erhält die Koeffizienten
$\lambda_i, i = 0, \ldots, k$, sowie V und B über

$$\lambda_i = \begin{cases} 0, & k+i \quad \text{ungerade} \\ \dfrac{(-1)^{(i+\nu)/2}(k-\nu)!(k+\nu+i)!(k+i)}{i!(i+\nu+1)\cdot 2^{2k+1}(\frac{k-\nu}{2})!(\frac{k+\nu}{2})!(\frac{k-i}{2})!(\frac{k+i}{2})!}, & k+i \quad \text{gerade} \end{cases} \tag{5.10}$$
$$i = 0, \ldots, k$$

$$B = -(-1)^{(k+\nu)/2}\frac{(k+\nu+1)!(k!)^2}{(2k+1)(\frac{k+\nu}{2})!(\frac{k-\nu}{2})!(2k)!} \tag{5.11}$$

$$V = \frac{(k+\nu+1)(k-\nu)^2((k+\nu)!)^2}{(2\nu+1)(2k+1)\cdot 2^{2k}((\frac{k+\nu}{2})!)^2((\frac{k-\nu}{2})!)^2}. \tag{5.12}$$

Gasser, Müller und Mammitzsch (1985) können für die Ordnungen
(0,2), (0,4), (1,3), (1,5) und (2,4) zeigen, daß diese Lösungen tatsächlich
optimal im obigen Sinne sind. Obwohl die Biasreduktion durch eine höhere
Ordnung k sehr beeindruckend ist, ist die Tatsache, daß die Kernfunktion K
mit zunehmender Ordnung k immer häufiger ihr Vorzeichen wechselt, weniger erfreulich. Bei äquidistanten oder zumindest annähernd gleichmäßig
verteilten Designpunkten $x_i \in [0,1], i = 1, \ldots, n$, wovon Gasser und Müller
(1984) ausgehen, führen negative Abschnitte der Kernfunktion nicht zu Pro-
blemen. Ändert sich die Dichte f jedoch, welches in Zeitreihenanwendungen
der Regelfall ist, so können negative Kernfunktionen sehr wohl zu unsinnigen Schätzungen bzw. Prognosen führen. Daher ist eine Übertragung
dieser Vorgehensweise auf den Zeitreihenfall nicht sehr empfehlenswert.

Der Schätzer von Gasser und Müller ist auf dem Intervall $[0,1]$ erklärt.
Zu besonders hohem Bias kommt es hierbei in den Randbereichen $[0, h_n]$
und $[1-h_n, 1]$, wo links und rechts von der Auswertungsstelle x unterschiedliche Anzahlen von Beobachtungen eingehen. Zur Lösung dieses Problemes
schlagen Gasser, Müller und Mammitzsch (1985) spezielle asymmetrische
Randkernfunktionen (sogenannte boundary kernels) vor. Auch für die in
den Abbildungen 5.1 skizzierten Situationen sich ändernden Dichten sind
asymmetrische Kerne ein möglicher Ausweg zur Biasreduktion.

In dieser Arbeit werden drei Verfahren zur Biasreduktion mit Hilfe *asymmetrischer Kerne* vorgeschlagen. Sie unterscheiden sich lediglich bezüglich der Bedingungen, die zur Bestimmung der Polynomkoeffizienten herangezogen werden.

Methode 1

Ein erster heuristischer Vorschlag besteht darin, Kernfunktionen zu verwenden, die auf die Beobachtungen Y_i, deren X_i-Werte in $[x - h_n, x]$ liegen, insgesamt genausoviel Gewicht verteilen, wie auf diejenigen Y_i mit X_i-Werten in $(x, x + h_n]$, d. h.

$$\sum_{x-h_n \leq X_i \leq x} K(\frac{x - X_i}{h_n}) = \sum_{x < X_i \leq x+h_n} K(\frac{x - X_i}{h_n}). \qquad (5.13)$$

Zunächst werden die Definitionen

$$S_k^L = \sum_{x-h_n \leq X_i < x} [\frac{x - X_i}{h_n}]^k, \quad S_k^R = \sum_{x < X_i \leq x+h_n} [\frac{x - X_i}{h_n}]^k, \qquad (5.14)$$

und

$$D_k = S_k^R - S_k^L, \ k = 0, 1, 2, \ldots. \qquad (5.15)$$

eingeführt. Ferner wird $S_0^L, S_0^R > 0$ gefordert.

Eine einfache asymmetrische Kernfunktion ist durch eine Treppenfunktion

$$K(u) = \lambda_0 I_{[-1,0)}(u) + \lambda_1 I_{[0,1]}(u) \qquad (5.16)$$

gegeben. Die Größen λ_0 und λ_1 bestimmen sich aus den Bedingungen (2.5) und (5.13). Letztere läßt sich für diese spezielle Kernfunktion in der Form

$$\lambda_0 S_0^R = \lambda_1 S_0^L \qquad (5.17)$$

umschreiben. Die Normierungsbedungung (2.5) liefert schließlich

$$\lambda_0 = \frac{S_0^L}{S_0^R + S_0^L}, \quad \lambda_1 = \frac{S_0^R}{S_0^R + S_0^L}. \qquad (5.18)$$

Für $S_0^L = S_0^R$ ergibt sich als Spezialfall von (5.16) der Rechteckkern. Einige elementare Umformungen ergeben, daß der Schätzer $\mu_n^K(x)$ in der Form

$$\mu_n^K(x) = \frac{1}{2}(\frac{1}{S_0^L} \sum_{x-h_n \leq X_i \leq x} Y_i + \frac{1}{S_0^R} \sum_{x < X_i \leq x+h_n} Y_i) \qquad (5.19)$$

– also als Mittelwert der getrennt für die linke und rechte Gruppe berechneten arithmetrischen Mittel – umformen läßt. Sollte der Datensatz der X_i-Werte Bindungen enthalten, so empfielt es sich, in die Mittelung (5.19) eine mittlere Gruppe von Y_i mit zugehörigen $X_i = x$ einzubeziehen, oder aber diese Gruppe zu ignorieren.

Der Nachteil der obigen Vorgehensweise liegt vor allem darin, daß die Kernfunktion (5.16) im allgemeinen nicht stetig in Null ist. Er kann vermieden werden, wenn man anstelle einer Treppenfunktion ein Polynom r-ten Grades

$$K(u) = (\sum_{j=0}^{r} \lambda_j u^j) I_{[-1,1]}(u) \qquad (5.20)$$

ansetzt. (2.5) schreibt sich dann in der Form

$$\sum_{j=0}^{r} \lambda_j \frac{1}{j+1}[1 + (-1)^j] = 1. \qquad (5.21)$$

Bei einer Geraden (d.h. $r = 1$) erhält man aus (5.21) und (5.13)

$$\lambda_0 = \frac{1}{2} \text{ und } \lambda_1 = \begin{cases} \frac{-D_0}{2D_1}, & D_1 \neq 0 \\ 0, & D_1 = 0. \end{cases} \qquad (5.22)$$

Wiederum liefert $D_1 = 0$ oder $D_0 = 0$ den Spezialfall des Rechteckkernes. Analog kann man die Stetigkeit der Kernfunktion K fordern und erhält neben (5.21) und (5.13) zusätzlich

$$\begin{array}{lll} K(-1) & = \sum_{j=0}^{r} \lambda_j (-1)^j & = 0 \\ K(1) & = \sum_{j=0}^{r} \lambda_j & = 0. \end{array} \qquad (5.23)$$

Diese vier Nebenbedingungen legen ein Polynom 3. Grades fest. Zunächst resultiert aus der Stetigkeitsbedingungen (5.23) und aus (5.21) $\lambda_0 = -\lambda_2 = \frac{3}{4}$ und $\lambda_1 = -\lambda_3$. Der freie Parameter λ_1 bestimmt sich aus (5.13) zu

$$\lambda_1 = \begin{cases} \frac{3(D_0 - D_2)}{D_3 - D_1}, & D_3 \neq D_1 \\ 0, & D_3 = D_1. \end{cases} \qquad (5.24)$$

Ist $\lambda_1 = 0$, so ergibt sich als Spezialfall der Epanechnikow-Kern, oder in der Terminologie von Gasser, Müller und Mammitzsch (1985) der optimale Kern der Ordnung $(0,2)$. Durch die Zusatzbedingungen

$$\begin{array}{lll} K'(-1) & = \sum_{j=0}^{r} \lambda_j j(-1)^{j-1} & = 0 \\ K'(1) & = \sum_{j=0}^{r} \lambda_j j & = 0 \end{array} \qquad (5.25)$$

erreicht man stetige Differenzierbarkeit. Daraus ergibt sich zusammen mit (5.21) für die Koeffizienten $\lambda_i, i = 0, \ldots, 5$, eines Polynomes fünften Grades mit $\lambda_0 = \lambda_4 = \frac{15}{16}$, $\lambda_2 = -\frac{15}{8}$, $\lambda_5 = -\frac{\lambda_3}{2} = \lambda_1$. (5.13) impliziert

$$\lambda_1 = \begin{cases} \frac{15}{16} \frac{D_0 - 2D_2 + D_4}{2D_3 - D_1 - D_5}, & D_3 \neq \frac{D_1 + D_5}{2} \\ 0, & D_3 = \frac{D_1 + D_5}{2}. \end{cases} \tag{5.26}$$

Hier erhält man für $\lambda_1 = 0$ den Bisquare Kern (vgl. Tabelle 2.1).

Auch die obigen Polynomkerne weisen für bestimmte Koeffizienten negative Abschnitte auf. Sie sind jedoch dann nicht negativ, wenn die Bedingung

$$|\lambda_1| \leq \Lambda_r := \begin{cases} \frac{1}{2}, & \text{falls } r = 1 \\ \frac{3}{4}, & \text{falls } r = 3 \\ \frac{15}{16}, & \text{falls } r = 5 \end{cases} \tag{5.27}$$

erfüllt ist. Dies ergibt sich aus der Tatsache, daß die Polynome dritten Grades einfache und die Polynome fünften Grades doppelte Nullstellen in ± 1 haben. Nach Polynomdivision erhält man die verbleibende Nullstelle, deren Betrag größer als 1 sein muß, wenn K nicht negativ werden soll.

Ersetzt man λ_1 durch

$$\tilde{\lambda}_1 = \begin{cases} \max\{\lambda_1, \Lambda_r\}, & \text{falls } \lambda_1 \leq 0 \\ \min\{\lambda_1, \Lambda_r\}, & \text{falls } \lambda_1 > 0, \end{cases} \tag{5.28}$$

so führt dies zu einem Kompromiß: solange sich positive Kerne aus der bisherigen Vorgehensweise ergeben, werden diese benutzt. Ist (5.27) verletzt (d.h. existieren Vorzeichenwechsel innerhalb von $(-1, 1)$), so verwende man den gerade noch nicht negativen Kern (mit $|\lambda_1| = \Lambda_r$). In Abbildung 5.2 sind Kernfunktionen für $r = 1, 3, 5$ und verschiedene Werte von λ_1 dargestellt.

Methode 2

Anstelle von (5.13) erscheint die Bedingung

$$\int_{-1}^{0} K(u)\,du = \sum_{i=0}^{r} \lambda_i \frac{1}{i+1}(-1)^i = \frac{S_0^L}{S_0^L + S_0^R} =: \alpha(x) \tag{5.29}$$

Abbildung 5.2: Symmetrische und asymmetrische Kernfunktionen in Abhängigkeit von $\lambda_1 = 11$.

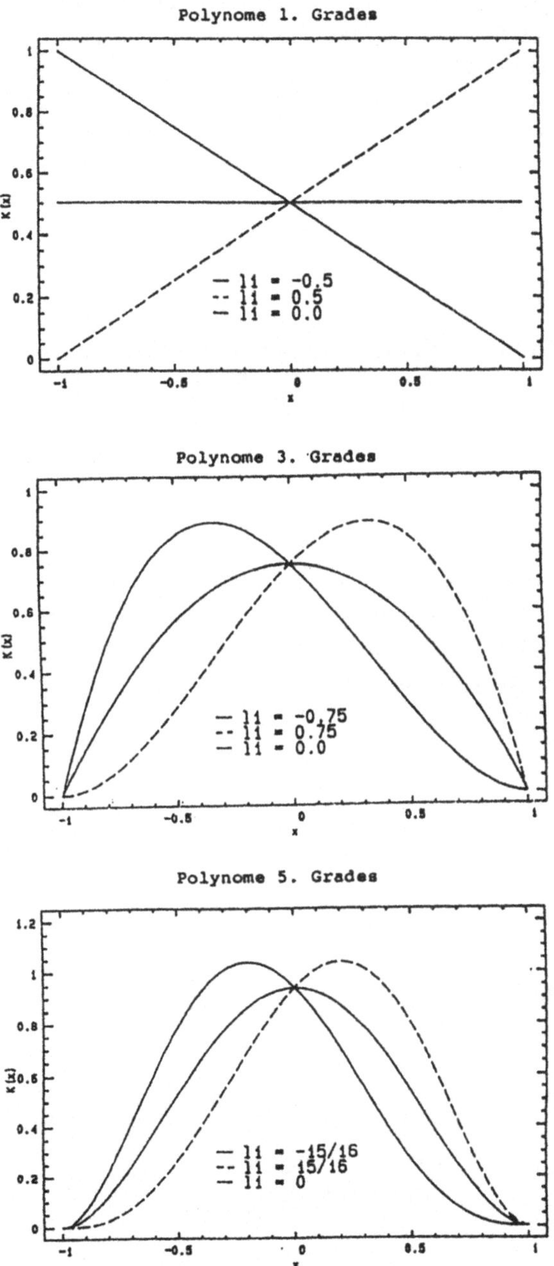

sinnvoll. Kerne, die (5.29) erfüllen, verteilen das Gewicht links und rechts von x umgekehrt proportional zur Besetzungszahl der beiden Intervalle $(x - h_n, x]$ und $(x, x + h_n]$. Die Bedingung (5.29) hat die Vorteile, daß der daraus resultierende Schätzer bei höherem Polynomgrad r erheblich weniger rechenaufwendig als der aus (5.13) resultierende ist und daß der Kern lediglich über $\alpha(x)$ von der Stichprobe abhängt. Durch (5.13) und (5.29) werden lediglich die Koeffizienten λ_i mit ungeradem i beeinflußt, die zudem alle nur von λ_1 abhängen. Somit genügt es, λ_1 über (5.29) festzulegen:

$$\lambda_1 = \begin{cases} 1 - 2\alpha(x), & r = 1 \\ 2(1 - 2\alpha(x)), & r = 3 \\ 6(1 - 2\alpha(x)), & r = 5. \end{cases} \tag{5.30}$$

Die so bestimmten Kernfunktionen haben wegen (5.27) genau dann keine negativen Abschnitte, wenn $\alpha(x)$ für $r = 1$ in $[\frac{1}{4}, \frac{3}{4}]$, für $r = 3$ in $[\frac{5}{16}, \frac{11}{16}]$ und für $r = 5$ in $[\frac{11}{32}, \frac{21}{32}]$ liegt. Andernfalls sollte man anstelle von λ_1 die gemäß (5.28) definierten Koeffizienten $\tilde{\lambda}_1$ verwenden.

Methode 3

Nach diesen beiden eher heuristischen Vorgehensweisen soll nun anhand der Formel (3.54) argumentiert werden. Um die Notation zu vereinfachen, wird K als Dichtefunktion einer p-variaten Zufallsvariable $\mathbf{U}$ betrachtet. Für $p = 1$ erhält man damit

$$\begin{aligned} E(\mu_n^K(x)) &= \mu(x) - h_n\mu'(x)E(U) + \frac{h_n^2}{2}\mu''(x)E(U^2) \\ &\quad + h_n^2\frac{f'(x)}{f(x)}\mu'(x)\mathrm{Var}(U) + o(h_n^2) + o(\frac{1}{nh_n}). \end{aligned} \tag{5.31}$$

Der Bias von $\mu_n^K(x)$ ist demnach von der Ordnung $o(h_n^2) + o(\frac{1}{nh_n})$, falls

$$h_n\mu'(x)E(U) = \frac{h_n^2}{2}[\mu''(x)E(U^2) + 2\frac{f'(x)}{f(x)}\mu'(x)\mathrm{Var}(U)]. \tag{5.32}$$

Im Falle einer linearen Funktion μ ist (5.32) erfüllt, wenn $\mu'(x) = 0$ oder

$$E(U) = h_n\frac{f'(x)}{f(x)}\mathrm{Var}(U). \tag{5.33}$$

Ist $f'(x) \neq 0$, so kann (5.33) nur durch eine asymmetrische Kernfunktion sichergestellt werden. Die Bedingung

$$\int uK(u)\lambda(du) \;=\; d(x)\{\int u^2 K(u)\lambda(du) - [\int uK(u)\lambda(du)]^2\}$$
$$\text{mit } d(x) = h_n\frac{f'(x)}{f(x)}, \qquad (5.34)$$

die anstelle von (5.13) bzw. (5.29) zur Herleitung einer asymmetrischen Kernfunktion eingesetzt wird, bewirkt also, daß der Bias von der Ordnung $o(h_n^2) + o(\frac{1}{nh_n})$ ist. Unter den weiteren Bedingungen (5.21) bzw. (5.21) und (5.23) bzw. (5.21), (5.23) und (5.25) sollen nun die die Varianz (5.5) minimierenden Polynomkerne mit $r = 1$ bzw. $r = 3$ bzw $r = 5$ bestimmt werden.

Zunächst schreiben sich (5.5) bzw. (5.34) für Polynomkerne auf Träger $[-1, 1]$ in der Form

$$\int_{-1}^{1} K^2(u)\lambda(du) = \sum_{j=0}^{r}\sum_{k=0}^{r}\frac{\lambda_j\lambda_k}{j+k+1}[1+(-1)^{j+k}] \qquad (5.35)$$

bzw.

$$\sum_{j=0}^{r}\frac{\lambda_j}{j+2}[1+(-1)^{j+1}] \;=\; d(x)\{\sum_{j=0}^{r}\frac{\lambda_j}{j+3}[1+(-1)^{j}] - \qquad (5.36)$$

$$\sum_{j=0}^{r}\sum_{k=0}^{r}\frac{\lambda_j}{j+2}\frac{\lambda_k}{k+2}[1+(-1)^{j+1}][1+(-1)^{k+1}]\}.$$

Wie bisher ergeben sich die Koeffizienten λ_i für gerade i schon aus der Bedingung (5.21) und den Eigenschaften des Kernes in den Punkten ± 1. Aus letzteren erhält man auch die Koeffizienten λ_i für ungerade i bis auf ein skalares Vielfaches. Es bleibt nur noch ein λ_i mit ungeradem i (etwa λ_1) so aus (5.36) zu bestimmen, daß (5.35) minimal wird: Für $r = 1$ ist somit die quadratische Gleichung

$$\frac{2}{3}\lambda_1 = d(x)\{\frac{1}{3} - \frac{4}{9}\lambda_1^2\} \qquad (5.37)$$

nach λ_1 aufzulösen, wobei $\lambda_0 = \frac{1}{2}$ bereits eingesetzt wurde. Falls $d(x) = 0$ gilt, so führt die Lösung $\lambda_1 = 0$ zum wohlbekannten Rechteckkern; andernfalls ergibt sich

$$\lambda_{1;1,2} = -\frac{3}{4d(x)}[1 \pm \sqrt{1 + \frac{4}{3}d(x)^2}]. \qquad (5.38)$$

Durch Einsetzen von $\lambda_{1;1,2}$ in (5.35) erkennt man, daß

$$\lambda_1 = \frac{3}{4d(x)}[\sqrt{1 + \frac{4}{3}d(x)^2} - 1] \tag{5.39}$$

zu einem Minimum führt.

Im Falle $r = 3$ erhält man durch Einsetzen der Bedingungen (5.21) und (5.23) in (5.36) wiederum

$$\frac{4}{15}\lambda_1 = d(x)\{\frac{1}{5} - \frac{16}{225}\lambda_1^2\}. \tag{5.40}$$

Die Lösung $\lambda_1 = 0$ ($d(x) = 0$) liefert nun den Epanechnikow-Kern, wohingegen für $d(x) \neq 0$ die Wurzel von (5.40),

$$\lambda_1 = \frac{15}{8d(x)}[\sqrt{1 + \frac{4}{5}d^2(x)} - 1], \tag{5.41}$$

zu einem Minimum von (5.35) führt. Mit stark zunehmenden Rechenaufwand, aber im Prinzip völlig analog leitet man für stetig differenzierbare Kerne $r = 5$ entweder $\lambda_1 = d(x) = 0$ oder

$$\lambda_1 = \frac{105}{32d(x)}[\sqrt{1 + \frac{4}{7}d(x)^2} - 1] \tag{5.42}$$

als Lösung her. $\lambda_1 = 0$ liefert wiederum den Bisquarekern.

Auch bei dieser Vorgehensweise kann im Falle großer relativer Veränderungen der Dichte ($|d(x)|$ groß) das Phänomen auftreten, daß die Kernfunktion negative Werte annimmt. Dies passiert jedoch nicht, wenn $|\lambda_1| \leq \Lambda_r$ ist (vgl. (5.27)). Die Lösungen λ_1 in (5.39), (5.41) und (5.42) haben alle die gleiche Struktur

$$\lambda_1 = \frac{a}{d(x)}[\sqrt{1 + bd(x)^2} - 1]\,, a, b > 0, \tag{5.43}$$

und sind betragsmäßig genau dann kleiner als Λ_r, falls

$$|d(x)| < \frac{2\Lambda_r a}{a^2 b - \Lambda_r^2}, \tag{5.44}$$

wobei $a^2 b > \Lambda_r^2$ vorausgesetzt werden muß.

Abbildung 5.3: λ_1 in Abhängigkeit von d

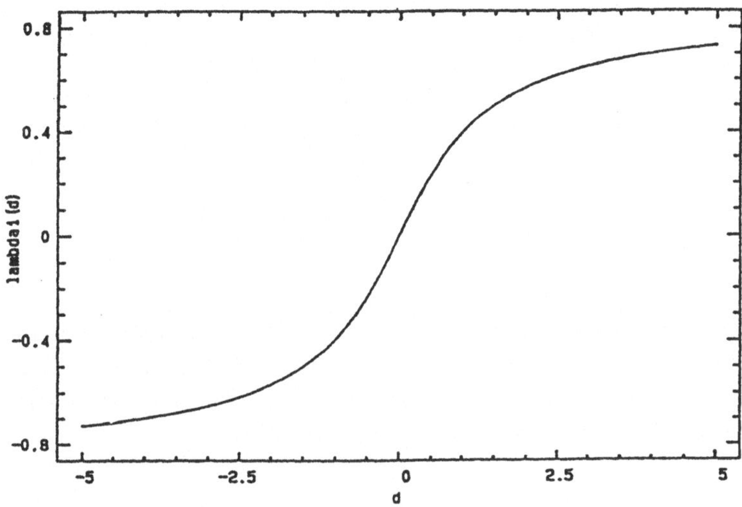

Für $r = 1, 3, 5$ hat die Kernfunktion demnach keine negativen Abschnitte, falls

$$|d(x)| \leq \begin{cases} \frac{3}{2}, & r = 1 \\[2mm] \frac{5}{4}, & r = 3 \\[2mm] \frac{7}{6}, & r = 5 \end{cases} \tag{5.45}$$

Ist (5.45) verletzt, so definiert man λ_1 gemäß (5.28).

Da $d(x)$ nicht bekannt ist, muß die Veränderung der Dichte $f'(x)/f(x)$ aus den Daten um x geschätzt werden. Ein einfacher, intuitiv einleuchtender Schätzer für dieses Verhältnis ist nun durch

$$\frac{\frac{1}{2\Delta}[\hat{f}_{b_n}(x + \Delta) - \hat{f}_{b_n}(x - \Delta)]}{\hat{f}_{h_n}(x)}, \quad b_n, h_n, \Delta > 0, \tag{5.46}$$

gegeben, wobei $\hat{f}_a$ einen Kerndichteschätzer mit Bandweite a bzw. einen NN-Dichteschätzer darstellt. Damit der Differenzenquotient im Zähler von

Tabelle 5.1: $\int_{[-1,1]} K^2(u)\lambda(du)$ für einige Werte von r und d

r d	1	3	5
0	0.5	0.6	0.71429
1/2	0.53590	0.61952	0.72945
1	0.60436	0.66258	0.76543
7/6	0.62655	0.67804	0.77922
5/4	0.63715	0.68571	*0.78619*
3/2	0.66667	*0.70794*	*0.80691*

(5.46) bei Kernen mit Träger $[-1,1]$ von denselben Beobachtungen abhängt wie $\hat{f}_{h_n}(x)$ im Nenner, sollte man $\Delta = b_n = h_n/2$ wählen. Ein recht anschaulicher und einfach zu berechnender Schätzer für $d(x)$ resultiert dann aus der Wahl des Rechteckkernes:

$$d_n^R(x) = 2\frac{S_0^R - S_0^L}{S_0^L + S_0^R} = 2(1 - 2\alpha(x)).\qquad(5.47)$$

Alternativ zu dieser intuitiven Vorgehensweise kann natürlich $d(x)$ durch

$$d_n(x) = h_n\frac{f_n'(x)}{f_n(x)},\qquad(5.48)$$

geschätzt werden, wobei $f_n(x)$ bzw. $f_n'(x)$ geeignete Kerndichteschätzer bzw. NN-Dichteschätzer mit Kernen der Ordnung $(0,k)$ bzw. $(1,k)$ gemäß dem Ansatz von Gasser, Müller (1984) bzw. Gasser, Müller und Mammitzsch (1985) sein können.

Verwendet man den einfachen Schätzer (5.47) für $d(x)$, so ergeben sich im Fall $r = 1$ und kleinem $d(x)$ näherungsweise die gleichen Kernfunktionen wie sie (5.30) impliziert. Eine Kurvendiskussion der gemäß (5.43) definierten Funktion λ_1 in Abhängigkeit von $d = d(x)$ ergibt die folgenden Eigenschaften (siehe auch Abbildung 5.3). λ_1 ist monoton wachsend und hat einen Wendepunkt in Null. Für $d \to \pm\infty$ strebt $\lambda_1(d)$ gegen $\pm a\sqrt{b}$. Über die Regel von de l'Hopital gewinnt man als Steigung im Nullpunkt $\lambda_1'(0) = ab/2$, so daß als lineare Approximation von λ_1 aus der Taylorentwicklung $\lambda_1(d) = \frac{a \cdot b}{2} \cdot d$ bestimmt werden kann. Setzt man $d_n^R(x)$ in diese Nährung ein, so erhält man im Fall $r = 1$ gerade wie in (5.30) $\lambda_1 = 1 - 2\alpha(x)$. Bei höheren Polynomgraden führt die Wahl von λ_1 gemäß

(5.30) zu Kernen, die schiefer sind als es theoretisch erforderlich ist.

Allgemein wird die Biasreduktion durch asymmetrische Kerne durch eine Erhöhung der asymptotischen Varianz erkauft. Tabelle 5.1 verdeutlicht jedoch, daß die Wahl eines schiefen Kernes zu keiner allzu großen Varianzsteigerung führt, wenn d nicht allzu groß ist. Man beachte, daß nur die nicht kursiv gedruckten Angaben mit nicht negativen Kernfunktionen korrespondieren.

5.2 Übertragung auf höhere Dimensionen

Im univariaten Fall kann also der Bias für lineare Funktionen auf die Größenordnung $o(\frac{1}{nh_n}) + o(h_n^2)$ reduziert werden. Für die Prognose von Zeitreihen ist jedoch vor allem der Fall $p > 1$ von Interesse. Gerade hier kann es vorkommen, daß es angesichts unterschiedlicher Anzahlen von Verläufen unterhalb und oberhalb des für die Prognose relevanten Verlaufes zu Verzerrungen kommt. Man betrachte dazu die Abbildung 5.4, die dieses Problem verdeutlicht.

Angenommen, die in Abbildung 5.4 skizzierten 6 Verläufe liegen in einer Umgebung vom für die Prognose ausschlaggebenden letzten Verlaufes, wobei der Abstand entweder mit der euklidischen Norm oder der gemäß (2.15) definierten Maximumnorm gemessen werden soll. Dadurch, daß fünf dieser Verläufe unterhalb des letzten liegen, kommt es hier zu einer stark nach unten verzerrten Prognose. Zur Verbesserung der Vorhersage wäre eine stärkere Gewichtung des auf den ersten Verlauf folgenden Wertes ratsam. Dazu betrachtet man die Beziehung (3.54), die sich mit Hilfe eines Zufallsvektors $\mathbf{U}$ mit der durch die Kernfunktion K gegebenen Verteilung wie folgt schreibt

$$E(\mu_n^K(\mathbf{x})) \;=\; \mu(\mathbf{x}) - h_n \nabla\mu(\mathbf{x}) E(\mathbf{U}) + \frac{h_n^2}{2} tr[H_\mu(\mathbf{x}) E(\mathbf{U}\mathbf{U}')] \quad (5.49)$$

$$+ \frac{h_n^2}{f(\mathbf{x})} \nabla f(\mathbf{x})' \mathrm{Cov}(\mathbf{U}) \nabla\mu(\mathbf{x}) + o(h_n^2) + (\frac{1}{nh_n^p}).$$

Für eine lineare Funktion μ verschwinden die führenden Biasterme, wenn

$$E(\mathbf{U}) = \frac{h_n \nabla f(\mathbf{x})'}{f(\mathbf{x})} \mathrm{Cov}(\mathbf{U}) \quad (5.50)$$

gilt. (5.50) ist eine naheliegende Verallgemeinerung von (5.33). Die allgemeine Bestimmung eines Kernes K, der (5.50) erfüllt, dürfte schwierig sein.

Abbildung 5.4: Verläufe der Länge 5, die nahe am letzten Verlauf liegen

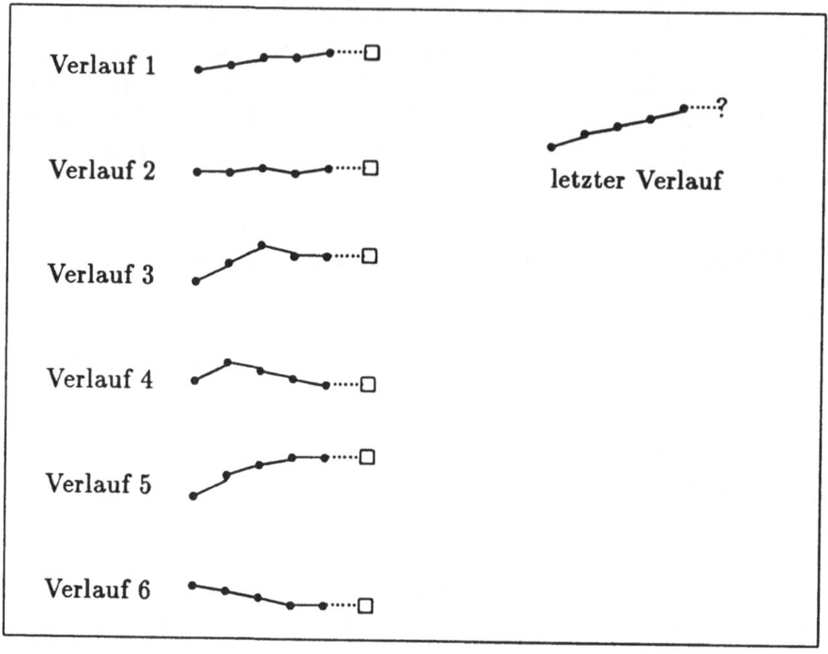

Dagegen läßt sich (5.50) sofort auf den univariaten Fall zurückführen, wenn K ein Produktkern ist, welcher in der verwendeten Notation der stochastischen Unabhängigkeit der Komponenten U_j von $\mathbf{U}$ entspricht. In diesem Falle ist (5.50) gleichbedeutend mit

$$E(U_j) = h_n \frac{1}{f(\mathbf{x})} \frac{\partial f}{\partial x_j}(\mathbf{x})\mathrm{Var}(U_j), \quad j = 1,\ldots,p, \qquad (5.51)$$

so daß man mit den bisher beschriebenen Verfahren p univariate Kernfunktionen K_j aus (5.51) bestimmen kann. Der gesuchte p-variate Kern ergibt sich dann als Produkt dieser Kerne K_j. Schätzer für $d^j(\mathbf{x}) = \dfrac{h_n}{f(\mathbf{x})} \dfrac{\partial f(\mathbf{x})}{\partial x_j}$ können wie folgt ermittelt werden. Ein Schätzer für $\dfrac{\partial^\nu f}{\partial x_j}$ erhält man durch die ν-te partielle Ableitung des Kernschätzers von f:

$$\frac{\partial^\nu f_n(\mathbf{x})}{\partial x_j^\nu} = \frac{1}{nh_n^{p+\nu}} \sum_{i=1}^{n} \frac{\partial^\nu}{\partial u_j^\nu} K(\mathbf{u})\big|_{\mathbf{u}=(\mathbf{x}-\mathbf{X}_i)/h_n}, \qquad (5.52)$$

wobei K λ^p-fast-überall ν-mal differenzierbar sei. Falls K an der Stelle $(\mathbf{x} - \mathbf{X}_i)/h_n$ nicht ν-mal differenzierbar ist, setze man $\frac{\partial^\nu}{\partial u_j^\nu} K(\mathbf{u})\big|_{\mathbf{u}=(\mathbf{x}-\mathbf{X}_i)/h_n} = 0$. (Für Produktkerne ist jeweils nur der j-te Faktor abzuleiten.) Als Schätzer für $d^j(x)$ ergibt sich schließlich

$$d_n^j(x) = \frac{\sum_{i=1}^n \frac{\partial}{\partial u_j} K(\mathbf{u})\big|_{\mathbf{u}=(\mathbf{x}-\mathbf{X}_i)/h_n}}{\sum_{i=1}^n K\left(\frac{\mathbf{x}-\mathbf{X}_i}{h_n}\right)}. \tag{5.53}$$

Somit kann bei Verwendung von Produktkernen die Methode 3 sinnvoll vom univariaten auf den multivariaten Fall übertragen werden. Natürlich gilt dies auch für die Methoden 1 und 2, wobei die Kernfunktion auf dem $\mathbb{R}^p$ als Produkt der für jede Komponente seperat berechneten (asymmetrischen) Kerne gewählt wird.

Kapitel 6

Biasreduzierende und varianzreduzierende Mischungen von Kern- und NN-Schätzern

Der Kernschätzer $\mu_n^K(\mathbf{x})$ weist eine sehr hohe Varianz auf, wenn nur wenige Vektoren $\mathbf{X}_s$ in der Nähe der Auswertungsstelle $\mathbf{x}$ liegen. Für den im vierten Kapitel beschriebenen Ausweg zur Lösung dieses Problemes ist die Bedingung (4.2) von essentieller Wichtigkeit und begrenzt somit die Anwendungsmöglichkeiten der Methode. Eine andere Vorgehensweise besteht nun darin, die Bandweite solange zu erhöhen, bis eine ausreichende Anzahl von Beobachtungen in den Schätzer eingeht. Umgekehrt können beim NN-Schätzer $\mu_n^{NN}(\mathbf{x})$ Beobachtungen in den Schätzer einfließen, deren erklärende Variablen recht weit von der Auswertungsstelle $\mathbf{x}$ entfernt liegen und somit in der Regel zu größeren Verzerrungen führen. Hier ist es angebracht, die Anzahl der einfließenden Beobachtungen solange zu reduzieren, bis die erklärenden Variablen der verbleibenden einen akzeptablen Abstand zu $\mathbf{x}$ aufweisen. Insgesamt erscheint es also durchaus sinnvoll, Schätzer einzuführen, die sich in bestimmten Situationen wie Kernschätzer und in anderen wie NN-Schätzer verhalten.

Setzt man in $\mu_n^K(\mathbf{x})$ anstelle von h_n die Zufallsvariable

$$H_{n,k}^{(1)}(\mathbf{x}) = \max\{h_n, H_{n,k}(\mathbf{x})\} \tag{6.1}$$

($H_{n,k}(\mathbf{x})$ wie bei (2.14) definiert) ein, so ist sicher gestellt, daß mindestens k_n Beobachtungen in den Schätzer eingehen. Die Wahl von

$$H_{n,k}^{(2)}(\mathbf{x}) = \min\{h_n, H_{n,k}(\mathbf{x})\} \tag{6.2}$$

bewirkt, daß höchtens k_n Beobachtungen (bei Kernen mit Träger $\{\|u\| \le 1\}$ bzw. $\{\|u\|_{max} \le 1\}$) eingehen, deren zugehörige erklärenden Variablen nicht weiter als h_n von $\mathbf{x}$ entfernt sind. Die Schätzer, die sich aus dem Kernschätzer $\mu_n^K(\mathbf{x})$ durch Einsetzen von $H_{n,k}^{(j)}(\mathbf{x})$ für h_n ergeben, werden im folgenden mit $\mu_{n,k}^{(j)}(\mathbf{x})$, $j = 1, 2$, bezeichnet.

Über Konsitenzeigenschaften von $\mu_{n,k}^{(j)}$, $j = 1, 2$, gibt der folgende Satz Auskunft.

Satz 6.1 *Sind $\mu_{n,k}^{NN}(\mathbf{x})$ und $\mu_n^K(\mathbf{x})$ schwach (stark) konsistent für $\mu(\mathbf{x})$, so gilt dies auch für $\mu_{n,k}^{(j)}(\mathbf{x})$, $j = 1, 2$.*

Beweis:
Wegen der schwachen Konsistenz von $\mu_{n,k}^{NN}(\mathbf{x})$ und $\mu_n^K(\mathbf{x})$ konvergiert

$$
\begin{aligned}
P(|\mu_{n,k}^{(1)}(\mathbf{x}) - \mu(\mathbf{x})| > \epsilon) &= P(|\mu_{n,k}^{(1)}(\mathbf{x}) - \mu(\mathbf{x})| > \epsilon,\ H_{n,k}(\mathbf{x}) > h_n) \\
&\quad + P(|\mu_{n,k}^{(1)}(\mathbf{x}) - \mu(\mathbf{x})| > \epsilon,\ H_{n,k}(\mathbf{x}) \le h_n) \\
&= P(|\mu_{n,k}^{NN}(\mathbf{x}) - \mu(\mathbf{x})| > \epsilon,\ H_{n,k}(\mathbf{x}) > h_n) \\
&\quad + P(|\mu_n^K(\mathbf{x}) - \mu(\mathbf{x})| > \epsilon,\ H_{n,k}(\mathbf{x}) \le h_n) \\
&\le P(|\mu_{n,k}^{NN}(\mathbf{x}) - \mu(\mathbf{x})| > \epsilon) \\
&\quad + P(|\mu_n^K(\mathbf{x}) - \mu(\mathbf{x})| > \epsilon)
\end{aligned}
$$

für beliebiges $\epsilon > 0$ gegen Null. Die starke Konsistenz von $\mu_{n,k}^{NN}(\mathbf{x})$ und $\mu_n^K(\mathbf{x})$ impliziert

$$
\begin{aligned}
P(\lim_{n \to \infty} \mu_{n,k}^{(1)}(\mathbf{x}) = \mu(\mathbf{x})) &= P(\lim_{n \to \infty} \mu_{n,k}^{(1)}(\mathbf{x}) = \mu(\mathbf{x}),\ H_{n,k}(\mathbf{x}) > h_n) \\
&\quad + P(\lim_{n \to \infty} \mu_{n,k}^{(1)}(\mathbf{x}) = \mu(\mathbf{x}),\ H_{n,k}(\mathbf{x}) \le h_n) \\
&= P(\lim_{n \to \infty} \mu_{n,k}^{NN}(\mathbf{x}) = \mu(\mathbf{x}),\ H_{n,k}(\mathbf{x}) > h_n) \\
&\quad + P(\lim_{n \to \infty} \mu_n^K(\mathbf{x}) = \mu(\mathbf{x}),\ H_{n,k}(\mathbf{x}) \le h_n) \\
&= P(H_{n,k}(\mathbf{x}) > h_n) + P(H_{n,k}(\mathbf{x}) \le h_n) \\
&= 1.
\end{aligned}
$$

Völlig analog argumentiert man beim Nachweis der punktweisen schwachen bzw. starken Konsistenz von $\mu_{n,k}^{(2)}(\mathbf{x})$.

$$\lhd$$

Die Bedingungen für die schwache und die starke Konsistenz von Kern- und NN-Schätzern können den Sätzen 3.3 bis 3.6 sowie den Arbeiten von Yakowitz (1985, 1987) entnommen werden.

Es werden die Bezeichnungen $\mu_r^K(\mathbf{x})$ für einen Kernschätzer mit Bandbreite r (d.h. $\mu_{h_n}^K(\mathbf{x}) = \mu_n^K(\mathbf{x})$),

$$A(\mathbf{x}) = \frac{1}{2} \int \mathbf{u}' H_\mu(\mathbf{x}) \mathbf{u} K(\mathbf{u}) \lambda(d\mathbf{u})$$
$$+ \frac{1}{f(\mathbf{x})} \nabla f(\mathbf{x})' \int \mathbf{u}\mathbf{u}' K(\mathbf{u}) \lambda(d\mathbf{u}) \nabla \mu(\mathbf{x}) \qquad (6.3)$$

und

$$B(\mathbf{x}) = \frac{v(\mathbf{x})}{f(\mathbf{x})} \int K^2(\mathbf{u}) \lambda(d\mathbf{u}) \qquad (6.4)$$

eingeführt. Betrachtet man lediglich Terme von nicht höherer Ordnung als r^2 und $1/(nr^p)$, so gilt für kleine r und symmetrische Kernfunktionen (vgl. Korollar 3.8)

$$E[\mu_r^K(\mathbf{x})] \approx \mu(\mathbf{x}) + r^2 A(\mathbf{x}), \qquad (6.5)$$
$$\mathrm{Var}[\mu_r^K(\mathbf{x})] \approx \frac{1}{nr^p} B(\mathbf{x}). \qquad (6.6)$$

Der Betrag der asymptotischen Verzerrung von $\mu_r^K(\mathbf{x})$ ist also monoton wachsend, die asymptotische Varianz monoton fallend in r. Die Anwendung von $\mu_{n,k}^{(1)}$ führt zu einer Varianzreduktion bei gleichzeitiger Biasvergrößerung, die Verwendung von $\mu_{n,k}^{(2)}$ zu einer Biasreduktion und Varianzvergrößerung im Vergleich mit den reinen Kern- und NN-Schätzungen. Im folgenden Satz werden lediglich schwache Monotoniebedingungen an die Verzerrung und die Varianz von $\mu_r^K(\mathbf{x})$ gestellt, um diese Aussage zu beweisen.

Satz 6.2 *Seien $f_{H_{n,k}}$ und $F_{H_{n,k}}$ die Dichte und die Verteilungsfunktion von $H_{n,k}(\mathbf{x})$. Ferner seien die Annahmen*

(i) $E[\mu_r^K(\mathbf{x})^2]$ existiert für alle r mit $f_{H_{n,k}}(r) > 0$,

(ii) $|Bias\,[\mu_r^K(\mathbf{x})]| \leq |Bias\,[\mu_{h_n}^K(\mathbf{x})]|$ für $r \leq h_n$,

$|Bias\,[\mu_r^K(\mathbf{x})]| \geq |Bias\,[\mu_{h_n}^K(\mathbf{x})]|$
für $r \in R_n := \{ r > h_n : f_{H_{n,k}}(r) \geq h_n^{2+\epsilon}/r^{1+\delta} \}$, $\epsilon, \delta > 0$,

(iii) $Var\,[\mu_r^K(\mathbf{x})] \geq Var\,[\mu_{h_n}^K(\mathbf{x})]$ *für* $r \in S_n := \{0 < r \leq h_n \;:\; f_{H_{n,k}}(r) \geq$
$h_n^{\epsilon-p}/(nr^{1-\delta})\}$, $\epsilon,\,\delta > 0$,
$Var\,[\mu_r^K(\mathbf{x})] \leq Var\,[\mu_{h_n}^K(\mathbf{x})]$
für $r > h_n$, *und*

(iv) $sign\,\{Bias[\mu_{n,k}^{(j)}(\mathbf{x})]\} = sign\,\{Bias[\mu_{n,k}^{NN}(\mathbf{x})]\} = sign\,\{Bias[\mu_{h_n}^K(\mathbf{x})]\}$

*erfüllt. Vernachlässigt man Terme der Ordnungen $o(h_n^2)$ und $o(\frac{1}{nh_n^p})$, so
gelten die folgenden Beziehungen*

$$|Bias\,\mu_{n,k}^{(2)}(\mathbf{x})| \leq \left\{ \begin{array}{c} |Bias\,\mu_n^K(\mathbf{x})| \\ |Bias\,\mu_{n,k}^{NN}(\mathbf{x})| \end{array} \right\} \leq |Bias\,\mu_{n,k}^{(1)}(\mathbf{x})| \qquad (6.7)$$

und

$$Var\,\mu_{n,k}^{(1)}(\mathbf{x}) \leq \left\{ \begin{array}{c} Var\,\mu_n^K(\mathbf{x}) \\ Var\,\mu_{n,k}^{NN}(\mathbf{x}) \end{array} \right\} \leq Var\,\mu_{n,k}^{(2)}(\mathbf{x}). \qquad (6.8)$$

Beweis: Die Erwartungswerte und die Varianzen des NN-Schätzers
und der Mischungen $\mu_{n,k}]^{(j)}(\mathbf{x})$, $j = 1,2$, lassen sich folgendermaßen ausdrücken

$$E[\mu_{n,k}^{NN}(\mathbf{x})] \;=\; \int_{(0,\infty)} E[\mu_r^K(\mathbf{x})]f_{H_{n,k}}(r)\lambda(dr), \qquad (6.9)$$

$$\mathrm{Var}[\mu_{n,k}^{NN}(\mathbf{x})] \;=\; \int_{(0,\infty)} \mathrm{Var}[\mu_r^K(\mathbf{x})]f_{H_{n,k}}(r)\lambda(dr) \qquad (6.10)$$

$$E[\mu_{n,k}^{(j)}(\mathbf{x})] \;=\; \int_{(0,\infty)} E[\mu_{n,k}^{(j)}(\mathbf{x})|H_{n,k}(\mathbf{x}) = r]f_{H_{n,k}}(r)\lambda(dr),$$
$$j = 1,2, \qquad (6.11)$$

$$\mathrm{Var}[\mu_{n,k}^{(j)}(\mathbf{x})] \;=\; \int_{(0,\infty)} \mathrm{Var}[\mu_{n,k}^{(j)}(\mathbf{x})|H_{n,k}(\mathbf{x}) = r]f_{H_{n,k}}(r)\lambda(dr),$$
$$j = 1,2. \qquad (6.12)$$

Es wird hier lediglich der Fall positiver Verzerrung von $\mu_{n,k}^{(j)}(\mathbf{x})$, $j = 1,2$, (und wegen (iv) somit auch von $\mu_{n,k}^{NN}(\mathbf{x})$ und $\mu_{h_n}^K(\mathbf{x})$) betrachtet. Bei
negativer Verzerrung kehren sich die Ungleichungen um, so daß insgesamt
die Aussagen für den Betrag der Verzerrung gültig sind. Aus (6.1) und
(6.11) folgt für den Bias von $\mu_{n,k}^{(1)}(\mathbf{x})$

$$\mathrm{Bias}[\mu_{n,k}^{(1)}(\mathbf{x})] \;=\; \int_{(0,h_n]} \{\mu(\mathbf{x}) - E[\mu_{h_n}^K(\mathbf{x})]\}f_{H_{n,k}}(r)\lambda(dr)$$

$$+ \int_{(h_n,\infty)} \{\mu(\mathbf{x}) - E[\mu_r^K(\mathbf{x})]\}f_{H_{n,k}}(r)\lambda(dr). \;(6.13)$$

Wegen (ii) und (6.9) erhält man aus (6.13) sofort

$$\text{Bias}[\mu_{n,k}^{(1)}(\mathbf{x})] \geq \text{Bias}[\mu_{n,k}^{NN}(\mathbf{x})]. \tag{6.14}$$

Aus (6.13) ergibt sich weiter die Beziehung

$$
\begin{aligned}
\text{Bias}[\mu_{n,k}^{(1)}(\mathbf{x})] \;=\;& \text{Bias}[\mu_{h_n}^{K}(\mathbf{x})]F_{H_{n,k}}(h_n) + \int_{R_n} \text{Bias}[\mu_r^{K}(\mathbf{x})]f_{H_{n,k}}(r)\lambda(dr) \\
&+ \int_{(h_n,\infty)\setminus R_n} \text{Bias}[\mu_{h_n}^{K}(\mathbf{x})]f_{H_{n,k}}(r)\lambda(dr) \\
&+ \int_{(h_n,\infty)\setminus R_n} \{E[\mu_{h_n}^{K}(\mathbf{x})] - E[\mu_r^{K}(\mathbf{x})]\}f_{H_{n,k}}(r)\lambda(dr) \\
\geq\;& \text{Bias}[\mu_{h_n}^{K}(\mathbf{x})] \\
&+ \int_{(h_n,\infty)\setminus R_n} \{E[\mu_{h_n}^{K}(\mathbf{x})] - E[\mu_r^{K}(\mathbf{x})]\}f_{H_{n,k}}(r)\lambda(dr),
\end{aligned} \tag{6.15}
$$

wobei die letzte Ungleichung aus (ii) folgt. Die Abschätzung

$$
\begin{aligned}
&\left| \int_{(h_n,\infty)\setminus R_n} \{E[\mu_{h_n}^{K}(\mathbf{x})] - E[\mu_r^{K}(\mathbf{x})]\}f_{H_{n,k}}(r)\lambda(dr) \right| \\
\leq\;& 2M_1 h_n^{2+\epsilon} \int_{(h_n,\infty)\setminus R_n} r^{-(1+\delta)} = o(h_n^2)
\end{aligned}
$$

mit $M_1 = \sup_{[h_n,\infty)\setminus R_n} E|\mu_r^{K}(\mathbf{x})|$ ist wegen (i) und der Definition von R_n gültig und bedeutet, daß der Summand in der letzten Zeile von (6.15) vernachlässigt werden kann. Somit ist gezeigt, daß die Mischung $\mu_{n,k}^{(1)}(\mathbf{x})$ höheren Bias als der reine Kern- bzw. der NN-Schätzer hat.

Ähnlich argumentiert man bei der Abschätzung der Verzerrung von $\mu_{n,k}^{(2)}(\mathbf{x})$:

$$
\begin{aligned}
\text{Bias}[\mu_{n,k}^{(2)}(\mathbf{x})] \;=\;& \int_{(0,h_n]} \text{Bias}[\mu_r^{K}(\mathbf{x})]f_{H_{n,k}}(r)\lambda(dr) \\
&+ \int_{(h_n,\infty)} \text{Bias}[\mu_{h_n}^{K}(\mathbf{x})]f_{H_{n,k}}(r)\lambda(dr),
\end{aligned}
$$

woraus sich wegen (ii) die Ungleichung

$$\text{Bias}[\mu_{n,k}^{(2)}(\mathbf{x})] \leq \text{Bias}[\mu_{h_n}^{K}(\mathbf{x})]. \tag{6.16}$$

ergibt. Weiter liefert die Bedingung (ii)

$$
\begin{aligned}
\mathrm{Bias}[\mu_{n,k}^{(2)}(\mathbf{x})] \;=\;& \mathrm{Bias}[\mu_{k,n}^{NN}(\mathbf{x})] \\[2mm]
& - \int_{R_n} \mathrm{Bias}[\mu_r^K(\mathbf{x})] f_{H_{n,k}}(r)\lambda(dr) \\[2mm]
& - \int_{(h_n,\infty)\backslash R_n} \mathrm{Bias}[\mu_{h_n}^K(\mathbf{x})] f_{H_{n,k}}(r)\lambda(dr) \\[2mm]
& + \int_{(h_n,\infty)} \mathrm{Bias}[\mu_{h_n}^K(\mathbf{x})] f_{H_{n,k}}(r)\lambda(dr) \\[2mm]
& + \int_{(h_n,\infty)\backslash R_n} \{E[\mu_r^K(\mathbf{x})] - E[\mu_{h_n}^K(\mathbf{x})]\} f_{H_{n,k}}(r)\lambda(dr) \\[2mm]
\;\le\;& \mathrm{Bias}[\mu_{k,n}^{NN}(\mathbf{x})] + o(h_n^2).
\end{aligned}
\tag{6.17}
$$

Vernachlässigt man also Terme der Ordnung $o(h_n^2)$, so sind insgesamt die Ungleichungen (6.7) gezeigt.

Die Varianz von $\mu_{n,k}^{(1)}(\mathbf{x})$ kann durch

$$
\begin{aligned}
\mathrm{Var}[\mu_{n,k}^{(1)}(\mathbf{x})] \;=\;& \int_{(0,h_n]} \mathrm{Var}[\mu_{h_n}^K(\mathbf{x})] f_{H_{n,k}}(r)\lambda(dr) \\[2mm]
& + \int_{(h_n,\infty)} \mathrm{Var}[\mu_r^K(\mathbf{x})] f_{H_{n,k}}(r)\lambda(dr)
\end{aligned}
$$

ausgedrückt werden, woraus einerseits (wegen (ii) und (6.10)) die Ungleichung

$$
\mathrm{Var}[\mu_{n,k}^{(1)}(\mathbf{x})] \le \mathrm{Var}[\mu_n^K(\mathbf{x})].
\tag{6.18}
$$

folgt. Andererseits ergibt sich aus der Aufteilung von $(0, h_n]$ in S_n und $(0, h_n]\backslash S_n$ und aus (iii) die Beziehung

$$
\begin{aligned}
\mathrm{Var}[\mu_{n,k}^{(1)}(\mathbf{x})] \;=\;& \mathrm{Var}[\mu_{n,k}^{NN}(\mathbf{x})] \\[2mm]
& + \int_{(0,h_n]} \{\mathrm{Var}[\mu_{h_n}^K(\mathbf{x})] - \mathrm{Var}[\mu_r^K(\mathbf{x})]\} f_{H_{n,k}}(r)\lambda(dr) \\[2mm]
\;=\;& \mathrm{Var}[\mu_{n,k}^{NN}(\mathbf{x})] \\[2mm]
& + \int_{S_n} \{\mathrm{Var}[\mu_{h_n}^K(\mathbf{x})] - \mathrm{Var}[\mu_r^K(\mathbf{x})]\} f_{H_{n,k}}(r)\lambda(dr) \\[2mm]
& + \int_{(0,h_n]\backslash S_n} \{\mathrm{Var}[\mu_{h_n}^K(\mathbf{x})] - \mathrm{Var}[\mu_r^K(\mathbf{x})]\} f_{H_{n,k}}(r)\lambda(dr) \\[2mm]
\;\le\;& \mathrm{Var}[\mu_{n,k}^{NN}(\mathbf{x})] + o\!\left(\frac{1}{nh_n^p}\right),
\end{aligned}
\tag{6.19}
$$

denn aus (i) und der Definition von S_n folgt

$$\left| \int_{(0,h_n]\backslash S_n} \{\mathrm{Var}[\mu_{h_n}^K(\mathbf{x})] - \mathrm{Var}[\mu_r^K(\mathbf{x})]\} f_{H_{n,k}}(r)\lambda(dr) \right|$$

$$\leq 2M_2 \frac{h_n^\epsilon}{nh_n^p} \int_{(0,h_n]\backslash S_n} r^{-(1-\delta)} = o\left(\frac{1}{nh_n^p}\right)$$

mit $M_2 = \sup_{(0,h_n]\backslash S_n} E[\mu_r^K(\mathbf{x})^2]$. Ferner gilt in analoger Argumentationsweise

$$\begin{aligned}
\mathrm{Var}[\mu_{n,k}^{(2)}(\mathbf{x})] &= \int_{(0,h_n]} \mathrm{Var}[\mu_r^K(\mathbf{x})] f_{H_{n,k}}(r)\lambda(dr) \\
&\quad + \int_{(h_n,\infty)} \mathrm{Var}[\mu_{h_n}^K(\mathbf{x})] f_{H_{n,k}}(r)\lambda(dr) \\
&= \mathrm{Var}[\mu_{h_n}^K(\mathbf{x})] \\
&\quad + \int_{S_n} \{\mathrm{Var}[\mu_r^K(\mathbf{x})] - \mathrm{Var}[\mu_{h_n}^K(\mathbf{x})]\} f_{H_{n,k}}(r)\lambda(dr) \\
&\quad + \int_{(0,h_n]\backslash S_n} \{\mathrm{Var}[\mu_r^K(\mathbf{x})] - \mathrm{Var}[\mu_{h_n}^K(\mathbf{x})]\} f_{H_{n,k}}(r)\lambda(dr) \\
&\geq \mathrm{Var}[\mu_{h_n}^K(\mathbf{x})] + o\left(\frac{1}{nh_n^p}\right). \qquad (6.20)
\end{aligned}$$

Aus der ersten Gleichung von (6.20) erhält man darüber hinaus

$$\mathrm{Var}[\mu_{n,k}^{(2)}(\mathbf{x})] \geq \mathrm{Var}[\mu_{n,k}^{NN}(\mathbf{x})]. \qquad (6.21)$$

Somit sind auch die Ungleichungen (6.8) bewiesen.

$\triangleleft$

Zur Biasabschätzung genügt es, die Gültigkeit der ersten Ungleichung in (ii) für $r \in \tilde{R}_n := \{0 < r \leq h_n : f_{H_{n,k}}(r) \geq h_n^{2+\epsilon}/r^{1-\delta}\}$, $\epsilon, \delta > 0$, zu fordern. Gleichermaßen kann die Abschätzung der Varianzen auch durchgeführt werden, wenn die zweite Ungleichung von (iii) nur auf der Menge $\tilde{S}_n := \{r > h_n : f_{H_{n,k}}(r) \geq h_n^{\epsilon-p}/(nr^{1+\delta})\}$, $\epsilon, \delta > 0$ gültig ist.

In den empirischen Studien des zweiten Teils dieser Arbeit hat sich der Kernschätzer des öfteren als völlig ungeeignet erwiesen, da er definitionsgemäß für viele Verläufe nicht datengesteuert definiert werden kann. Die Schätzer $\mu_{n,1}^{(1)}$ bei in ± 1 unstetigen Kernen bzw. $\mu_{n,2}^{(1)}$ bei stetigen Kernen dagegen sind – wenn keine Bindungen auftreten – wohl definiert. Sie stimmen im Bereich $\{f_n^K(\mathbf{x}) > 0\}$ mit dem Kernschätzer überein und verwenden ansonsten eine 1-NN-Schätzung. Sollen h_n und k_n simultan festgelegt werden, so erfordert dies natürlich einen deutlich erhöhten Rechenaufwand im Vergleich zu einfachen Kern- und NN-Schätzern.

Kapitel 7

Robuste Kern- und NN-Schätzer

Die bisher betrachteten Schätzungen sind Lineartransformationen der Beobachtungen Y_i. Dies hat zur Folge, daß die Schätzer sehr empfindlich auf Ausreißer in den Y_i-Werten reagieren — vor allem dann, wenn die zugehörigen X_i-Werte nahe an der Auswertungsstelle x liegen. Im Zeitreihenfall $X_i = (Y_{i-1}, \ldots, Y_{i-p})'$ findet man den Ausreißer natürlich ebenfalls in den erklärenden Variablen wieder. Dies beeinflußt jedoch die Prognose kaum, wenn im letzten bekannten Verlauf der Länge p keine Ausreißer vorkommen. Die auf den Verlauf X_i folgende Beobachtung wird dadurch lediglich mit geringem Gewicht (bei Kernen mit kompaktem Träger in der Regel sogar mit Gewicht Null) in die Schätzung eingehen. Befindet sich ein auffälliger Wert unter den letzten p bekannten Zeitreihendaten, so ist sorgfältig zu prüfen, ob diese Störung prozessimanent ist, oder ob Übertragungsfehler vorliegen. Im ersten Fall kann die nichtparametrische Prognose wie bisher bestimmt werden, andernfalls sollte man den Ausreißer durch seine robuste Prognose ersetzen. Die Schwierigkeit besteht nun darin, prozessimanente Ausreißer von fehlerhaften Messungen zu unterscheiden. Man kann jedoch einen merkwürdigen Verlauf als fehlerhaft gemessen klassifizieren, wenn es in der Vergangenheit der Messreihe keine ähnlichen Verläufe gibt. Kommt diese Struktur jedoch häufiger vor, so sollte sie als prozeßtypisch identifiziert und als Prognosegrundlage verwendet werden. Nach diesen Vorüberlegungen genügt es also auch im Zeitreihenfall, Verfahren anzuwenden, die den Einfluß von Ausreißern in der erklärten Variablen begrenzen.

Um die Darstellung allgemeiner zu halten, werden Schätzer der Form

$$\mu_n^g(\mathbf{x}) = \sum_{i=1}^n g_{ni}(\mathbf{x}) Y_i \qquad (7.1)$$

betrachtet, wobei durch geeignete Wahl der Gewichte $g_{ni}(\mathbf{x})$ etwa Kern und NN-Schätzer reproduziert werden können.

Geht man beispielsweise vom *autoregressiven Zeitreihenmodell*

$$Y_i = \mu(\mathbf{X}_i) + \epsilon_i, \quad i = 1, \ldots, n, \qquad (7.2)$$
$$E(\epsilon_i) = 0, \quad \mathrm{Var}(\epsilon_i) = \sigma^2(\mathbf{X}_i),$$

mit $\mathbf{X}_i = (Y_{i-1}, \ldots, Y_{i-p})'$ aus, so ist die bedingte Varianz $\mathrm{Var}(Y_i \mid \mathbf{X}_i = \mathbf{x})$ gleich der Residualvarianz $\sigma^2(\mathbf{x})$. Hat die Verteilung des Prozesses ϵ_i viel Wahrscheinlichkeitsmasse im Außenbereich, so bläht dies die Varianz von Kern- und NN-Schätzern allzusehr auf, wie man anhand der Beziehungen (3.14) und (3.55) erkennen kann. Der Term $nh_n^p f(\mathbf{x})$ im Nenner des Varianzausdrucks (3.55) ist insbesondere für die interessanten außergewöhnlichen Verläufe der Zeitreihe relativ klein, unter anderem auch deshalb, weil die Verzerrung der Schätzer, die mit h_n und k_n wächst, kontrolliert werden soll. Ziel ist es nun, nach robusten Varianten des Schätzers (7.1) zu suchen, deren Varianz sich durch breitschwänzige Verteilungen nicht überproportional vergrößert.

7.1   M-Schätzer

Zunächst wird auf die von Huber (1964) eingeführten *M-Schätzer* eingegangen, die sich als verallgemeinerte *Maximum-Likelihood-Schäzter* interpretieren lassen. Im einfachen Lokationsmodell

$$Y_i = \mu + \epsilon_i, \quad i = 1, \ldots, n, \qquad (7.3)$$

mit unabhängig identisch verteilten Störtermen ϵ_i erhält man den Maximum-Likelihood-Schätzer für μ als Maximalstelle des Produktes der Dichten $f_{\epsilon_1}(Y_i - \mu)$. Gleichbedeutend damit ist die Minimierung des Ausdrucks

$$\sum_{i=1}^n -\log f_{\epsilon_1}(Y_i - \mu). \qquad (7.4)$$

Ist $-\log f_{\epsilon_1}$ konvex und differenzierbar, so ist die Minimierung von (7.4) äquivalent mit Lösung von

$$\sum_{i=1}^n \frac{-f_{\epsilon_1}'(Y_i - \mu)}{f_{\epsilon_1}(Y_i - \mu)} = 0, \qquad (7.5)$$

welche der Maximum-Likelihood-Schätzung von μ entspricht. Huber (1964) verallgemeinerte diesen Ansatz, indem er statt des Ausdrucks (7.4) die Summe

$$\sum_{i=1}^{n} \rho(Y_i - \mu) \tag{7.6}$$

für eine geeignete konvexe Funktion ρ minimierte, welches für $\psi = \rho'$ der Lösung von

$$\sum_{i=1}^{n} \psi(Y_i - \mu) = 0, \tag{7.7}$$

dem sogenannten *M-Schätzer* für μ, entspricht. Im Falle $\rho(y) = -\log f_{\epsilon_1}(y)$ und $\psi(y) = -f_{\epsilon_1}'(y)/f_{\epsilon_1}(y)$ stimmen (7.6) und (7.7) natürlich mit (7.4) und (7.5) überein. Die ψ-Funktion, aus der sich der ML-Schätzer bei normalverteilten Störgrößen ϵ_i ergibt, ist unbeschränkt derart, daß Ausreißer unter den Zeitreihenwerten einen großen Einfluß auf den aus (7.5) bestimmten Schätzer besitzen. Dies kann vermieden werden, wenn ψ beschränkt ist.

Diese Vorgehensweise zur Schätzung eines Lokationsparameters kann in folgender Weise auf nichtparametrische Regressions- und Autoregressionsschätzer übertragen werden. Die Beobachtungen Y_i sollten einen umso größeren Einfluß auf den Schätzer haben, je näher ihre Vorverläufe X_i an der Auswertungsstelle x liegen. Dies kann durch die Verbindung der Ideen Hubers mit den bisher behandelten Ansätzen der nichtparametrischen Regression und Autoregression bewerkstelligt werden. Es gilt also Y_i-Werte, deren Regressorvariablen X_i nahe an der Auswertungsstelle x liegen, ein vergleichsweise hohes Gewicht bei der Minimierung von (7.6) zukommen zu lassen. Einsetzen der Gewichte $g_{ni}(x)$ aus (7.1) in (7.6) bzw. (7.7) liefert

$$\sum_{i=1}^{n} g_{ni}(x)\rho(Y_i - \mu(x)) \tag{7.8}$$

bzw.

$$\sum_{i=1}^{n} g_{ni}(x)\psi(Y_i - \mu(x)) = 0. \tag{7.9}$$

Die Lösungen $\mu_n^{\psi}(x)$ von (7.9) stehen in engem Zusammenhang mit den Nullstellen $\mu_{\psi}(x)$ von

$$
\begin{aligned}
\gamma(\mu(x), x) &= \int \psi(y - \mu(x)) F_{Y_1|X_1}(dy \mid x) \\
&= \int \psi(y - \mu(x)) f_{Y_1|X_1}(y \mid x)\lambda(dy), \tag{7.10}
\end{aligned}
$$

der funktionalen Form der linken Seite von (7.9). Wegen $E[I_A(Y_1)] = P(Y_1 \in A)$ ist gemäß Satz 3.3 mit $g(z) = I_{(-\infty, y]}(z)$

$$F_n^{Y_1 | X_1}(y \mid \mathbf{x}) = \frac{\sum_{i=1}^{n} K(\frac{\mathbf{x} - \mathbf{X}_i}{h_n}) I_{(-\infty, y]}(Y_i)}{\sum_{i=1}^{n} K(\frac{\mathbf{x} - \mathbf{X}_i}{h_n})} \tag{7.11}$$

ein konsistenter Schätzer für die Verteilungsfunktion $F_{Y_1|X_1}$. Setzt man (7.11) anstelle von $F_{Y_1|X_1}$ in (7.10) ein, so ergibt sich (7.9) mit den Gewichten $g_{ni}(\mathbf{x})$ aus der Kernschätzung. In gleicher Weise kann auch mit Hilfe des NN-Schätzers argumentiert werden. Tatsächlich erhält man aus der Lösung von (7.9) einen Schätzer für die als eindeutig vorausgesetzte Nullstelle von (7.10).

Die Lösungen von (7.9) sind im allgemeinen nicht *skalenäquivariant*, es sei denn $\rho(u) =\mid u \mid^\eta$, $\eta > 0$. Um Skalenäquivarianz zu erreichen, muß ein Skalenparameter simultan mitgeschätzt werden: Unterstellt man der Dichte der Fehler ϵ_i die Zugehörigkeit zu einer *Skalenparameterfamilie*, (d.h. $f_{\epsilon_1}(r) = f_0(\frac{r}{\sigma(\mathbf{x})})/\sigma(\mathbf{x})$) und sucht nach einem Minimum von

$$\sum_{i=1}^{n} g_{ni}(\mathbf{x})[\rho(\frac{Y_i - \mu(\mathbf{x})}{\sigma(\mathbf{x})}) + \log \sigma(\mathbf{x})] \tag{7.12}$$

bezüglich $\mu(\mathbf{x})$ und $\sigma(\mathbf{x})$, so führt dies zu den beiden Bestimmungsgleichungen

$$\sum_{i=1}^{n} g_{ni}(\mathbf{x})\psi(\frac{Y_i - \mu(\mathbf{x})}{\sigma(\mathbf{x})}) = 0 \tag{7.13}$$

und

$$\sum_{i=1}^{n} g_{ni}(\mathbf{x})\chi(\frac{Y_i - \mu(\mathbf{x})}{\sigma(\mathbf{x})}) = 0, \tag{7.14}$$

wobei $\chi(r) = r\psi(r) - 1$ ist. Andere χ-Funktionen sind möglich (vgl. etwa Huber, 1981). Auch die Verwendung eines anderen robusten Skalenschätzers — wie etwa des *Medians* (der mit $g_{ni}(\mathbf{x})$ gewichteten) *absoluten Abweichungen vom Median (MAD)* — kommt in Frage. Härdle und Tsybakov (1988) zeigen die Konsistenz und die asymptotische Normalität eines Kernschätzer, bei dem Lage- und Streuungsparameter simulatan bestimmt werden.

Anhand der folgenden Beispiele soll nun die Übertragung des Prinzips der M-Schätzer auf die Kernschätzung veranschaulicht werden.

(i) Im Falle $\rho(u) = \frac{1}{2}u^2$ und $\psi(u) = u$ liefert Nullsetzen von (7.10) $\mu_\psi(\mathbf{x}) = E(Y_1 \mid \mathbf{X}_1 = \mathbf{x})$ den bedingten Erwartungswert der auf $\mathbf{X}_1 = \mathbf{x}$ bedingten Verteilung von Y_1, falls dieser existiert. Da sich die Gewichte $g_{ni}(\mathbf{x})$ zu Eins summieren, resultiert aus (7.9) der Schätzer $\mu_n^g(\mathbf{x})$ gemäß (7.1). Aus dem ML-Prinzip ergibt sich die Identität als ψ-Funktion, wenn die Fehler ϵ_i normalverteilt sind. In diesem Falle hat die gewöhnliche Vorgehensweise natürlich ihre Berechtigung. Die Verwendung nichtparametrischer Schätzverfahren wird allerdings dadurch motiviert, daß der zugrunde liegende Prozeß nicht der Normalverteilungsannahme zu genügen braucht. Bei deren Gültigkeit erweisen sich nämlich die üblichen ARMA-Verfahren als ausreichend. Ist der Prozeß selbst jedoch nicht normalverteilt, so gibt es kaum vernünftige Gründe, normalverteilte Störgrößen zu modellieren. Somit ist es gerade bei breitschwänzigen Fehlerverteilungen sinnvoll, andere ψ-Funktionen auszuwählen, um so die Schätzungen zu verbessern.

(ii) Die Wahl von $\rho(u) = |u|$ bzw. $\psi(u) = \text{sign}(u)$ führt zum *Median* $M(Y_1 \mid \mathbf{X}_1 = x)$ der auf $\mathbf{X}_1 = \mathbf{x}$ bedingten Verteilung von Y_1. (7.9) kann für diese ψ-Funktion zu

$$\sum_{i=1}^{n} g_{ni}(\mathbf{x}) I_{(-\infty,\mu(\mathbf{x})]}(Y_i) = F_n^{Y_1|X_1=x}(\mu(\mathbf{x}) \mid \mathbf{x}) = \frac{1}{2} \qquad (7.15)$$

umgeschrieben werden. Da $F_n^{Y_1|X_1=x}$ diskret ist, gibt es fast sicher keine Lösung von (7.15). Jedoch kann man natürlich wie folgt vorgehen: Zunächst ordne man die Paare $(Y_i, g_{ni}(\mathbf{x}))$, für die $g_{ni}(\mathbf{x}) > 0$ gilt, nach der ersten Komponente. Die so geordneten Paare seien mit $(Y_{(i)}, g_{n(i)}(\mathbf{x}))$ bezeichnet. Danach summiere man die gemäß $Y_{(i)}$ geordneten $g_{n(i)}(\mathbf{x})$ solange auf, bis $\frac{1}{2}$ das erste Mal überschritten wird. Ist dies bei $i = i_0$ der Fall, so definiere man den Median als

$$\mu_n^M(\mathbf{x}) = Y_{(i_0-1)} + g_{n(i_0)}^{-1}(\mathbf{x})[\frac{1}{2} - \sum_{j=1}^{i_0-1} g_{n(j)}(\mathbf{x})][Y_{(i_0)} - Y_{(i_0-1)}]. \qquad (7.16)$$

Wie durch Abbildung 7.1 veranschaulicht, erhält man diese Definition des Medians durch lineare Interpolation.

In gleicher Weise bestimmt man den MAD aus den Ordnungsstatistiken von $|Y_i - \mu_n^M(\mathbf{x})|$. $-f'_{\epsilon_1}(u)/f_{\epsilon_1}(u)$ ist die Signum-Funktion,

Abbildung 7.1: Berechnung des Medians einer bedingten Verteilung

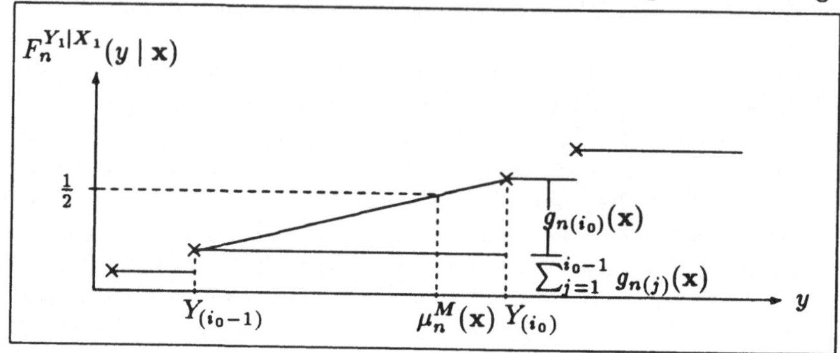

wenn die Fehler einer Doppelexponentialverteilung folgen. Dann ist der Median der ML-Schätzer für μ.

(iii) Die von Huber (1964) vorgeschlagene Funktion $\psi(u) = \min\{c, \max\{u, -c\}\}, c > 0$, gewichtet kleine Residuen, wie im Beispiel (i) und große Residuen wie in Beispiel (ii). Die zugehörige ρ-Funktion hat die Gestalt

$$\rho(u) = \begin{cases} \frac{1}{2}u^2, & |u| \le c \\[2mm] c\,|u| - \frac{1}{2}c^2, & |u| > c. \end{cases}$$

Zur Auflösung der Bedingung (7.9) kann ein iterativer Algorithmus für nichtlineare Gleichungen angewandt werden. Die Verteilung, bei der Hubers Vorschlag aus dem Maximum-Likelihood-Prinzip abgeleitet werden kann, hat die Dichte

$$f(y) = \begin{cases} De^{-y^2/2}, & |y| \le c \\ De^{-c|y|+c^2/2}, & |y| > c. \end{cases} \tag{7.17}$$

(iv) Die Verwendung wieder abfallender ψ-Funktionen führt dazu, daß Ausreißer ab einer gewissen Größenordnung überhaupt nicht mehr berücksichtigt werden. Diese Situation liegt beispielsweise beim ML-Schätzer der Cauchy-Verteilung vor. Numerisch und theoretisch sind solche ψ-Funktionen aber schwieriger zu behandeln als monotone. In Abbildung 7.2 sind neben der ψ-Funktion von Huber auch die wieder

abfallenden ψ-Funktionen von Hampel
$$\psi(x) = \min\{a, \max\{x, -a\}\} I_{[-b,b]}(x) + \text{sign}(x) \frac{c-|x|}{c-b} I_{[-c,-b)\cup(b,c]}(x),$$
$a < b < c$, von Andrews $\psi(x) = a\sin(x/a) I_{[-a\pi,a\pi]}(x)$, $a > 0$ sowie
Tukeys Biweight $\psi(x) = x(r^2 - x^2)^2 I_{[-r,r]}(x)$, $r > 0$, dargestellt.

Abbildung 7.2: Einige ψ-Funktionen für die M-Schätzung

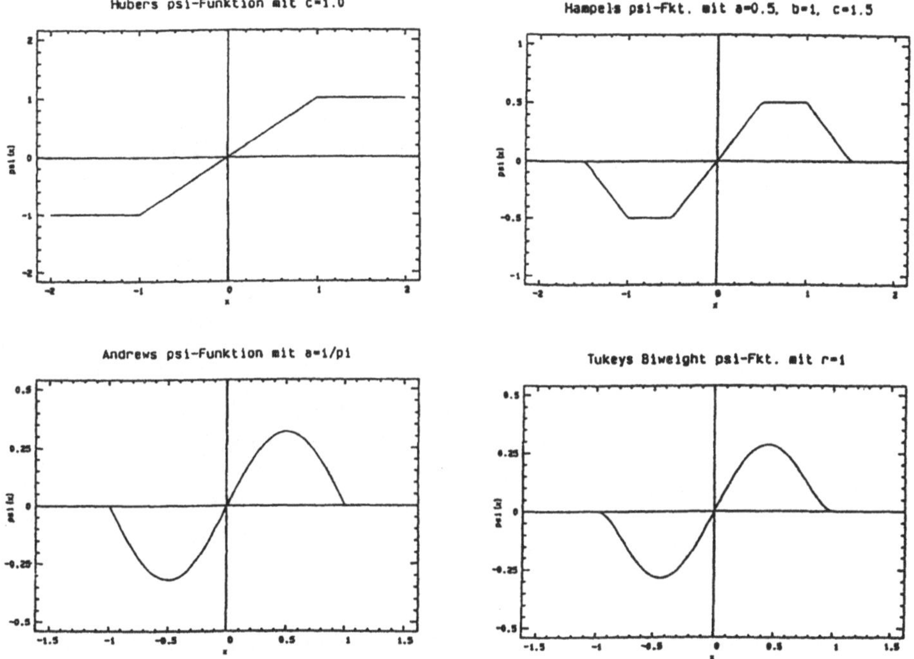

Robinson (1984) verallgemeinert seine in Satz 3.3 aufgeführten Resultate auf den Kernschätzer $\mu_n^{K\psi}(\mathbf{x})$, ohne dabei das additive Modell (7.2) vorauszusetzen: Für paarweise verschiedene Punkte $\mathbf{x}_1, \dots, \mathbf{x}_d$ konvergieren die Zufallsvariablen

$$\sqrt{nh_n^p}\{\mu_n^{K\psi}(\mathbf{x}_i) - \mu_\psi(\mathbf{x}_i)\}, \quad i = 1, \dots, d, \tag{7.18}$$

in Verteilung gegen unabhängige normalverteilte Zufallsvariablen mit Erwartungswert 0 und Varianz

$$\sigma_{K,\psi}^2(\mathbf{x}_i) = \frac{\int \psi^2(y - \mu_\psi(\mathbf{x}_i)) f_{Y_1|X_1}(y \mid \mathbf{x}_i) \lambda(dy)}{[\frac{\partial}{\partial \mu} \gamma(\mu(\mathbf{x}_i), \mathbf{x}_i)]^2 f(\mathbf{x}_i)} \int K^2(\mathbf{u}) \lambda(d\mathbf{u}). \tag{7.19}$$

Zum Beweis benötigt er die folgenden Voraussetzungen

- Die Bandweite h_n genügt den Bedingungen (H.1),(H.2) und (H.11).

- K ist gemäß (2.10) definierter Produktkern mit $k_j = k$, $j = 1, \ldots, p$, wobei k die Annahmen (K.1), (K.2) mit $r = 1$ und

$$| k(u) | \leq (1+ | u |)^{-max(p,2)-4} \qquad (7.20)$$

erfüllt.

Die Punkte $\mathbf{x}_i, i = 1, \ldots, d$, mögen im Inneren einer abgeschlossenen Teilmenge S des $\mathbb{R}^p$ liegen. Für alle $\mathbf{x} \in S$ gelten

- (D.2), (D.4), (D.7) mit $k = 2$. Ferner existieren beschränkte Dichten von $(\mathbf{X}_i', Y_{i-s})$, für $s = p, \ldots, 2p$, sowie gleichmäßig beschränkte Dichten von $(\mathbf{X}_i', \mathbf{X}_{i-s})'$ für $s \geq p$.

- ψ sei monoton wachsend, negativ für $y < 0$ und positiv für $y > 0$.

- $\gamma(\mu, \mathbf{x})$ sei differenzierbar in μ an der Stelle $\mu_\psi(\mathbf{x})$ und $\frac{d}{d\mu}\gamma(\mu_\psi(\mathbf{x}), \mathbf{x}) < 0$. $\gamma(\mu, \mathbf{x})$ sei in einer Umgebung von $\mu_\psi(\mathbf{x})$ stetig und in $\mathbf{x}$ zweimal stetig differenzierbar.

- $\int \psi^2(y - \mu) f_{Y_1|X_1}(y \mid \mathbf{x}) \lambda(dy)$ ist in einem abgeschlossenen Intervall, das $\mu_\psi(\mathbf{x})$ enthält, stetig in μ und insgesamt stetig in $\mathbf{x}$.

- Es gelte entweder

$$\sup_{y \in \mathbb{R}} | \psi(y) | < \infty \text{ und } (3.16)$$

oder es existiere $\epsilon > 0$, $\eta > \epsilon$, so daß in einer Umgebung von $\mu_\psi(\mathbf{x})$
$\int | \psi(y - \mu_\psi(\mathbf{x})) |^{2+\epsilon} f_{Y_1}(y)\lambda(dy) < \infty,$
$\int | \psi(y - \mu_\psi(\mathbf{x})) |^{2+\eta} f_{Y_1|X_1}(y \mid \mathbf{x})\lambda(dx) < \infty, \quad \forall \mathbf{x} \in S$, und
$$\sum_{j=n}^{\infty} \alpha_j^{\epsilon/(2+\epsilon)} = O(\frac{1}{n}), \; n \to \infty.$$

Wie schon nach Satz 3.4 erwähnt, ist es also auch hier möglich, die Anforderungen an das Mischungsverhalten abzuschwächen, indem stärkere Voraussetzungen bezüglich der Existenz von Momenten gefordert werden. Da die Bedingungen an die Momente weniger restriktiv als im Falle quadratischer ρ-Funktionen sind, gibt es Prozesse, bei denen der oben zitierte Zentrale Grenzwertsatz auf die robusten, nicht aber auf die gewöhnlichen Schätzer zutrifft. Der Ausdruck (7.19) kann etwa für die in den oben erwähnten Beispielen behandelten ψ-Funktion ausgewertet werden:

(i) Im Falle $\psi(u) = u$ erhält man natürlich denselben Term wie für gewöhnliche Kernschätzer (vgl. (3.25)).

(ii) $\psi(u) = \text{sign}(u)$ liefert die asymptotische Varianz

$$\sigma^2_{K,\psi}(\mathbf{x}) = \frac{\int K^2(\mathbf{u})\lambda(d\mathbf{u})}{4f^2_{Y_1|X_1}(\mu_\psi(\mathbf{x}) \mid \mathbf{x})f(\mathbf{x})}$$

(iii) Die Verwendung einer ψ-Funktion vom Huber'schen Typ ergibt

$$\{\{c^2[1 + F_{Y_1|X_1}(\mu_\psi(\mathbf{x}) - c \mid \mathbf{x}) - F_{Y_1|X_1}(\mu_\psi(\mathbf{x}) + c \mid \mathbf{x})]$$

$$+ \int_{[-c,c]} y^2 f_{Y_1|X_1}(y + \mu_\psi(\mathbf{x}) \mid \mathbf{x})\lambda(dy)\}$$

$$\times \int K^2(\mathbf{u})\lambda(d\mathbf{u})\}/\{f(\mathbf{x})[\int_{[-c,c]} f(y + \mu_\psi(\mathbf{x}) \mid \mathbf{x})\lambda(dy)]^2\}$$

als asymptotische Varianz von (7.18).

Man beachte, daß die bedingte Varianz $v(\mathbf{x})$ in (ii) und (iii) nicht mehr explizit eingeht. In die Varianz des Schätzers vom Huber-Typ geht anstelle dieser Varianz das gestutzte Integral

$$\int_{[-c,c]} y^2 f_{Y_1|X_1}(y + \mu_\psi(\mathbf{x}) \mid \mathbf{x})\lambda(dy)$$

ein. Somit kommt es gerade für breitschwänzige Verteilungen und geeignet gewähltem c zu einer Reduktion der Varianz des Schätzers.

Boente und Fraiman (1990) verallgemeinern die Ergebnisse Robinsons (1984) in dreierlei Hinsicht:

- anstelle des autoregressiven Zeitreihenmodells wird das Regressionsmodell mit abhängigen Zufallsvektoren $\{(\mathbf{X}_i', Y_i)', i = 1, 2, \ldots\}$ unterstellt,

- der Fall der konsistenten Schätzung des unbekannten Skalenparameters $\sigma(\mathbf{x})$ wird einbezogen,

- die Resultate gelten auch für den NN-Schätzer, der hier mit $\mu_{n,k}^{NN,\psi}$ bezeichnet sei.

Konvergiert nh_n^{p+2} gegen Null, so ist $\sqrt{nh_n^p}[\mu_n^{K,\psi}(\mathbf{x}) - \mu_\psi(\mathbf{x})]$ asymtotisch normalverteilt mit Erwartungswert Null und der Varianz

$$V_{K,\psi}(\mathbf{x}) = s^2(\mathbf{x}) \frac{\int \psi^2((y - \mu_\psi(\mathbf{x}))/s(\mathbf{x}))f_{Y_1|X_1}(y \mid \mathbf{x})\lambda(dy)}{[\int \psi'((y - \mu_\psi(\mathbf{x}))/s(\mathbf{x}))f_{Y_1|X_1}(y \mid \mathbf{x})]^2} \frac{\int K^2(\mathbf{u})\lambda(d\mathbf{u})}{f(\mathbf{x})}.$$

$$(7.21)$$

Gilt $k_n/n^{2/(p+2)} \longrightarrow 0$, so ist $\sqrt{k_n}(\mu_{n,k}^{NN,\psi}(\mathbf{x}) - \mu_\psi(\mathbf{x}))$ asymptotisch normalverteilt mit Erwartungswert Null und Varianz

$$V_{NN,\psi}(\mathbf{x}) = V_{K,\psi}(\mathbf{x})f(\mathbf{x})c_p \tag{7.22}$$

mit c_p wie in (3.14) definiert. (s ist hier ein robuster Skalenparameter, wie etwa der MAD.)

Collomb und Härdle (1986) geben eine Verallgemeinerung des ersten Teils des Satzes 3.5 für robuste Kernschätzer $\mu_n^{K,\psi}$ an. Neben den in Satz 2.5 getroffenen Annahmen sind einige weitere technische Voraussetzungen an ψ und K zu unterstellen, damit die Aussage $\sup_{x \in C} |\mu_n^\psi(\mathbf{x}) - \mu_\psi(\mathbf{x})| \longrightarrow 0$ für $n \to \infty$ fast sicher, (C wie in Satz 3.5) bewiesen werden kann.

7.2   L-Schätzer

L-Schätzer sind Linearkombinationen von (Funktionen von) Ordnungsstatistiken und somit durch

$$\mu_n^L = \sum_{i=1}^n a_{ni} h(Y_{(i)}) \tag{7.23}$$

gegeben, wobei h eine meßbare Funktion ist und die Gewichte a_{ni} durch ein signiertes Maß M auf $(0,1)$ wie folgt erzeugt werden:

$$a_{ni} = \frac{1}{2}M((\frac{i-1}{n}, \frac{i}{n})) + \frac{1}{2}M([\frac{i-1}{n}, \frac{i}{n}]), \quad i = 1, \ldots, n.$$

(7.23) ergibt sich dann durch Einsetzen der empirischen Verteilungsfunktion in das Funktional

$$\mu_L = \int h(F^{-1}(s))M(ds) = \int h(F^{-1}(s))m(s)\lambda(ds), \tag{7.24}$$

wobei F die Verteilungsfunktion der Beobachtungen ist. Das zweite Gleichheitszeichen in (7.24) ist nur dann gültig, wenn M eine Dichte m besitzt. Die inverse Verteilungsfunktion ist wie üblich über

$$F^{-1}(s) = \inf\{x \mid F(x) \geq s\}, \qquad 0 < s < 1, \tag{7.25}$$

definiert. Gemäß Huber (1981) erhält man asymptotisch effiziente Lageschätzer (d.h. ihre asymptotische Varianz nimmt die Cramer-Rao-Schranke an), indem man

$$m(F_0(u)) = \frac{-1}{I(F_0)} \frac{d^2}{du^2} \log f_0(u) \qquad (7.26)$$

wählt. Hier ist $f_\mu(u) = f_0(u - \mu)$ die zu F gehörige Dichte, F_0 die zu f_0 gehörige Verteilungsfunktion und $I(F_0)$ die Fisher-Information dieser Verteilung. Nur für $h(u) = u$ erhält man translationsinvariante und somit konsistente Schätzer. Es werden nun wiederum einige Beispiele zur Konstruktion von L-Schätzern für univariate Lageparameter betrachtet:

(i) Für die Standardnormalverteilung erhält man als Fisherinformation $I(F_0) = 1$ und somit folgt $m(t) = 1$. Setzt man dies in (7.24) mit $h(u) = u$ und $F = F_n$ ein, so erhält man das Stichprobenmittel als effizienten Schätzer.

(ii) Für die Doppelexponentialverteilung ergibt sich wiederum $I(F_0) = 1$ und $\mu_L = \int F^{-1}(s)M(ds) = F^{-1}(\frac{1}{2})$ ist der Median von F. Der zugehörige effiziente Schätzer ist durch $F_n^{-1}(\frac{1}{2})$ gegeben.

(iii) Dichten der Gestalt (7.17) führen zu $m(t) = (1-2\alpha)^{-1}I_{(\alpha,1-\alpha)}(t)$ mit $\alpha = F_0^{-1}(-c)$. Daraus resultiert $\mu_L = \dfrac{1}{1-2\alpha} \displaystyle\int_{(\alpha,1-\alpha)} F^{-1}(s)\lambda(ds)$. Einsetzen von F_n für F liefert das α-getrimmte Mittel als asymptotisch effizienten Schätzer.

Die Übertragung dieses Konzeptes auf Schätzungen in der bedingten Verteilung ist ohne weiteres möglich: Ersetzt man F in (7.24) durch die bedingte Verteilungsfunktion $F_{Y_1|X_1}(y \mid \mathbf{x})$, so erhält man

$$\mu_L(\mathbf{x}) = \int_{(0,1)} h(F_{Y_1|X_1}^{-1}(s \mid \mathbf{x}))M(ds) = \int_{(0,1)} h(F_{Y_1|X_1}^{-1}(s \mid \mathbf{x}))m(s)\lambda(ds).$$
$$(7.27)$$

Einsetzen des Schätzers $F_n^{Y_1|X_1}(y \mid \mathbf{x}) = \sum_{i=1}^{n} g_{ni}(\mathbf{x})I_{(-\infty,y)}(Y_i)$ für $F_{Y_1|X_1}(s \mid \mathbf{x})$ liefert

$$\mu_n^L(\mathbf{x}) = \sum_{i=1}^{n} h(Y_{(i)})\tilde{a}_{ni}(\mathbf{x}) \qquad (7.28)$$

$$\tilde{a}_{ni}(\mathbf{x}) = \int_{(\sum_{j=1}^{i-1} g_{(j)}, \sum_{j=1}^{i} g_{(j)}]} M(ds) = \int_{(\sum_{j=1}^{i-1} g_{(j)}, \sum_{j=1}^{i} g_{(j)}]} m(s)\lambda(ds),$$
$$(7.29)$$

wobei $(Y_{(i)}, g_{(i)})$ die nach den Y_i-Werten geordneten Ordnungsstatistiken von $(Y_i, g_{ni}(\mathbf{x}))$, $i = 1, \ldots, n$, darstellen. Die zweiten Gleichheitszeichen in (7.27) und (7.29) setzen die Existenz einer λ-Dichte m von M voraus. Zur Herleitung von (7.28) ist die Abbildung 7.3 hilfreich.

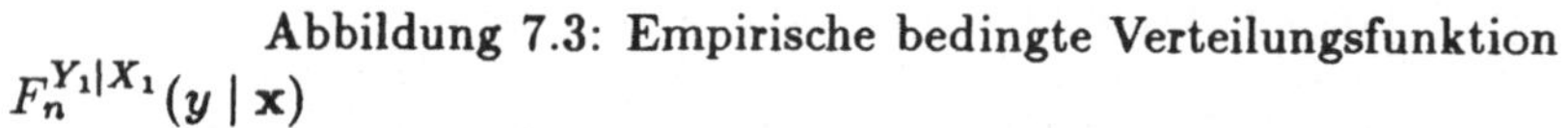

Abbildung 7.3: Empirische bedingte Verteilungsfunktion $F_n^{Y_1|X_1}(y \mid \mathbf{x})$

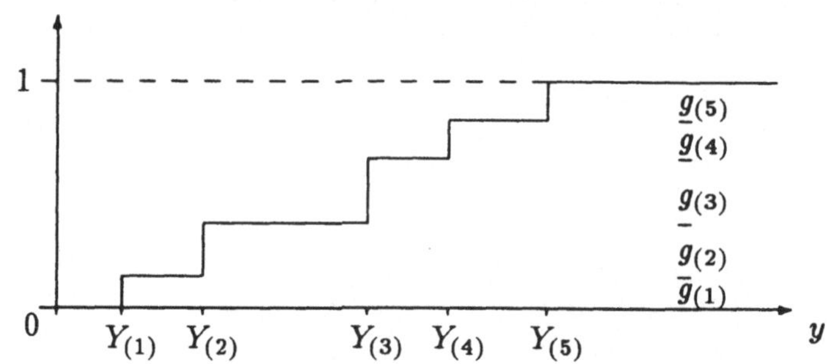

Einige Beispiele mögen wiederum zur Veranschaulichung dienen. Dabei wird stets $h(y) = y$ angenommen.

(i) Entspricht m der Dichte der Rechteckverteilung auf $(0, 1)$ so erkennt man durch die Substitution $u = F_{Y_1|X_1}^{-1}(s \mid \mathbf{x})$ in (7.27), daß $\mu_L(\mathbf{x}) = E(Y_1 \mid \mathbf{X}_1 = \mathbf{x})$ gilt. Wegen $\tilde{a}_{ni}(\mathbf{x}) = g_{(i)}$ erhält man die gewöhnlichen nicht robusten Schätzverfahren.

(ii) Die Wahl $M(s) = I_{[\alpha,\infty)}(s)$ ergibt mit $\mu_L^\alpha(\mathbf{x}) = F_{Y_1|X_1}^{-1}(\alpha \mid \mathbf{x})$ die α-*Quantile* der bedingten Verteilung von $Y_1 \mid \mathbf{X}_1 = \mathbf{x}$. Als Schätzer eignen sich Linearkombinationen der Ordnungsstatistiken $Y_{(i_0)}$ und $Y_{(i_0-1)}$, wobei i_0 über $\sum_{j=1}^{i_0-1} g_{(j)} < \alpha$ und $\sum_{j=1}^{i_0} g_{(j)} \geq \alpha$ festgelegt wird. Lineare Interpolation liefert dann einen zu (7.16) analogen Schätzer $\mu_{L,n}^\alpha(\mathbf{x})$, wobei lediglich $1/2$ durch α zu ersetzen ist. (Vgl. dazu auch Abbildung 7.1.) Als Schätzer für $\mu_L(\mathbf{x})$ eignen sich Linearkombinationen der Quantile. Neben dem *Median* sind der *Gastwirthschätzer*

$$\mu_n^G(\mathbf{x}) = \frac{1}{4}[\mu_{L,n}^{0.25}(\mathbf{x}) + 2\mu_{L,n}^{0.5}(\mathbf{x}) + \mu_{L,n}^{0.75}]$$

und der *Trimean-Schätzer*

$$\mu_n^T(\mathbf{x}) = \frac{1}{3}[\mu_{L,n}^{1/3}(\mathbf{x}) + \mu_{L,n}^{0.5}(\mathbf{x}) + \mu_{L,n}^{1/3}]$$

beliebte L-Schätzer.

(iii) Setzt man $m(s) = \frac{1}{1-2\alpha}I_{(\alpha,1-\alpha)}$, $\alpha < 1/2$, so ergibt sich gemäß (7.27)

$$\mu_L(\mathbf{x}) = \frac{1}{1-2\alpha}\int_{(\alpha,1-\alpha)} y f_{Y_1|X_1}(y \mid \mathbf{x})\lambda(dy).$$ Hierfür kann über (7.28)
und (7.29) ein Schätzer bestimmt werden.

L-Schätzer haben gegenüber M-Schätzern den Vorzug, daß sie explizit anzugeben sind, wohingegen das Konzept der M-Schätzung durch die
Parallelitäten zum ML-Prinzip eine hervoragende Rechtfertigung erhält.
Die asymptotische Verteilung der M-Schätzer hat Robinson (1984) angegeben, so daß asymptotische *Konfidenzintervalle* prinzipiell zu berechnen
sind. Wie er jedoch in seiner Arbeit von 1983 bemerkt, ist die Verwendung
der asymptotischen Verteilung auch bei großen Anzahlen von Zeitreihendaten gerade im Falle abhängiger Prozesse durchaus kritisch zu bewerten.
Die Konstruktion von Konfidenzintervallen für L-Schätzer erscheint dagegen einfach und naheliegend: Zwischen dem $\frac{\alpha}{2}$- und dem $(1-\frac{\alpha}{2})$-Quantil der
bedingten Verteilung $F_{Y_1|X_1}$ liegen $(1-\alpha)\cdot 100\%$ der Beobachtungen. Somit
sind durch die in Beispiel (ii) vorgestellten Quantilschätzer sinnvolle Grenzen für Konfidenzintervalle gegeben. Zur Konstruktion simultaner Konfidenzbänder benutze man die *Bonferroni-Technik*. Eine weitere Möglichkeit
zur Konstruktion von Konfidenzintervallen ist durch die Verwendung von
Bootstrap-Verfahren gegeben. Man vergleiche hierzu Härdle (1990) und die
darin zitierten Arbeiten.

Im Falle $p = 1$, fixen Designpunkten und unabhängigen Beobachtungen liefert Cheng (1984) asymptotische Resultate — wie Normalität und
starke Konsistenz — für L-Schätzer, bei denen die Quantile über Modifikationen des Schätzers (5.4) von Gasser und Müller (1979) bestimmt werden.
Stute (1986) weist die asymptotische Normalität von NN-Quantilschätzern
für $p = 1$, stochastische Regressoren und unabhängige Beoachtungen nach.
Für diesen Fall geben Bhattacharya und Gangopadhyay (1990) Ergebnisse
zur schwachen Konsistenz von Kern- und NN-Quantilschätzern an. Ferner
bestimmen Härdle, Janssen und Serfling (1988) Konvergenzraten der starken gleichmäßigen Konvergenz für eine große Klasse von Kernschätzern, in
der unter anderen auch Quantilschätzer enthalten sind.

7.3   R-Schätzer

R-Schätzer können von *Rangtests* abgeleitet werden (vgl. Huber, 1981, und Cheng und Cheng, 1987). Zu ihrer Diskussion eignet sich jedoch auch die Verwendung von signierten Rangstatistiken im Zusammenhang mit der Maximum-Likelihood-Schätzung eines Lageparameter (vgl. (7.5)), wie sie von Heiler (1980) vorgeschlagen wird. Im einfachen Lokationsmodell (7.3) sind die Zufallsvariblen $U_i = F_{\epsilon_1}(Y_i - \mu)$ nach dem Fundamentaltheorem auf dem Intervall $[0,1]$ rechteckverteilt, und wegen der Stetigkeit von F_{ϵ_1} gilt

$$F_{\epsilon_1}^{-1}(U_i) = Y_i - \mu \quad \text{fast sicher.} \tag{7.30}$$

Entspricht R_i dem Rang von U_i in der geordneten Stichprobe $U_{(1)} \le U_{(2)} \le \ldots \le U_{(n)}$, so stimmt U_i mit $U_{(R_i)}$ überein. Mit der Bezeichnung $\psi_f(u) = -f'(F_{\epsilon_1}^{-1}(u))/f(F_{\epsilon_1}^{-1}(u))$ für die sogenannte *Score-erzeugende Funktion* schreibt sich (7.5) in der Form

$$\sum_{i=1}^{n} \psi_f(U_{(R_i)}) = 0. \tag{7.31}$$

Ersetzt man in (7.31) die Zufallsvariablen $\psi_f(U_{(R_i)})$ durch ihren Erwartungswert, so erhält man unter Verwendung der *Scores* $a_n^f(i) = E(\psi_f(U_{(i)}))$, $i = 1, \ldots, n$, die Beziehung

$$\sum_{i=1}^{n} a_n^f(R_i) = 0. \tag{7.32}$$

(7.32) hängt jedoch nicht mehr von dem zu schätzenden Lageparameter μ ab und bedeutet lediglich eine Normierungsvorschrift an die Scores $a_n^f(j)$.

Ist die Verteilung F_{ϵ_1} symmetrisch um Null, so liefert die Verwendung von signierten Rangstatistiken einen Ausweg: Zunächst gilt wegen der Symmetrie von F_{ϵ_1} für $y \ge 0$

$$F_{|\epsilon_1|}(y) = 2F_{\epsilon_1}(y) - 1. \tag{7.33}$$

Weiter folgen nach dem Fundamentaltheorem die Zufallsvariablen

$$V_i = F_{|\epsilon_1|}(|Y_i - \mu|) = 2F_{\epsilon_1}(|Y_i - \mu|) - 1 \tag{7.34}$$

einer Rechteckverteilung auf $[0,1]$. Aus (7.33) und (7.34) erhält man die Identitäten

$$\begin{aligned}
Y_i - \mu &= \operatorname{sign}(Y_i - \mu) F_{|\epsilon_1|}^{-1}(V_i) \tag{7.35}\\
&= \operatorname{sign}(Y_i - \mu) F_{\epsilon_1}^{-1}(\tfrac{1}{2}V_{(R_i^+)} + \tfrac{1}{2}) \quad \text{fast sicher,}
\end{aligned}$$

wobei R_i^+ der Rang von $Y_i - \mu$ in der Anordnung der Absolutbeträge $|Y-\mu|_{(1)} \leq |Y-\mu|_{(2)} \leq \ldots \leq |Y-\mu|_{(n)}$ ist. Bei ungerader ψ-Funktion stimmt das Problem (7.5) mit

$$\sum_{i=1}^{n} \text{sign}(Y_i - \mu)\psi_f^+(V_{(R_i^+)}) = 0 \tag{7.36}$$

überein, wobei

$$\psi_f^+(v) = \psi(F_{\epsilon_1}^{-1}(\frac{1}{2}v + \frac{1}{2})) = \psi_f(\frac{1}{2}v + \frac{1}{2}) \tag{7.37}$$

die sogenannte *signierte Score-erzeugende Funktion* ist. Verleiht man wie bei der M-Schätzung den Beobachtungen Y_i ein um so höheres Gewicht je näher die zugehörigen $\mathbf{X}_i$ an der Auswertungsstelle $\mathbf{x}$ liegen, so erhält man wiederum einen lokalen nichtparametrischen Schätzer für die Regressionsfunktion $\mu(\mathbf{x})$. Die (7.36) entsprechende Bestimmungsgleichung für ML-Schätzer hat dann die Gestalt

$$\sum_{i=1}^{n} g_{ni}(\mathbf{x})\text{sign}(Y_i - \mu(\mathbf{x}))\psi_f^+(V_{(R_i^+)}) = 0. \tag{7.38}$$

Bei Kernen mit kompaktem Träger definiert man V_i und R_i^+ nur für Beobachtungen Y_i, für die $g_{ni}(\mathbf{x}) > 0$ gilt. R_i^+ ist also der Rang von $Y_i - \mu(\mathbf{x})$ in der Anordnung der Absolutbeträge $|Y - \mu(\mathbf{x})|_{(1)} \leq |Y - \mu(\mathbf{x})|_{(2)} \leq \ldots \leq |Y - \mu(\mathbf{x})|_{(n)}$, für die $g_{ni}(\mathbf{x}) > 0$ ist. Im folgenden sei n die Anzahl positiver $g_{ni}(\mathbf{x})$. Ersetzt man die signierte Score-erzeugende Funktion in (7.38) durch ihren Erwartungswert, so erhält man die *signierten Scores*

$$a_n^{f+}(j) = E[\psi_f^+(V_{(j)})], \tag{7.39}$$

die durch

$$\tilde{a}_n^{f+}(j) = \psi_f^+(E(V_{(j)})) = \psi_f^+(\frac{j}{n+1}), \tag{7.40}$$

approximiert werden können. Setzt man die gemäß (7.39) bzw. (7.40) definierten Scores anstelle von ψ_f^+ in (7.38) ein, so ergibt sich als Bestimmungsgleichung für R-Schätzer

$$S(\mu(\mathbf{x})) = \sum_{i=1}^{n} g_{ni}(\mathbf{x}) \, \overset{(\sim)}{a_n^{f+}}(R_i^+) \, \text{sign}(Y_i - \mu(\mathbf{x})) = 0. \tag{7.41}$$

$S(\mu(\mathbf{x}))$ hängt nur über $\text{sign}(Y_i - \mu(\mathbf{x}))$ von $\mu(\mathbf{x})$ ab und ist wegen des positiven Vorzeichen der Scores monoton fallend. Es nimmt den Wert Null mit

Wahrscheinlichkeit 0 an. Daher setze man $\mu_n^{R\psi}(\mathbf{x}) = (\hat{\mu}_1(\mathbf{x})+\hat{\mu}_2(\mathbf{x}))/2$, wobei $\hat{\mu}_1(\mathbf{x}) = \sup\{\mu(\mathbf{x}) \mid S(\mu(\mathbf{x})) > 0\}$ und $\hat{\mu}_2(\mathbf{x}) = \inf\{\mu(\mathbf{x}) \mid S(\mu(\mathbf{x})) < 0\}$. Die Abhängigkeit der Lösung von (7.41) von der Stelle $\mathbf{x}$ wird durch die Gewichte $g_{ni}(\mathbf{x})$ sichergestellt.

Leitet man wie Huber (1981) R-Schäzter von linearen Rangtests ab, so führt dies in Termen der bedingten Verteilungsfunktion $F_{\epsilon_1|X_1}(.|\mathbf{x})$ zu den Bestimmungsgleichungen

$$T(F_{\epsilon_1|X_1},s) := \int J[\frac{1}{2}(F_{\epsilon_1|X_1}(y|\mathbf{x})+1-F_{\epsilon_1|X_1}(2s-y|\mathbf{x}))]F_{\epsilon_1|X_1}(dy|\mathbf{x}) = 0,$$

$$(7.42)$$

wobei für die Score-erzeugende Funktion J die Eigenschaft $\int_{[0,1]} J(s)\lambda(ds) = 0$ gefordert wird. Setzt man $J(s) = \psi(F_{\epsilon_1|X_1}^{-1}(s|\mathbf{x}))$, so stimmen J und ψ_f überein. Wegen der vorausgesetzten Symmetrie der Verteilung von $\epsilon_1|X_1$ gilt $T(F_{\epsilon_1|X_1}(.|\mathbf{x}),\mu(\mathbf{x})) = 0$. Einsetzen der bedingten empirischen Verteilungsfunktion $F_n^{\epsilon_1|X_1}(.|\mathbf{x})$ (vgl. (7.11)) ergibt einen etwas anders als in (7.41) definierten R-Schätzer $\tilde{\mu}_n^R(\mathbf{x})$ als Lösung von

$$T(F_n^{\epsilon_1|X_1}(.|\mathbf{x}),s) \simeq 0. \qquad (7.43)$$

Für den Fall unabhängiger Beobachtungen weisen Cheng und Cheng (1987) die fast sicher gleichmäßige Konvergenz von $\tilde{\mu}_n^R$ gegen μ auf einer Teilmenge C des $\mathbb{R}^p$ (C wie in Satz 3.5) nach: Unter den Bedingungen

- auf ihrem Träger besitze die Dichte $f_{\epsilon_1|X_1}(.|\mathbf{x})$ beschränkte gleichmäßig stetige erste Ableitungen,

- die Scorefunktion J habe beschränkte und gleichmäßig stetige erste Ableitungen auf dem Intervall $(0,1)$ und es gelte
$\int J'(F_{\epsilon_1|X_1}(y|\mathbf{x}))\lambda(dy) > 0$

- und

$$\sum_{i=1}^{\infty} P(\sup_{\mathbf{x}\in C} \sup_{y\in\mathbb{R}} |F_n^{\epsilon_1|X_1}(y|\mathbf{x})-F_{\epsilon_1|X_1}(y|\mathbf{x})| > c_0[(\log n)/n]^{1/(p+2)}) < \infty$$

$$(7.44)$$

mit $c_0 > 0$,

die für alle $\mathbf{x} \in C^{\epsilon}$ (vgl. bei (3.8)) gelten sollen, zeigen sie

$$\sup_{\mathbf{x}\in C} ([n/\log n]^{1/(p+2)}|\tilde{\mu}_n^R(\mathbf{x}) - \mu(\mathbf{x})|) \longrightarrow 0, \ n \longrightarrow \infty, \ \text{fast sicher.} \quad (7.45)$$

Ferner geben sie Bedingungen dafür an, daß (7.44) erfüllt ist, wobei sowohl die Verwendung des Kern- als auch des NN-Schätzers für $F_{\epsilon_1|X_1}$ berücksichtigt wird.

Anschließend werden einige Beispiele für R-Schätzer betrachtet:

(i) Sind die Fehler ϵ_i normalverteilt, so werden die unsignierten bzw. die signierten Scores über die Funktion $\Phi^{-1}(u)$ und $\Phi^{-1}(\frac{v}{2} + \frac{1}{2})$ erzeugt. Die Scores $a_n^f(j)$ werden durch die *Van-der-Waerden-Scores* $\tilde{a}_n^f(j) = \Phi^{-1}(\frac{j}{n+1})$ approximiert. Der zugehörige Test ist der *Van-der-Waerden-Test* .

(ii) Die Annahme einer logistischen Verteilung der ϵ_i führt zu den Score-erzeugenden Funktionen $\psi_f(u) = 2u - 1$ bzw. $\psi_f^+(v) = v$. Die zugehörigen Scores sind die *Wilcoxon-Scores* . Diese werden auch zur Konstruktion des *Wilcoxon-Testes* verwendet.

(iii) Sind die Fehler doppelexponential verteilt, so werden die Scores von der Funktion $\psi_f(u) = \text{sign}(2u - 1)$ bzw. $\psi_f^+(v) = \text{sign}(v)$ erzeugt. Der zugehörige Test ist der *Vorzeichentest* .

R-Schätzer haben gegenüber M-Schätzern den Vorteil, daß sie keiner simultanen Skalenschätzung bedürfen. Außerdem benötigt man keine Tuning-Konstanten, wie etwa beim Schätzer von Huber und beim α-getrimmten Mittel. Dennoch besitzen sie günstige Robustheitseigenschaften, da anstelle der Beobachtungen selbst lediglich deren Ränge in die Berechnung eingehen.

7.4 Weitere Verfahren der robusten Kern- und Nearest-Neighbour-Schätzung

Eine weitere Klasse robuster Lage- und Skalenschätzer sind die von Rousseeuw und Yohai (1984) vorgeschlagenen *S-Schätzer* . Dabei wird als Schätzer für den Mittelwert und die Streuung eines Datensatzes der Mittelpunkt und die Länge des kürzesten Intervalls verwendet, indem mindestens $q \cdot 100\%$ der Beobachtungen liegen, $q \geq 0.5$. Angewandt auf den hier verwendeten lokalen Ansatz bedeutet dies die Minimierung von $s(\mathbf{x})$ unter der Nebenbedingung

$$\sum_{i=1}^{n} g_{ni}(\mathbf{x}) I_{[-1,1]}\left(\frac{Y_i - \mu(\mathbf{x})}{s(\mathbf{x})}\right) \geq q. \tag{7.46}$$

Die Ergebnisse $\mu_n(\mathbf{x})$ und $s_n(\mathbf{x})$ sind robuste Schätzer für Lage und Streuung der bedingten Verteilung von Y_1 gegben $X_1 = \mathbf{x}$. Für den Fall unabhängiger Beobachtungen, nicht stochastischen Designs und $p = 1$ gibt van Hoorn (1988) in seiner Dissertation Konsistenzeigenschaften und Ergebnisse zur asymptotischen Normalität der über (7.46) definierten Schätzer an.

Ist die bedingte Dichte $f_{Y_1|X_1=x}$ unimodal für alle $\mathbf{x} \in C$ (C wie in Satz 3.5), so kann als Lageschätzer der Modus eines Schätzers für die Dichte der bedingten Verteilung gewählt werden. Collomb, Härdle und Hassani (1987) weisen für den so definierten Schätzer im Falle ϕ-mischender Prozesse die fast sichere gleichmäßige Konvergenz auf der Menge C gegen den Modus der Dichte $f_{Y_1|X_1=x}$ nach. Dieses Resultat gilt für die Verwendung von Kerndichteschätzern.

Die Verwendung der S-Schätzern oder der bedingten Modalwerte erfordert einen verglichen mit den M-, L- und R-Schäztern doch recht hohen Rechenaufwand.

Kapitel 8

Weitere Modifikationen und einige Bemerkungen zur Wahl der Glättungsparameter

8.1 Additive nichtparametrische Modelle

Zur Lösung des Problems der Dimensionalität ist es erforderlich, den doch sehr allgemeinen nichtparametrischen Modellrahmen weiter einzuschränken. Auch im vierten Kapitel wird die Klasse der möglichen Prozeßtypen durch die Bedingung (4.2) deutlich eingeschränkt. Eine weitere in der Literatur vorgeschlagene Möglichkeit besteht etwa darin, *additive nichtparametrische Regressionsmodelle* anzuwenden, die sich natürlich auf den Zeitreihenfall methodisch sofort übertragen lassen und von der folgenden Form sind:

$$\mu(\mathbf{x}) = \gamma + \sum_{j=1}^{p} \mu_j(x_j) \text{ mit } E[\mu_j(X_{1j})] = 0, \; j = 1, \ldots, p. \qquad (8.1)$$

Dabei sei $\mathbf{x} = (x_1, \ldots, x_p)'$ und $\mathbf{X}_i = (X_{i1}, \ldots, X_{ip})'$, $i = 1, 2, \ldots$, vereinbart. Interaktionen zwischen den einzelnen Regressorvariabeln können durch Produktterme berücksichtig werden. Stone (1985) schlägt vor, die reellwertigen Funktionen $\mu_j, j = 1, \ldots, p$, so zu wählen, daß der MSE

$$E[\mu(\mathbf{X}_1) - \gamma - \sum_{j=1}^{p} \mu_j(X_{1j})]^2 \text{ bezüglich } E[\mu_j(X_{1j})] = 0, \; j = 1, \ldots, p, \quad (8.2)$$

minimiert wird, und zeigt, daß die so bestimmten μ_j unter milden Bedingungen eindeutig sind. Zur numerischen Bestimmung von Schätzern für die Funktionen μ_j empfehlen Friedman und Stuetzle (1981) den sogenannten *backfitting-Algorithmus*. Angenommen s sei ein univariater Glättungsoperator wie beispielsweise ein Kern- oder NN-Schätzer. Dann definiert man rekursiv für $l = 1, \ldots, p$

$$R_{il} = Y_i - \overline{Y} - \sum_{j=1}^{l-1} \hat{\mu}_j^{(1)}(X_{ij}), \; i = 1, \ldots, n, \qquad (8.3)$$

$$\hat{\mu}_l^{(1)}(X_{il}) = s(R_{il}, X_{il}), \; i = 1, \ldots, n, \qquad (8.4)$$

wobei $\overline{Y}$ das arithmetische Mittel der Werte Y_i, $i = 1, \ldots, n$, ist. Um die Anpassung zu verfeinern wird (8.3) und (8.4) in der folgenden Weise iteriert: Beim k-ten Durchlauf ($k \geq 2$) wird R_{il} umdefiniert zu

$$R_{il} = Y_i - \overline{Y} - \sum_{j=1}^{l-1} \hat{\mu}_j^{(k)}(X_{ij}) - \sum_{j=l+1}^{p} \hat{\mu}_j^{(k-1)}(X_{ij}), \; i = 1, \ldots, n, \quad (8.5)$$

und $\hat{\mu}_l^{(k-1)}(X_{il})$ wird ersetzt durch

$$\hat{\mu}_l^{(k)}(X_{il}) = s(R_{il}, X_{il}), \; i = 1, \ldots, n. \qquad (8.6)$$

k wird solange erhöht, bis beispielsweise ein MSE-Kriterium nicht mehr deutlich abnimmt.

Eine Verallgemeinerung der additiven nichtparametrischen Regressionsverfahren bietet die *projection persuit regression*, wie sie von Friedman und Stuetzle (1981) vorgeschlagen wird. Grundlage dieses Verfahrens ist ein Modell, in welches Linearkombinationen der Regressoren anstelle der einzelnen Variablen eingehen. Wie beim *Hauptkomponentenmodell* versucht man die Linearkombinationen sinnvoll zu interpretieren. Dieser Ansatz reduziert zwar in aller Regel die Dimension des Problemes beträchtlich, ist jedoch für zeitreihenanalytische Fragestellungen weniger geeignet.

Eine ausführlichere Beschreibung und Literaturliste zu additiven Modellen geben Buja, Hastie und Tibshirani (1989).

8.2 Twicing

Üblicherweise wird Tukeys *Twicing*-Technik als ein mögliches Verfahren zur Biasreduktion angesehen. Nachdem man einen nichtparametrischen Schätzer μ_n bestimmt hat, berechnet man aus den Residuen $Y_i - \mu_n(\mathbf{X}_i)$ erneut einen Schätzer μ_R und korrigiert μ_n in der Form $\tilde{\mu}_n(\mathbf{x}) = \mu_n(\mathbf{x}) + \mu_R(\mathbf{x})$. Weitere Iterationen sind denkbar. Wie Stuetzle und Mittal (1979) nachweisen, entspricht Twicing des gewöhnlichen Kernschätzers jedoch lediglich der Verwendung von Kernen höherer Ordnung k. (Vgl. dazu die Vorschläge von Gasser und Müller, 1984 und Gasser, Müller und Mammitzsch, 1985, die in Kapitel 5 wiedergegeben sind). Da die Verwendung von stückweise negativen Kernfunktionen vor allen im Falle sich ändernder Dichten möglicherweise zu unsinnigen Prognosen führen kann, sollte die Twicing-Technik im Zeitreihenfall durchaus in Betracht gezogen werden. Dies gilt insbesondere dann, wenn anstelle der gewöhnlichen ausreißerempfindlichen Verfahren robuste Varianten eingesetzt werden. Dieser letzte Aspekt wird auch in der Arbeit von Stützle und Mittal hervorgehoben. In der Praxis erweist sich Twicing jedoch nur dann als sinnvoll, wenn die Residuen $Y_i - \mu_n(\mathbf{X}_i)$ deutliche und längerandauernde Regelmäßigkeiten aufweisen. Auch ist zu bedenken, daß sich die Glättungsparameter h_n und k_n und die geeignete Länge p der Referenzverläufe in aller Regel nicht von den Originaldaten auf die Residuen übertragen lassen.

8.3 Jackknifing von Kern- und Nearest-Neighbour-Schätzern

Eine beliebte Methode zur Reduktion von Verzerrungen ist die sogenannte Jackknife-Methode (Quenouille, 1956). Eine Stichprobe vom Umfang n wird in l-elementige Teilmengen zerlegt, aus welchen jeweils der betreffende Schätzer bestimmt wird. Aus diesen maximal $\binom{n}{l}$ Schätzern konstruiert man dann den Jackknife-Schätzer. Um den Rechenaufwand möglichst gering zu halten, kann man einen Jackknife-Schätzer aus zwei Schätzern konstruieren, von dem der eine auf den ersten $[\rho n]$ Beobachtungen und der andere auf den letzten $[(1 - \rho)n]$ Beobachtungen beruht $\rho \in (0, 1)$. Eine verwandte Vorgehensweise soll nun zur Biasreduktion von Kern- und NN-Schätzern angewandt werden.

Wie im sechsten Kapitel wird auch hier von einer symmetrischen Kernfunktion ausgegangen, so daß sich $E[\mu_{h_n}^K(\mathbf{x})]$ über (6.5) bis zur Ordnung

$o(h_n^2)+o(\frac{1}{nh_n^p})$ approximieren läßt. Betrachtet man neben dem Kernschätzer $\mu_{h_n}^K(\mathbf{x})$ einen zweiten im allgemeinen weniger verzerrten $\mu_{\rho h_n}^K(\mathbf{x})$, $0 < \rho < 1$, so kann man eine Linearkombination $\mu_{h_n,\rho}^{K,J}(\mathbf{x}) = a\mu_{h_n}^K(\mathbf{x}) + b\mu_{\rho h_n}^K(\mathbf{x})$, a, $b \in \mathbb{R}$, derart finden, daß der Bias bis zur Ordnung $o(h_n^2) + o(\frac{1}{nh_n^p})$ verschwindet:

$$\mu_{h_n,\rho}^{K,J}(\mathbf{x}) = \frac{1}{1-\rho^2}\mu_{\rho h_n}^K(\mathbf{x}) - \frac{\rho^2}{1-\rho^2}\mu_{h_n}^K(\mathbf{x}), \quad 0 < \rho < 1. \tag{8.7}$$

Der NN-Schätzer $\mu_{n,k}^{NN}(\mathbf{x})$ kann in analoger Weise modifiziert werden. Unter der Annahme, daß sich analog zum Kernschätzer auch für abhängige Beobachtungen dieselbe asymptotische Entwicklung des Erwartungswertes ergibt, wie sie in der Formel (3.13) für unabhängige Beobachtungen angegeben ist, soll wiederum eine Linearkombination aus $\mu_{n,k}^{NN}(\mathbf{x})$ und $\mu_{n,[\rho k]}^{NN}(\mathbf{x})$ so bestimmt werden, daß der daraus resultierende Schätzer bis zur Ordnung $o((\frac{k_n}{n})^{2/p}) + O(\frac{1}{k_n})$ für alle $\mathbf{x} \in \mathbb{R}^p$ unverzerrt ist. Als Lösung dieses Problems erhält man

$$\frac{k_n^{2/p}}{k_n^{2/p} - [\rho k_n]^{2/p}}\mu_{n,[\rho k]}^{NN}(\mathbf{x}) - \frac{[\rho k_n]^{2/p}}{k^{2/p} - [\rho k_n]^{2/p}}\mu_{n,k}^{NN}(\mathbf{x}),$$

welches im Falle $\rho k_n \in \mathbb{Z}$ exakt und ansonsten annähernd mit

$$\mu_{k,\rho}^{NN,J}(\mathbf{x}) = \frac{1}{1-\rho^{2/p}}\mu_{n,[\rho k]}^{NN}(\mathbf{x}) - \frac{\rho^{2/p}}{1-\rho^{2/p}}\mu_{n,k}^{NN}(\mathbf{x}) \tag{8.8}$$

übereinstimmt. Für $\rho = \frac{1}{2}$ ergibt sich bei Kernen mit Träger $\{\|\mathbf{u}\| \leq 1\}$ ein Analogon zum sogenannten Half-Sample-Jackknife-Schätzers (Quenouille, 1949).

Die Wirkungsweise der Schätzer (8.7) und (8.8) soll nun exemplarisch für den Half-Sample-Jackknife-Kernschätzer $\mu_{h_n,1/2}^{K,J}(\mathbf{x}) = \frac{4}{3}\mu_{h_n/2}^K(\mathbf{x}) - \frac{1}{3}\mu_{h_n}^K(\mathbf{x})$ erläutert werden. Bei positiver (negativer) Verzerrung — d.h. $A(\mathbf{x}) < 0$ $(A(\mathbf{x}) > 0)$ — gilt im allgemeinen

$$\mu(\mathbf{x}) > E[\mu_{\rho h_n}^K(\mathbf{x})] > E[\mu_{h_n}^K(\mathbf{x})] \qquad (\mu(\mathbf{x}) < E[\mu_{\rho h_n}^K(\mathbf{x})] < E[\mu_{h_n}^K(\mathbf{x})]).$$

Da sich die Verzerrung beim Übergang von der Bandweite $h_n/2$ auf h_n um das Dreifache erhöht, addiert man zu $\mu_{h_n/2}^K(\mathbf{x})$ ein Drittel der Differenz von $\mu_{h_n/2}^K(\mathbf{x})$ und $\mu_{h_n}^K(\mathbf{x})$ und erhält den weniger verzerrten Jackknife-Kernschätzer. (Vergleiche dazu die Abbildung 8.1.)

Abbildung 8.1: Wirkungsweise des Jackknife-Schätzers

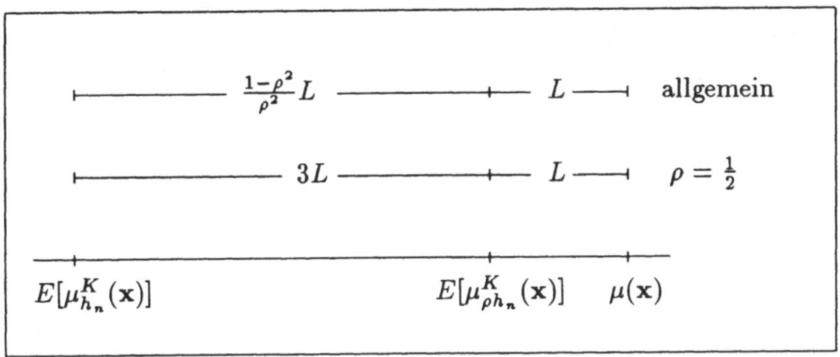

Allgemein läßt sich der Schätzer auch in der Form

$$\mu_{h_n,\rho}^{K,J}(\mathbf{x}) = \mu_{\rho h_n}^K(\mathbf{x}) + \frac{\rho^2}{1-\rho^2}(\mu_{\rho h_n}^K(\mathbf{x}) - \mu_{h_n}^K(\mathbf{x})) \qquad (8.9)$$

schreiben. In gleicher Weise verdeutlicht man die Wirkungsweise des Jack-knife-NN-Schätzers.

Der Steuerungspapameter ρ kann etwa über die Minimierung eines Kreuz-validierungs- bzw. Backforecastingkriteriums festgelegt werden.

Härdle (1986) untersucht die Eigenschaften des Jackknife-Schätzers in der Situation fixer, äquidistanter Designpunkte. In diesem Fall führt Jack-knifing zwar nachweislich zu einer Reduktion der Verzerrung im Vergleich zum von Gasser und Müller (1979) vorgeschlagenen Kernschätzer (5.4). Jedoch wird dadurch die Varianz mitunter derart vergrößert, daß es insgesamt zu einer deutlichen Erhöhung des MSE kommen kann.

8.4 Polynomiale nichtparametrische Regression

Bei den bisher behandelten Verfahren zur Kern- und NN-Schätzung wird die Regressionsfunktion durch einen (gewogenen) Mittelwert bzw. robusten Lageparameter, der erklärten Werte Y_i, deren Regressorvariablen $\mathbf{X}_i$ nahe an der Auswertungsstelle $\mathbf{x}$ liegen, geschätzt — also lokal durch eine

Konstante approximiert. Im allgemeinen führt die lokale Anpassung von Polynomen r-ten Grades zu einer besseren Annäherung an die Daten. Diese Vorgehensweise wird hier anhand des Kernschätzers vorgestellt. Für den NN-Schätzer ersetze man — wie üblich — lediglich die Bandweite h_n durch den Abstand $H_{n,k}(\mathbf{x})$ zwischen dem $k_n - t$ nächsten Datenvektor und $\mathbf{x}$.

Sei $\tilde{\mu}_n^{K,r}(\mathbf{u};\mathbf{x})$ das Polynom r-ten Grades (in $\mathbf{u}$), das die Quadratsumme

$$\sum_{i=1}^{n}(Y_i - \tilde{\mu}_n^{K,r}(\mathbf{X}_i;\mathbf{x}))^2 K\left(\frac{\mathbf{x}-\mathbf{X}_i}{h_n}\right) \tag{8.10}$$

minimiert. Dann definiere man als lokalen polynomialen Kernschätzer für eine Regressionsfunktion μ mit beschränkter Ableitung l-ter Ordnung

$$\mu_n^{K,r}(\mathbf{x}) = \tilde{\mu}_n^{K,r}(\mathbf{x};\mathbf{x}). \tag{8.11}$$

Im Falle $r = 0$ ergibt sich der gewöhnliche Kernschätzer $\mu_n^{K,r}(\mathbf{x})$. Für $r = 1$ erhält man lokale lineare Anpassungen: Als Minimalstellen von

$$\sum_{i=1}^{n}(Y_i - \beta_0(\mathbf{x}) + \mathbf{X}_i'\beta_1(\mathbf{x}))^2 K\left(\frac{\mathbf{x}-\mathbf{X}_i}{h_n}\right) \tag{8.12}$$

bezüglich $\beta_0(\mathbf{x}) \in \mathbb{R}$ und $\beta_1(\mathbf{x}) \in \mathbb{R}^p$ ergeben sich die lokal gewichteten Kleinste-Quadrate-Schätzer $\hat{\beta}_0(\mathbf{x})$ und $\hat{\beta}_1(\mathbf{x})$. Die Regressionsfunktion wird durch $\tilde{\mu}_n^{K,r}(\mathbf{x}) = \hat{\beta}_0(\mathbf{x}) + \mathbf{x}'\hat{\beta}_1(\mathbf{x})$ geschätzt.

Lokale polynomiale Anpassungen werden von Stone (1977, 1980, 1982) und Cleveland (1979) für den Fall stochastisch unabhängiger $(\mathbf{X}_i', Y_i)$ untersucht. Für eine polynomiale Version der Kernschätzer von Gasser und Müller (1979) untersucht Müller (1987) die asymptotischen Eigenschaften des über (8.10) und (8.11) definierten Schätzers $\tilde{\mu}_n^{K,r}(\mathbf{x})$.

Es ist nun auch denkbar, daß für die Regressorvektoren $\mathbf{X}_i$ Zeitreihenverläufe wie etwa $\mathbf{X}_i = (Y_{i-p},\ldots,Y_{i-1})'$ eingesetzt werden können. Zur Analyse der Zeitreihe Y_i, $i = 1,\ldots,n$, und auch zur Schätzung der Polynomkoeffizienten wird in der parametrischen Zeitreihenanalyse vor allem die empirische Autokorrelationsfunktion herangezogen. Hängt diese von der Auswertungsstelle ab, so ist es sinnvoll, auch für sie lokale Schätzungen zu betrachten. Sie könnte etwa durch

$$\rho_q^K(\mathbf{x}) = \frac{\sum_{i=\max\{p+1,q+1\}}^{n} K\left(\frac{\mathbf{x}-\mathbf{X}_i}{h_n}\right)K\left(\frac{\mathbf{x}-\mathbf{X}_{i-q}}{h_n}\right)(Y_i - \mu_n^K(\mathbf{x}))(Y_{i-q} - \mu_n^K(\mathbf{x}))}{\sum_{i=p+1}^{n} K^2\left(\frac{\mathbf{x}-\mathbf{X}_i}{h_n}\right)(Y_i - \mu_n^K(\mathbf{x}))^2}$$

$$\tag{8.13}$$

für $q = 1, 2, \ldots$ geschätzt werden. Mit diesem Werkzeug ist es nun prinzipiell möglich, lokale ARMA-Modelle (LARMA-Modelle) anzupassen.

Durch Ableitung der Schätzer erhält man im Falle des gewöhnlichen Kernschätzers stark konsistente Schätzer für die Ableitungen der Regressionsfunktionen (vgl. Györfi, Härdle, Sarda, Vieu, 1989). Verwendet man Rechteck- bzw. Zylinderkerne, so gilt dies auch für die lokale polynomiale Regression, wenn der Polynimgrad $r = l - 1$ nicht kleiner als die Ordnung $\nu < l$ der Ableitung ist (vgl. Truong und Stone, 1990).

Unter weiteren Bedingungen insbesondere an die Bandweiten ($h_n \sim n^{-1/(2l+p)}$) weisen Truong und Stone (1990) nach, daß für geometrische starkmischende Prozesse die von Stone (1980) berechneten optimalen Konvergenzraten $n^{(l-\nu)/(2l+p)}$ sowohl bezüglich der punktweisen Konvergenz in Wahrscheinlichkeit als auch der Konvergenz in der L_2-Norm auf einer kompakten Teilmenge C des Definitionsbereichs der Regressionsfunktion erreicht werden. Für die fast sichere Konvergenz in der L_∞-Norm auf C ergibt sich wiederum die hier optimale Konvergenzrate $[\frac{\log n}{n}]^{(l-\nu)/(2l+p)}$, wenn für die Folge der Bandweiten $h_n \sim [\frac{\log n}{n}]^{1/(2l+p)}$ gilt. Insgesamt kann ausgesagt werden, daß umso höhere Konvergenzgeschwindigkeiten zu erzielen sind, je glatter die zu schätzende Regressionsfunktion ist.

8.5 Semiparametrische Zeitreihenmodelle

Dem $\mathbb{R}^{p+1}$-wertigen stationären Prozeß $\{(\mathbf{X}_i', Y_i)', \ i \in \mathbb{Z}\}$ wird das additive Zeitreihenmodell

$$Y_i = \mu(\mathbf{X}_i) + U_i, \quad i \in \mathbb{Z}, \tag{8.14}$$

mit

$$U_i = \sum_{u=-\infty}^{\infty} a_u \epsilon_{i-u}, \quad i \in \mathbb{Z}, \qquad \sum_{u=-\infty}^{\infty} |a_u| < \infty, \tag{8.15}$$

unterstellt, wobei $\{a_u, \ u \in \mathbb{Z}\}$ eine Folge von Parametern und $\{\epsilon_u, \ u \in \mathbb{Z}\}$ eine Folge unabhängig identisch verteilter Zufallsvariablen mit Erwartungswert Null und Varianz σ^2 sei. Ist letztere unabhängig von $\{\mathbf{X}_i, \ i \in \mathbb{Z}\}$, so gilt $\mu(\mathbf{X}_i) = E(Y_i|\mathbf{X}_i)$. Das ARMA$(r, s)$ Modell

$$U_i = \sum_{j=1}^{r} \beta_j U_{i-j} + \sum_{k=1}^{s} \alpha_k \epsilon_{i-k}, \quad i \in \mathbb{Z} \tag{8.16}$$

ist stationär und ein Spezialfall von (8.15), wenn das Polynom $1 - \sum_{j=1}^{r} \beta_j z^j$ keine Nullstelle innerhalb des Einheitskreises besitzt. Neben dem funktionalen Zusammenhang μ interessiert vor allem die Korrelationsstruktur des Prozesses $\{U_i, \ i \in \mathbb{Z}\}$.

Die Funktion μ kann nun anhand der vorgestellten nichtparametrischen Verfahren etwa durch die im vorherigen Abschnitt beschriebenen Methoden der lokalen polynomialen Regression geschätzt werden. Es stellt sich dann die Frage, ob eine (parametrische) Untersuchung der Korrelationsstruktur der Reste

$$\hat{U}_i = Y_i - \mu_n^{K,r}(\mathbf{X}_i) \tag{8.17}$$

dann noch zu sinnvollen Ergebnissen führt.

Diese Frage kann für einen AR(r)-prozeß ($\alpha_k = 0, \ k = 1, \dots, s$, in (8.16)) gemäß Truong (1990a) positiv beantwortet werden, wenn der Polynomgrad r bei der polynomialen Anpassung $\mu_n^{K,r}$ größer als $\frac{p}{2} + 1$ gewählt wird (vgl. auch Truong und Stone, 1990):

Die Minimalstelle $\beta = (\beta_1, \dots, \beta_r)'$ von $E[(U_i - \sum_{j=1}^{r} \beta_j U_{i-j})]^2$ genügt dem System der Normalgleichungen

$$E[U_{i-q} \sum_{j=1}^{r} \beta_j U_{i-j}] = E[U_{i-q} U_i], \quad q = 1, \dots, r. \tag{8.18}$$

Setzt man $\gamma_q = E(U_i U_{i+q})$, $\gamma = (\gamma_1, \dots, \gamma_q)$ und $\Gamma = (\gamma_{|q-j|})$, so läßt sich (8.18) in Termen der Kovarianzen γ_q

$$\sum_{j=1}^{r} \beta_j \gamma_{|q-j|} = \gamma_q, \quad q = 1, \dots, r, \tag{8.19}$$

bzw. in Matrixnotation

$$\Gamma \beta = \gamma \tag{8.20}$$

umschreiben. Einsetzen der Schätzungen $\hat{\gamma}_{nq} = \frac{1}{n-q} \sum_{i=1}^{n-q} \hat{U}_i \hat{U}_{i+q}, q = 0, 1, \dots, r$, $\hat{\gamma}_n = (\hat{\gamma}_{n1}, \dots, \hat{\gamma}_{nq})'$, und $\hat{\Gamma}_n = (\hat{\gamma}_{n,|q-j|})$ liefert den Schätzer

$$\hat{\beta}_n = \hat{\Gamma}_n^{-1} \hat{\gamma}_n \tag{8.21}$$

für β.

Unter weiteren Regularitätsannahmen gilt dann für geometrische stark-mischende Prozesse und Zylinderkerne

$$\sqrt{n}(\hat{\beta}_n - \beta) \to N(0,\, \sigma^2 \Gamma^{-1}), \quad n \to \infty, \tag{8.22}$$

falls der Polynomgrad $r > \frac{p}{2} - 1$ ist, und falls für die Bandweiten die Bedingung

$$n^{-1/2p}(\log n)^{1/d} \ll h_n \ll n^{-1/(4p)} \tag{8.23}$$

erfüllt ist. Letztere ist relativ schwach und läßt Bandweiten der Art $h_n \sim n^{-1/(2l+p)}$ und $(n^{-1}\log n)^{1/(2l+p)}$ zu, wie sie in Kapitel 8.5 erforderlich sind. Im Falle $p = 1$ genügen also lokale Durchschnitte und im Falle $p = 2$ oder $p = 3$ lokal lineare Kern-(oder NN-) Schätzer, für höherdimensionale Probleme sind jedoch Polynome höherer Ordnung notwendig, damit das Resultat (8.22) gültig ist. Im allgemeinen ist es demnach möglich, daß auch nach der Glättung durch einen geeigneten lokal polynomialen Kern- oder NN-Schätzer parametrische Verfahren zur Erkundung der Korrelationsmuster der Reste angewandt werden. Erfreulicherweise erreichen die parametrischen Verfahren die für sie übliche Konvergenzrate von $n^{-1/2}$. Dieses Resultat gilt für eine große Klasse von Bandweiten.

8.6 Einige Bemerkungen zur Wahl der Bandweite und der Anzahl der nächsten Nachbarn

Die Wahl der Bandweite h_n und der Anzahl der nächsten Nachbarn k_n spielt eine wesentliche Rolle für das Verhalten der Kern- und NN-Schätzer. Wie aus den Formeln (3.54) und (3.55) ersichtlich, ist die Verzerrung des Kernschätzers $\mu_n^K(\mathbf{x})$ proportional und seine Varianz umgekehrt proportional zur Bandweite h_n. Bei unabhängigen Beobachtungen gilt diese Aussage auch für den NN-Schätzer, wenn man h_n durch k_n ersetzt. Dies geht aus den Formeln (3.13) und (3.14) von Mack (1981) hervor. Eine Erhöhung von h_n (k_n) führt also zu einem Ansteigen des Betrages des Bias, wohingegen eine Verringerung eine Vergrößerung der Varianz verursacht.

Einen Ausgleich zwischen diesen beiden Entwicklungen führt zur Wahl von optimalen Bandweiten (Anzahl der nächsten Nachbarn), die etwa den IMSE minimieren. Die in diesem Sinne optimale Bandweite, die in (3.62) angegeben ist, hängt jedoch von der unbekannten Regressionsfunktion und der unbekannten Dichte ab. Das gleiche gilt für die optimale Anzahl k_n von nächsten Nachbarn. Sogenannte *adaptive Verfahren* schätzen nun — ausgehend von einem Anfangswert für $h_n(k_n)$ — die unbekannten Funktionen und rechnen in einem zweiten Schritt den optimalen Wert h_n^{opt} (k_n^{opt}) aus, indem die Schätzungen in die entsprechenden Formeln eingesetzt werden. Gegebenenfalls kann man mit Hilfe der so erhaltenen Bandweiten (Anzahlen nächster Nachbarn) die unbekannten Funktionen erneut schätzen und darauf basierend einen neuen optimalen Glättungsparameter bestimmen. Weitere Iterationen folgen nach gleichem Schema. Zuerst wurde diese Vorgehensweise in der Dichteschätzung von Scott, Tapia und Thompson (1977) vorgeschlagen. Im wesentlichen müssen erste und zweite partielle Ableitungen der Regressionsfunktion und erste partielle Ableitungen der Dichtefunktion geschätzt werden. Unter diversen Mischungsbedingungen und unter speziellen Voraussetzungen bezüglich der Bandweiten h_n konvergieren die Ableitungen der Kernschätzer fast sicher gleichmäßig gegen die Ableitungen der zu schätzenden Funktionen (vgl. Györfi, Härdle, Sarda und Vieu, 1989). Obwohl dieses Ergebnis auf den ersten Blick ermutigend klingt, ist die adaptive Vorgehensweise in der Praxis kaum durchführbar. Zur Schätzung der Ableitungen sind möglicherweise ganz andere Bandweiten geeignet als zur Schätzung der Regressionsfunktion selbst. Sogar die Konvergenzraten der Schätzer für die Ableitungen und die Funktionen selbst sind unterschiedlich, so daß sich auch unterschiedliche optimale Bandweiten ergeben. Dies bedeutet, daß die oben beschriebenen Iterationen des adaptiven Verfahrens nicht sehr sinnvoll sind. Das einstufige Verfahren hängt jedoch zu sehr von der Wahl des Anfangswertes für h_n ab. Ein weiteres Problem bildet die Berechnung der Integrale in (3.62). Die ersten beiden Ableitungen des Schätzer $\mu_n^K(\mathbf{x})$ und die erste Ableitung von $f_n^K(\mathbf{x})$ muß für ein p-dimensionales Gitternetz berechnet werden, wobei wiederum der Abstand des auszuwertenden Punkte vorher festzulegen wäre. Insgesamt ist die adaptive Methode sowohl aus theoretischen als auch aus praktischen Gründen nur eingeschränkt zu empfehlen.

In praktischen Anwendungen scheint die *Kreuzvalidierungsmethode* (*cross-validation*) günstigere Eigenschaften zu besitzen. Härdle und Marron (1985) bzw. Härdle, Vieu und Hart (1989) untersuchen dieses Verfahren im Zusammenhang mit der Bestimmung von Bandweiten für Kernschätzer bei unabhängigen bzw. abhängigen Daten (vgl. auch Györfi, Härdle, Sarda und Vieu, 1989). In abhängigen Datensätzen $\{(\mathbf{X}_i', Y_i)', \; i = 1, \ldots, n\}$ wird die Bandweite h_n so bestimmt, daß das Cross-validation-Kriterium

$$CV_\gamma(h_n) = \frac{1}{n} \sum_{i=1}^{n} [Y_i - \mu_{\gamma,n}^{(i)}(\mathbf{X}_i)]^2 w(\mathbf{X}_i) \qquad (8.24)$$

mit nichtnegativer Gewichtsfunktion w bezüglich h_n minimal wird. In

(8.24) sei

$$\mu_{\gamma,n}^{(i)}(\mathbf{x}) = \frac{\sum_{j=1}^{n} K((\mathbf{x} - \mathbf{X}_j)/h_n)Y_j\gamma(i-j)}{\sum_{j=1}^{n} K((\mathbf{x} - \mathbf{X}_j)/h_n)\gamma(i-j)}, \qquad (8.25)$$

wobei die Funktion γ den folgenden Eigenschaften genüge

$$\begin{aligned}
\gamma(0) &= 0, \\
\gamma(j) &= 1, \text{ falls } |j| > l_n, \\
0 \leq \gamma(j) &\leq 1, \text{ falls } 0 < |j| \leq l_n.
\end{aligned} \qquad (8.26)$$

l_n ist dabei eine Folge positiver ganzer Zahlen, die im Falle

$$\gamma(j) = 1 - I_{[-l_n, l_n]}(j) \qquad (8.27)$$

als leave-out-sequence bezeichnet wird.

Allgemein sollte γ so definiert sein, daß Beobachtungen umso weniger Gewicht erhalten, desto geringer der zeitliche Abstand ihrer Messung ist. Die Wahl von $l_n = 0$, $n \in \mathbb{N}$, führt zur gewöhnlichen Kreuzvalidierung, die bei unabhängigen Beobachtungen adäquat ist. Da die Varianz von $\mu_n^K(\mathbf{x})$ umgekehrt proportional zur Dichte $f_X(\mathbf{x})$ ist, wäre der Dichteschätzer $f_n^K(\mathbf{x})$ eine plausible Wahl für $w(\mathbf{x})$. Aber auch $w \equiv 1$ ist geeignet.

Für einer stark mischenden Prozeß $\{(\mathbf{X}_i', Y_i)', i = 1, 2, \ldots\}$ zeigen Härdle, Vieu und Hart (1989), daß im Falle $p = 1$ und $Y_i < C < \infty$, $i = 1, \ldots, n$, die aus der Minimierung von (8.24) hervorgehende Bandweite h_n^γ unter weiteren Regularitätsbedingungen insbesondere auch an die Folge l_n dem folgenden Optimalitätskriterium genügt: Mit der Bezeichnung

$$ASE(h) = \frac{1}{n} \sum_{i=1}^{n} [\mu(\mathbf{X}_i) - \mu_h^K(\mathbf{X}_i)]^2 w(\mathbf{X}_i) \qquad (8.28)$$

für den durchschnittlichen quadratischen Fehler gilt

$$\frac{ASE(h_n^\gamma)}{\inf_{h_n} ASE(h_n)} \xrightarrow{n \to \infty} 1 \quad \text{fast sicher.} \qquad (8.29)$$

Ähnliche Resultate für den integrierten quadratischen Fehler (integrated squared error) ISE und den mittleren integrierten quadratrischen Fehler (mean integrated squared error) MISE liegen bisher nicht vor. Im Falle unabhängiger Beobachtungen zeigen Marron und Härdle (1986), daß die

Verwendung von IMSE und ASE asymptotisch äquivalent ist. Da die Regularitätsbedingungen an l_n für $l_n = 0$ erfüllt sind, gilt (8.29) ebenfalls im Falle der gewöhnlichen Kreuzvalidierungsprozedur.

Die Folgen l_n und die Funktion γ haben im Zeitbereich eine ähnliche Bedeutung wie die Bandweite h_n und die Kernfunktion K im Zustandsraum der Beobachtungen. Bei Kernen mit kompakten Trägern ($[-1, 1]^p$ oder $\{\|x\| \leq 1\}$) gehen in $\mu_{\gamma,n}^{(i)}$ alle Beobachtungen Y_i mit vollem Gewicht ein, deren zugehörige $\mathbf{X}_j$-Werte nicht weiter als h_n von $\mathbf{X}_i$ und deren Indexnummern j von i weiter als l_n entfernt sind. Im Bereich $|i - j| \leq l_n$ bestimmt die Funktion γ das Gewicht, mit dem die Beobachtungen Y_j in $\mu_{\gamma,n}^{(i)}$ eingehen. Diese Dualitäten verdeutlichen natürlich das Dilemma der verallgemeinerten Kreuzvalidierungsmethode. Zur Bestimmung von h_n (und K) ist es erforderlich l_n (und γ) festzulegen. Einen Ausweg stellt die Verwendung des gewöhnlichen cross-validation-Kriteriums ($l_n = 0, n \in \mathbf{N}$) dar. Für Prognosen ist jedoch auch der *durchschnittliche (quadratische) Prognosefehler (avarage (squared) prediction error)*

$$A(S)PE(h_n) = \frac{1}{N_2 - N_1 + 1} \sum_{i=N_1}^{N_2} |Y_i - \mu_i^K(\mathbf{X}_i)|^{(2)}, \qquad (8.30)$$

der hier für den gemäß (2.32) berechneten Kernschätzer und den Prognose-Bereich $i = N_1, \ldots, N_2$ definiert ist, ein natürlicher Kandidat zum Vergleich der Prognosegüte.

Da sich die Prognosesituation mit Hilfe von Ex-ante- oder Ex-post-Prognosen auf natürliche Weise modellieren läßt, wird dieser Methode im folgenden der Vorzug gegeben. Die obigen Verfahren lassen sich prinzipiell auch zur Wahl der Parameter für die anderen in den vorangegangenen Kapiteln eingeführten Schätzer formulieren, obschon nur für den Kernschätzer die asymptotische Optimalitätseigenschaft (8.29) nachgewiesen ist.

Gerade bei der Prognose mit Hilfe von Kernschätzern (mit Kernen auf kompakten Trägern) treten aber in der Praxis Schwierigkeiten auf, wenn es Verläufe gibt, in deren direkter Umgebung keine weiteren Verläufe der Zeitreihe liegen. Der Kernschätzer ist dann im Grunde genommen nicht definiert. Die Annahmen für asymptotische Aussagen schließen eine solche Situation zwar aus, jedoch treten "isolierte" Verläufe erfahrungsgemäß auch bei stationären Zeitreihen häufig auf. Man beachte, daß in diesem Falle sowohl A(S)PE als auch CV_γ betroffen sind. Nullsetzen der Kernschätzer μ_i^K bzw. $\mu_{\gamma,n}^{(i)}$ bewirkt dann einen extrem hohen Beitrag der zu isolierten Verläufen gehörigen Summanden in (8.24) bzw. (8.30), sofern die zugehörigen Y_i-Werte weit von Null entfernt sind. Daher erhält man mit Hilfe dieser Kriterien in der Regel Bandweiten, für welche die Kernschätzer an allen Punkten X_i datengesteuert definiert sind. Diese werden aber für die meisten Daten viel zu groß sein. Das Einsetzen des arithmetischen Mittels aller Zeitreihenwerte an den Definitionslücken trägt allenfalls zu einer Verminderung, nicht aber zum Beheben dieses Effektes bei.

Einen Ausweg bietet natürlich wiederum die Verwendung von varianzreduzierenden Mischungen $\mu_{n,1}^{(1)}$ bzw. $\mu_{n,2}^{(1)}$, wie sie in Kapitel 6 eingeführt wurden. (Vgl. auch die Ausführungen dazu im neunten Kapitel.) Für reine Kernschätzer ist eine datengesteuerte Wahl der Bandweite, die über die Minimierung von (8.24) oder (8.30) erfolgt, nahezu unmöglich, wenn es isolierte Vorläufe gibt. Einfacher ist die Bestimmung der Anzahl der eingehenden Nachbarn beim NN-Schätzer, der stets definiert ist. Zum einen bezieht sich die Suche nur auf die natürlichen Zahlen, zum anderen reichen zumeist geringe Anzahlen k_n je nach Länge des zur Verfügung stehenden Datensatzes aus, wie die im folgenden aufgeführten empirischen Studien ergeben haben. Es erstaunt, wie wenig nächste Nachbarn auch bei großen Datensätzen genügen, um gute Prognosen zu erstellen.

Bezüglich der Wahl der Glättungsparameter sei ein Zitat von Robinson (1986) angeführt:

As usual, asymptotic theory provides no precise guide to the choice of bandwidth for a given data set and, though automatic procedures such as cross-validation can be devised, these are computationally expensive and depend on a somewhat arbitrary choice of objective function, and as in spectral analysis may not adequately substitute for a mixture of judgement, experience and trial and error.

Dieser Aussage kann aufgrund der hier behandelten Beispiele nur beigepflichtet werden. Die datengesteuerte Bandweitenwahl bei Zeitreihendaten ist im Grunde genommen nicht befriedigend gelöst.

Teil II

Einige empirische Studien

Kapitel 9

Nichtparametrische Modellierung der Wasserführung der Ruhr

9.1 Die Daten

Yakowitz (1979b, 1985b), Karlson und Yakowitz (1987) sowie Yakowitz und Karlson (1987) berichten von der erfolgreichen Modellierung der Wasserführung nordamerikanischer Flüsse mit Hilfe nichtparametrischer Ansätze. Um die Anwendbarkeit solcher Methoden auch für bundesdeutsche Flüsse zu überprüfen, werden in dieser Arbeit Kern- und NN-Schätzer zur Prognose der Wasserführung der Ruhr verwendet.

Die vorliegenden Daten sind Tagesmittelwerte in $[m^3/sec]$, die am Pegel Villigst über fünf Jahre vom 01.01.1976 bis zum 31.12.1980 — also an insgesamt 1827 Tagen — gemessen wurden. Der Verlauf dieser Messreihe, der in Abbildung 9.1 über den gesamten Beobachtungszeitraum veranschaulicht wird, weist weder einen Trend noch eine eindeutige Saisonfigur auf. In den Herbst- und Wintermonaten tendiert die Wasserführung zwar zu höheren Werten; jedoch treten Spitzenwerte unregelmäßig über das Jahr verteilt auf. Dabei kommt es nach Phasen erhöhter Niederschlagsintensität im Einzugsgebiet der Ruhr zu steilen Anstiegen der Wasserführung, die danach wieder auf ein niedriges Niveau abfällt.

Der dargestellte Verlauf kommt nicht nur durch Schwankungen natürlicher Einflußfaktoren — wie etwa der Niederschlagsmenge — zustande,
sondern ist Produkt dieser und menschlicher Regelmechanismen, die von
mehreren Talsperren im Einzugsgebiet der Ruhr aus gesteuert werden. Um
die Versorgung von Bevölkerung und Industrie zu gewährleisten, wird bei
geringer Wasserführung die Ruhr mit Zuschußwasser aus diesen Talsperren
gespeist. Zwar führen solche Eingriffe im Prinzip zu Schwierigkeiten bei der
Modellanpassung, jedoch wird die Wasserführung vieler bundesdeutscher
Flüsse direkt oder indirekt durch Staustufen und Talsperren beeinflußt. Die
Untersuchung solcher Systeme ist demnach von hoher empirischer Relevanz.

Auf diesen Datensatz sind nahezu alle in Teil I behandelten Verfahren
angewandt worden, auch um deren Praktikabilität und Computerinstal-
lation zu überprüfen. Positiv zu bewerten ist hierbei, daß alle in diesem
Abschnitt berücksichtigten Methoden rechentechnisch durchaus realisierbar
sind, obwohl sie sich bezüglich des Programmieraufwandes, der benötigten
Rechenzeit aber auch bezüglich der Prognosegüte mitunter erheblich unterscheiden.

9.2 Prediktogramme

Michels und Heiler (1989) vergleichen die Prognoseeigenschaften von parametrischen ARMA-Prozessen und nichtparametrischen Prediktogrammen
(siehe (2.33)) zur Modellierung der Wasserführung der Ruhr miteinander.
Dabei wird die Güte der alternativen Verfahren für die letzten drei Monate
anhand von Ex-ante-Prognosen verglichen, nachdem die Parameter und die
Anzahlen der Cluster unter Verwendung der übrigen Daten geschätzt bzw.
festgelegt wurden. Wie in der oben angeführten Arbeit bilden auch hier
neben graphischen Darstellungen insbesondere Theilkoeffizienten und Trefferquoten die Grundlage für Gütevergleiche: Der Theilkoeffizient

$$
T_m = \sqrt{\frac{\sum_{t=N_1}^{N_2} (Z_{t+m} - \hat{Z}_{t+m})^2}{\sum_{t=N_1}^{N_2} (Z_{t+m} - Z_t)^2}} \tag{9.1}
$$

setzt die Fehlerquadratsumme der m-Schritt-Prognose $\hat{Z}_{t+m}$ des untersuchten Verfahrens zu derjenigen der "naiven Prognose" ins Verhältnis.
Diese besteht aus der simplen Fortschreibung des letzten bekannten Wertes der Zeitreihe. Ein Treffer liegt vor, falls die Prognose die Richtung der
Veränderung der Zeitreihe trifft, d.h. falls

Abbildung 9.1: Tagesmittelwerte der Wasserführung der Ruhr in $[m^3/sec]$ am Pegel Villigst vom 01.01.1976 bis zum 31.12.1980.

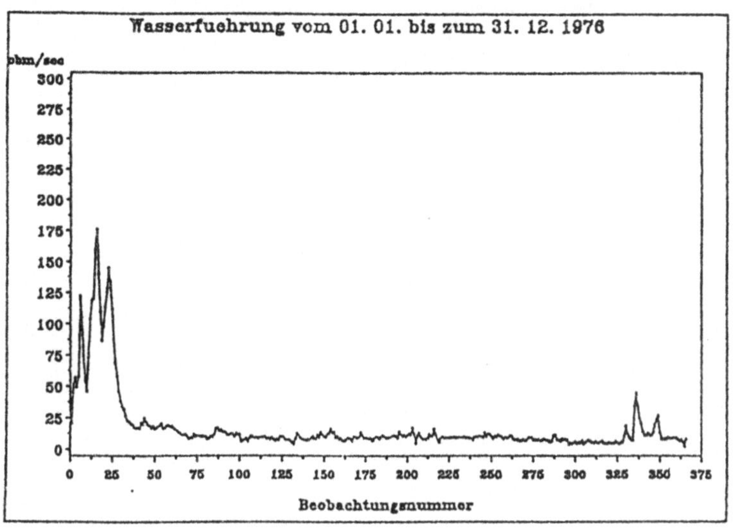

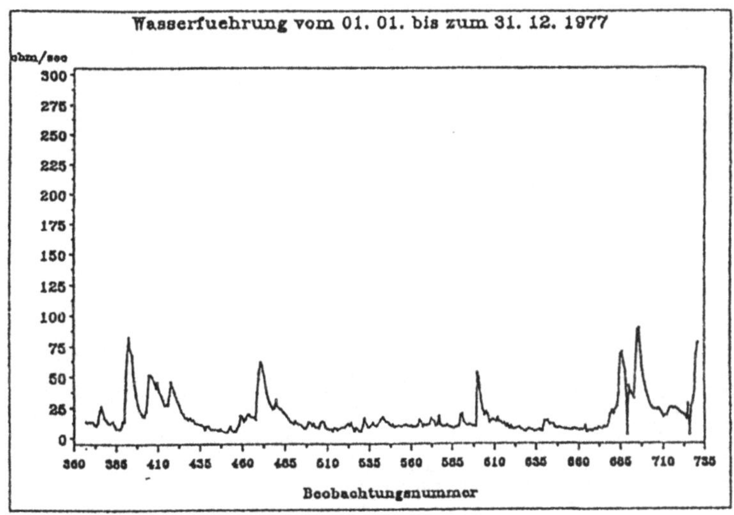

Abbildung 9.1 Fortsetzung

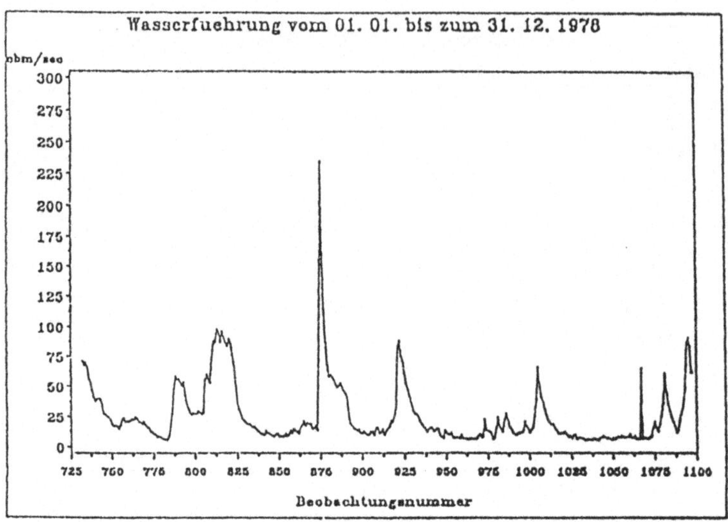

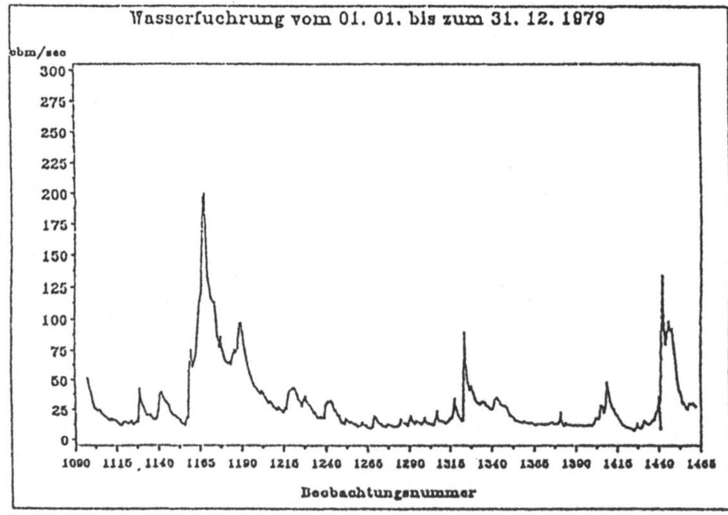

Abbildung 9.1 Fortsetzung

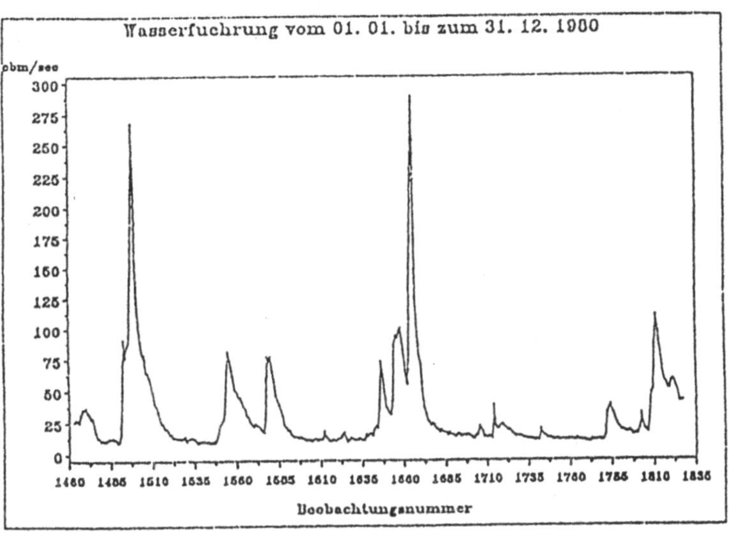

$$\text{sign}(Z_{t+m} - Z_t) = \text{sign}(\hat{Z}_{t+m} - Z_t) \text{ gilt.}$$

Zur Prognose mit Hilfe von Prediktogrammen ist es im allgemeinen notwendig, jeden Zeitreihenverlauf der Länge p mit Hilfe von Verfahren der nichthierarchistischen Clusteranalyse einigen wenigen typischen Verlaufsmustern zuzuordnen. Die Anzahl der benötigten Cluster wird mit Hilfe von Ex-ante-Prognosen für $p = 1$ auf 14, für $p = 2$ auf 45 und für $p = 3$ auf 55 festgelegt. Tabelle 9.1 enthält Trefferquoten und Theilkoeffizienten für diese drei Verlaufslängen. Nur das Prediktogramm mit $p = 1$ führt zu einer leichten Verbesserung gegenüber der naiven Prognosen. Die Konsequenz, daß der zukünftige Verlauf nur vom Niveau des letzten bekannten Wertes abhängen soll, ist aber interpretativ wenig befriedigend. Man erwartet vielmehr, daß Informationen über ein Ansteigen oder ein Absinken der Wasserführung durchaus in der Prognose verwertet werden sollten. Für $p \geq 2$ werden aber in der Regel zu unterschiedliche Verläufe in einem Cluster zusammengefaßt, so daß die darauf beruhende Prognose vor allem dann stark verzerrt ist, wenn der letzte bekannte Verlauf vom typischen Verlauf des Clusters, dem er zugeordnet ist, zu sehr abweicht. Eine Erhöhung der Anzahl der Cluster überfordert einerseits die meisten Clusteralgorithmen; andererseits fließen dadurch in die Prognose seltener Verläufe nur wenige

Tabelle 9.1: Wasserführung der Ruhr: Theilkoeffizienten und Trefferquoten (in Klammern) von Prediktogrammen für den Zeitraum 1735 - 1820.

p Schrittweite	1		2		3	
1	0.939	(0.558)	0.986	(0.628)	1.007	(0.558)
2	0.929	(0.535)	0.969	(0.581)	0.938	(0.500)
3	0.888	(0.547)	0.986	(0.535)	0.931	(0.558)
4	0.885	(0.616)	0.960	(0.558)	0.931	(0.593)
5	0.874	(0.570)	0.909	(0.558)	0.906	(0.570)
6	0.862	(0.558)	0.884	(0.550)	0.880	(0.488)
7	0.855	(0.605)	0.871	(0.523)	0.921	(0.523)

Werte ein, welches die Varianz der Prognose aufbläht.

9.3 Kern- und NN-Schätzer

a) Graphische Darstellung von Regressions- und Dichteschätzern

Graphische Darstellungen von geschätzten Regressions- und Dichtefunktionen sind ein geeignetes Instrument, um die Wirkungsweise von Kern- und NN-Verfahren zu erklären. Abbildung 9.2 enthält einen Scatter-Plot der Zeitreihenwerte gegen ihre Vorgänger und einen 100−NN-Schätzer für die Regressionsfunktion $E(Z_t|Z_{t-1} = x)$. Man erkennt, daß die Beziehung zwischen Wert und Vorwert eher nichtlinear zu modellieren ist.

In Abbildung 9.3 sind Kern- und NN-Regressionsschätzer für den bedingten Erwartungswert $E(Z_t|Z_{t-1} = x_1, Z_{t-2} = x_2)$ wiedergegeben, zu deren Berechnung die Bandweite $h_n = 30$ bzw. die NN-Anzahl $k_n = 15$ und der Epanechnikow-Kern verwendet worden sind. Setzt man den Kernschätzer $\mu_n^K(\mathbf{x}) = 0$, falls keine Beobachtungen in der Nähe von $\mathbf{x}$ liegen (vgl. Abbildung 9.3 a) und b)), so erhält man ein Funktionsgebirge, das zwar im Bereich häufiger Verläufe relativ glatt ist, das aber bei seltenen Beobachtungsabfolgen ein unnatürlich anmutendes, zerklüftetes Erscheinungsbild aufweist. Geht nur ein einziger Beobachtungswert in $\mu_n^k(\mathbf{x})$ ein, so kürzen sich die Kernfunktionen aus der Berechnungsformel und der Schätzer nimmt eben diesen Wert an. Liegt auch dessen vorheriger Verlauf zu weit von

Abbildung 9.2: Wasserführung der Ruhr: Werte gegen ihre Vorgänger geplottet, und 100-NN-Regressionsschätzer.

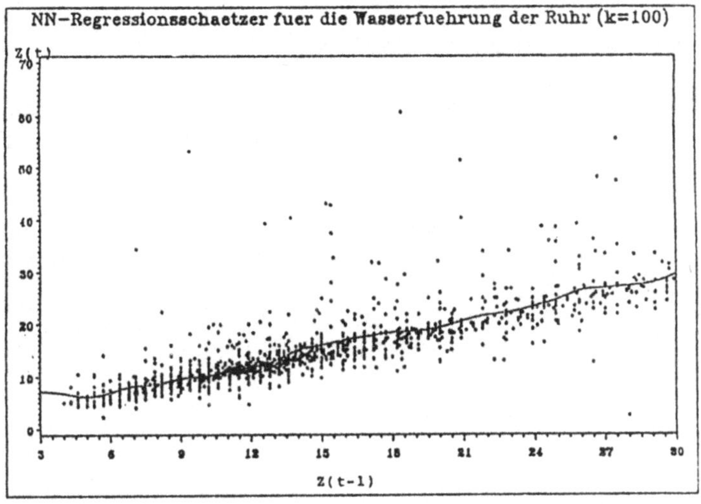

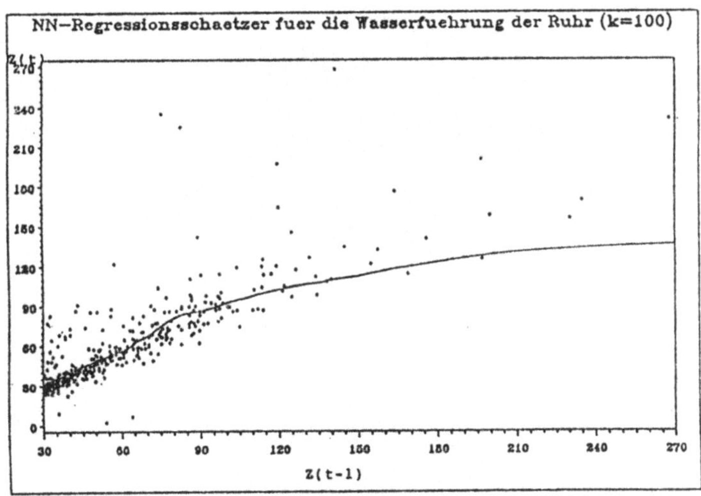

Abbildung 9.3:   Wasserführung der Ruhr: Nichtparametrische Regressionsschätzer für $E(Z_t | Z_{t-1} = x_1, Z_{t-2} = x_2)$.

a) Kernschätzer mit Bandweite $h_n = 30$ und Epanechnikow-Normkern

b) wie a) nur aus anderer Perspektive

c) Varianzreduzierende Mischung $\mu_{n,2}^{(1)}$ aus einem Kernschätzer mit Bandweite $h_n = 30$ und einem 1-NN-Schätzer, jeweils mit Epanechnikow-Normkern.

d) Varianzreduzierende Mischung $\mu_{n,10}^{(1)}$ aus einem Kernschätzer mit Bandweite $h_n = 5$ und einem 10-NN-Schätzer, jeweils mit Epanechnikow-Normkern.

e) 15-NN-Schätzer mit Epanechnikow-Normkern

a)

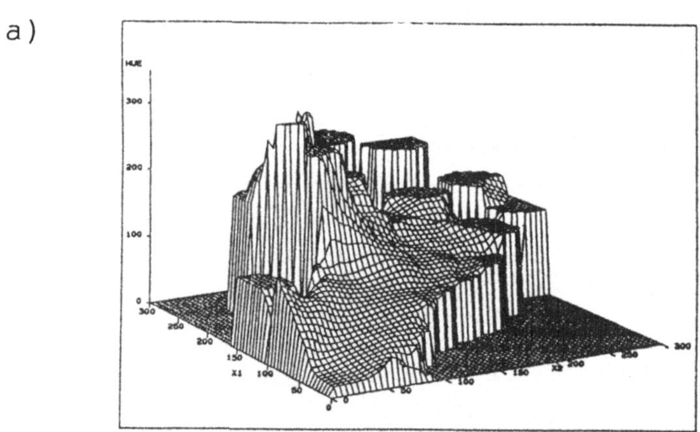

b)

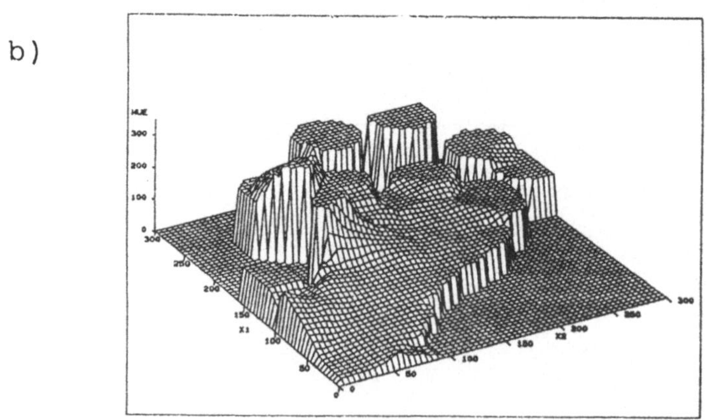

Abbildung 9.3 Fortsetzung

c)

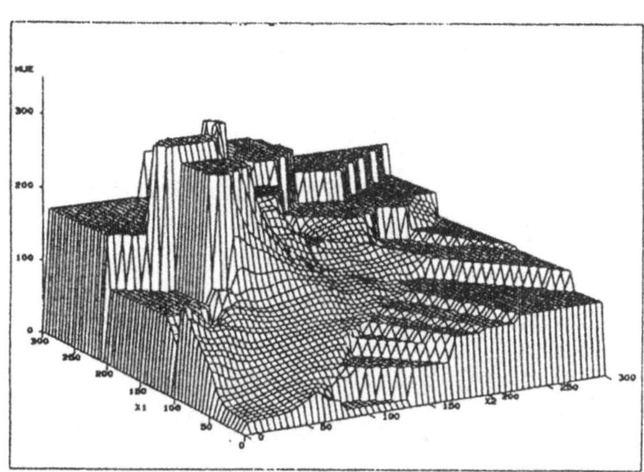

d)

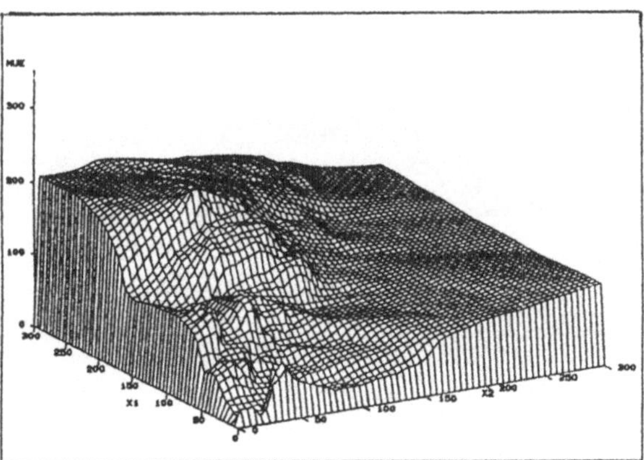

e)

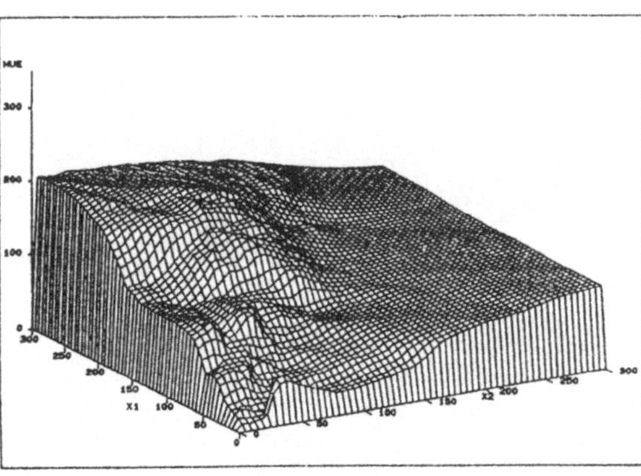

Abbildung 9.4: Wasserführung der Ruhr: Nichtparametrische Dichteschätzer

a)-d) Kernschätzer ($\times 100$) mit Bandweite $h_n = 30$ und Epanechnikow-Normkern sowie in $x_1 = 50, 100, 150$ parallel zur x_2-Achse aufgeschnittene Dichtegebirge.

e)-h) 15-NN-Schätzer ($\times 100$) mit Epanechnikow-Normkern sowie in $x_1 = 50, 100, 150$ parallel zur x_2-Achse aufgeschnittene Dichtegebirge.

a)

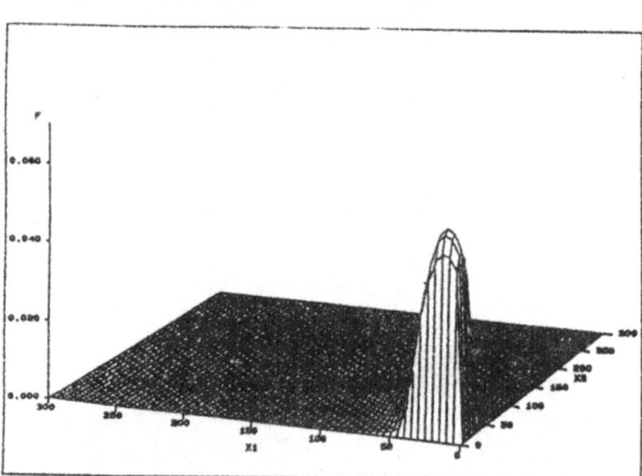

b)

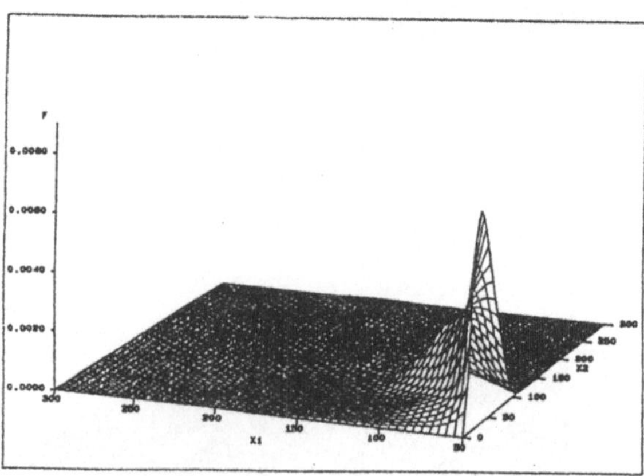

Abbildung 9.4 Fortsetzung

c)

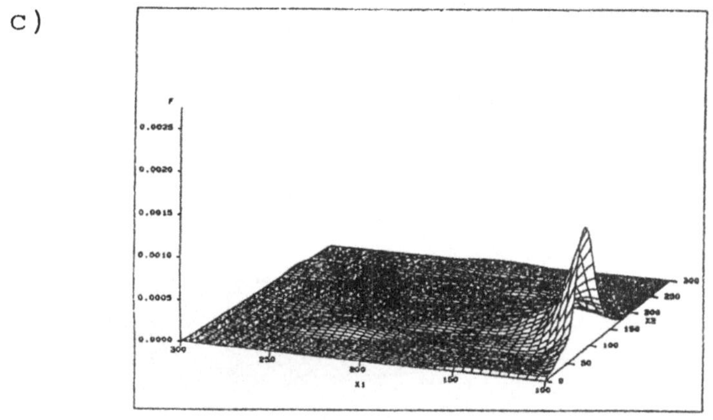

d)

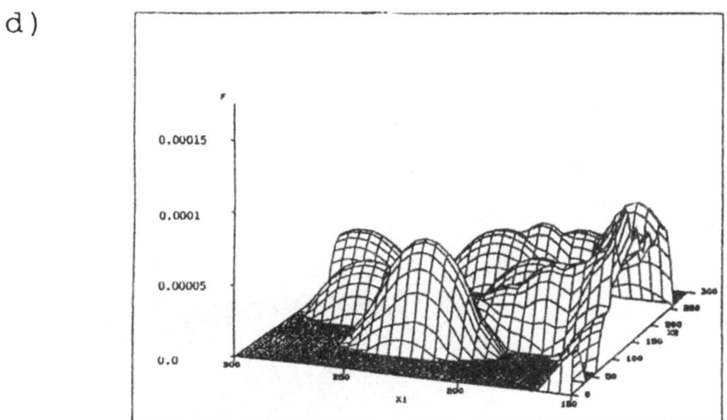

e)

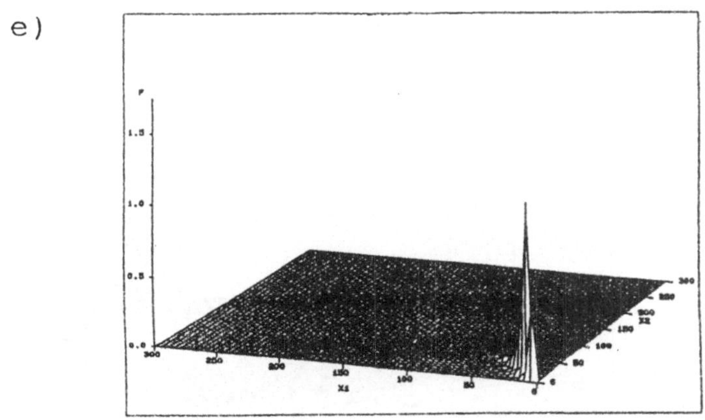

Abbildung 9.4 Fortsetzung

f)

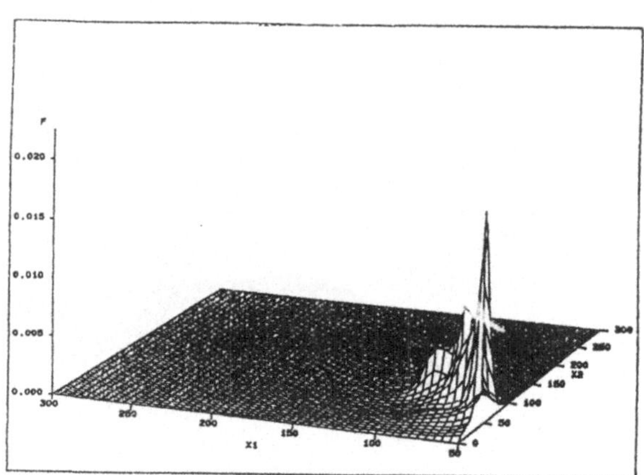

g)

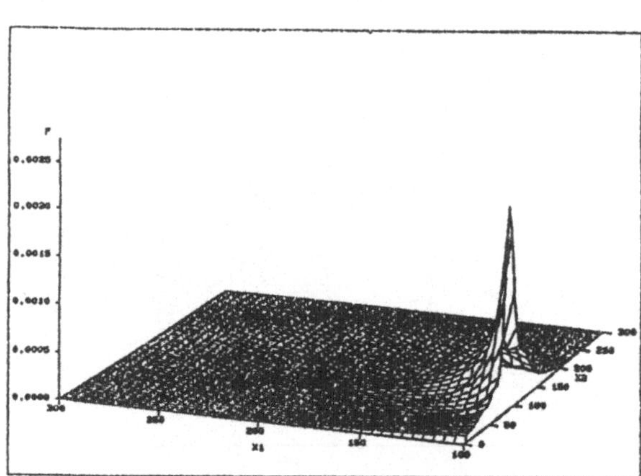

h)

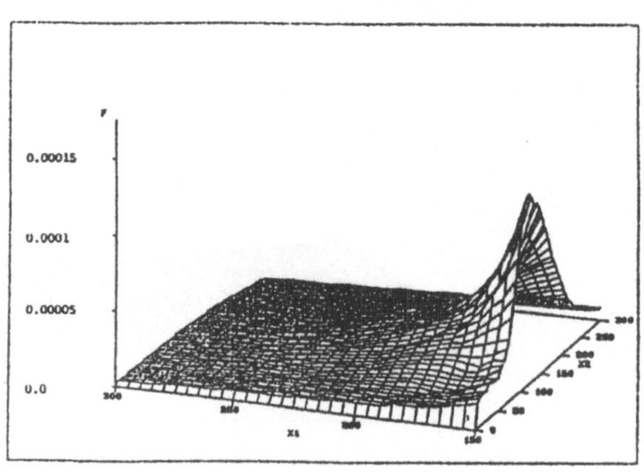

$\mathbf{x} = (x_1, x_2)'$ weg, so kommt es wegen der Setzung $\mu_n^K(\mathbf{x}) = 0$ zu den typischen Steilhängen. Abbildung 9.3 b) verdeutlicht, daß es auch zwischen den Erhebungen Definitionslücken gibt. Setzt man — wie in Abbildung 9.3 c) — den Schätzer auf den Wert, der dem nächsten Nachbarn von $\mathbf{x}$ folgt, so werden diese zwar vermieden; dennoch fallen im Bereich mangelnder Daten nach wie vor Unstetigkeitsstellen ins Auge. Diese treten nicht auf, wenn anstelle $\mu_{n,2}^{(1)}$ die varianzreduzierende Mischung $\mu_{n,k}^{(1)}$, $k > 2$ verwendet wird. Das Resultat ist in Abbildung 9.3 d) für $k = 10$ und $h_n = 5$ veranschaulicht. Der Schätzer $\mu_{n,15}^{(1)}$ gleicht im Bereich häufiger Verläufe einem Kernschätzer mit $h_n = 5$ und im Bereich seltener Verläufe einem 10-NN-Schätzer. Der in Abbildung 9.3 e) dargestellte 15-NN-Schätzer ist zwar im Bereich häufiger Verläufe weniger glatt als der Kernschätzer, hat aber dafür den Vorzug, in den datenleeren Regionen noch glatte — wenn auch mitunter stark verzerrte — Schätzer zu liefern.

Insgesamt belegen die Abbildungen 9.3 die Vermutung, daß die Daten durch ein lineares Modell nicht hinreichend beschrieben werden können. Ferner deutet insbesondere der NN-Schätzer an, daß nach steilen Anstiegen (x_2 klein, x_1 groß) die höchste Wasserführung zu erwarten ist.

Die Varianz des Kernschätzers $\mu_n^K(\mathbf{x})$ hängt wesentlich von der Anzahl der einfließenden Beobachtungen ab. Sie ist nach Formel (3.55) umgekehrt proportional zur Dichte an der Stelle $\mathbf{x}$. Gemäß Formel (3.13) gilt dies auch für die Verzerrung von NN-Schätzern. Daher werden nun Kern- und NN-Schätzer für Dichten näher betrachtet. Bis auf skalares Vielfaches bilden diese gerade die Nenner der zugehörigen Regressionsschätzer.

Abgesehen davon, daß der Kerndichteschätzer in Abbildung 9.4 a) für $x_1 \leq 0$ oder $x_2 \leq 0$ Null gesetzt ist, deutet die Darstellung zumindest für niedrige Werte der Wasserführung auf den ersten Blick keine Verletzungen der Normalverteilungshypothese an. Jedoch gibt Abbildung 9.4 a) keine Details der Dichterschätzung für hohe Wasserführungswerte wieder. Zur Verdeutlichung wird daher das Dichtegebirge an den Stellen $x_1 = 50$, $x_1 = 100$ und $x_1 = 150$ parallel zur x_2-Achse aufgeschnitten und in verkleinertem Maßstab geplottet (vgl. Abbildungen 9.4 b) - d)). Abbildung 9.4.b) verdeutlicht, daß bei mittlerer Wasserführung Werte entlang der Diagonalen $x_1 = x_2$ häufiger sind als in den Randbereichen. Die Abbildung 9.4 c) deutet an, daß nur in vereinzelten Bereichen hoher Wasserführung noch positive Schätzwerte erzielt werden. Abbildung 9.4 d) gibt schließlich die für Kerndichteschätzer typischen, unästhetisch wirkenden Ausschläge wieder.

Ein ganz anderes Bild zeigt der NN-Dichteschätzer in den Abbildungen
9.4 a) - d). Zwar wirkt dieser in der Umgebung häufiger Beobachtungen
etwas unruhig, hat aber dafür in Bereichen seltener Verläufe bessere Glatt-
heitseigenschaften als der Kernschätzer.

b) Prognoseeigenschaften von Kern- und NN-Schätzern

Im folgenden soll nun die Anwendbarkeit von Kern- und NN-Verfahren
sowie von den in Kapitel 6 vorgeschlagenen biasreduzierende bzw. varianzreduzierende Mischungen dieser Methoden auf die Wasserführung der Ruhr
angewandt werden.

Wegen der fest vorgegebenen Bandweite sind Kernschätzer im Prinzip
gänzlich ungeeignet, diesen Datensatz zu modellieren. Die Bandweite, die
für die Mehrzahl der Daten (also bei Niedrigwasserführung) geeignet erscheint, ist für die seltenen aber interessierenden Spitzen zu gering. Dies
bewirkt bei Kernen mit kompakten Trägern, daß der Schätzer des öfteren
nicht erklärt ist, da in der Umgebung des Verlaufes, der die Prognosebasis bildet, kein weiterer vorheriger Verlauf liegt. Gerade dort, wo die
Kerndichteschätzuung (vgl. Abbildung 9.4) den Wert Null liefert, ist der
Kernschätzer mit entsprechender Bandweite nicht durch die vorliegenden
Verläufe erklärt. Dies führt insbesondere bei der Bestimmung der Bandweite durch Ex-ante- und Ex-post-Prognosen oder durch Kreuzvalidierung
zu Schwierigkeiten (vgl. Kapitel 8.6). Setzt man den Kernschätzer definitionsgemäß auf Null, wenn der Nenner in (2.32) verschwindet, so erhält man
eine unverhältnismäßig große Bandweite. Ersetzt man ihn anstatt durch
Null durch die naive Prognose, so führt dies zwar zu einer erheblichen Verringerung des Prognosefehlers; jedoch bleibt unklar, ob die Prognoseeigenschaften der Kernschätzung oder der naiven Prognose zuzuschreiben sind.
Wegen dieser Schwierigkeiten empfielt es sich, anstelle der reinen Kernschätzer eine varianzreduzierende Mischung von Kern- und NN-Schätzern zu
wählen. Sollen die Eigenschaften der Kernschätzung im wesentlichen bei-
behalten werden, so prognostieziere man anhand des nächsten Nachbarn
nur dann, wenn der Kernschätzer nicht definiert ist. Man wähle also den
Schätzer $\mu_{n,2}^{(1)}$, falls der Kern stetig in ± 1 ist, und ansonsten $\mu_{n,1}^{(1)}$. Die gleiche Problematik tritt im Prinzip auch bei biasreduzierenden Mischungen
von Kern- und NN-Schätzern auf. Wiederum kann ein Ausweg gefunden
werden, indem man anstelle der gemäß (6.2) definierten Bandweite

$$H_{n,k}^{(3)}(\mathbf{x}) = \max\{H_{n,i}(\mathbf{x}), H_{n,k}^{(2)}(\mathbf{x})\} \tag{9.2}$$

Tabelle 9.2: Wasserführung der Ruhr: Ergebnisse der Parametersuche im Bereich der Beobachtungsnummern 1096-1634, $h_n = h_n + 5$, $\quad k_n = k_n + 5$

Schätzer	p Par.	Normkerne			Produktkerne		
		2	3	4	2	3	4
"Kernschätzer" $\mu_{n,2}^{(1)}$	h_n^*	30	30	25	20	25	20
NN- Schätzer $\mu_{n,k}^{NN}$	k_n^*	15	10	10	15	15	10
Varred.-Mischung	h_n^*	5	10	10	-	-	-
$\mu_{n,k}^{(1)}$	k_n^*	10	5	10	-	-	-
Biasred.-Mischung	h_n^*	15	30	35	-	-	-
$\mu_{n,k}^{(2)}$	k_n^*	40	15	30	-	-	-

wählt, wobei $i = 2$, falls der Kern in ± 1 stetig ist, und andernfalls $i = 1$ zu setzen ist. Anschließend werden nun die Prognoseeigenschaften der "Kernschätzer" $\mu_{n,2}^{(1)}$, der NN-Schätzer $\mu_{n,k}^{NN}$ sowie deren varianz- bzw. biasreduzierenden Mischungen für die Verlaufslängen $p = 2, 3, 4$ und den Epanechnikow-Normkern verglichen. Ferner werden $\mu_{n,2}^{(1)}$ und $\mu_{n,k}^{NN}$ auch für den Epanechnikow-Produktkern untersucht, wobei zur Distanzbestimmung zwischen zwei Verläufen die in (2.15) eingeführte Maximumnorm verwendet wird.

Um die Tabellen nicht unnötig aufzublähen, werden an dieser Stelle nur die Prognoseeigenschaften unter Verwendung des Eponechnikow-Kernes dokumentiert. Im Zuge der Modellfindung sind aber auch andere Kerne ausprobiert worden. Dabei erwies sich der Eponechnikow-Kern stets als eines der besten Kandidaten. In vielen Situationen übertraf er den einfachen Rechteckproduktkern bzw. den Zylinderkern deutlich. Es soll nicht unerwähnt bleiben, daß der "etwas glattere" Bisquare-Kern in manchen Fällen marginal bessere Ergebnisse lieferte. Da die Kernfunktion zur Berechnung einer einzigen Prognose jedoch (insbesondere bei Produktkernen) sehr oft ausgewertet werden muß, spricht der geringere Rechenaufwand für den auch aus theoretischen Gründen "optimalen" Epanechnikow-Kern (vgl. Kapitel 5).

Zur Untersuchung der Prognoseeigenschaften der diskutierten Verfahren wird der Datensatz zur Wasserführung der Ruhr in drei disjunkte Zeiträume zerlegt. Die in den ersten drei Jahren gemessenen 1096 Werte dienen lediglich als Wertevorrat; für diesen Bereich werden keine Gütekriterien berechnet. Ex-ante-Prognosen der nächsten 539 Beobachtungen sollen dazu verwendet werden, Bandweiten und Anzahlen der nächsten Nachbarn festzulegen. Dazu werden die skalenunabhängigen Theilkoeffizienten und Trefferquoten der 1- bis 7-Schritt-Prognosen berechnet und die Parameterwahl anhand des mittleren quadratischen Prognosefehlers (d.h. des Theilkoeffizienten) der 1-Schritt-Prognose durchgefüht. Der mittlere absolute Prognosefehler hätte in fast allen Fällen zu denselben oder benachbarten Auswahlen geführt. Mithilfe der so festgelegten Parameter werden für den verbleibenden Zeitraum (Beobachtungsnummern $1635-1820$) Ex-ante-Prognosen erstellt und anhand der oben angeführten Gütekriterien bewertet. Zur Verdeutlichung der Prognoseeigenschaften bei unterschiedlichen Datenstrukturen wird der letzte Abschnitt der Zeitreihe nochmals in drei Zeitspannen unterteilt, für welche die Gütekriterien separat berechnet werden. Dabei enthält das erste Teilstück (Beobachtungsnummern $1635-1685$) einen extrem steilen Hochwasserverlauf, die mittlere Periode (Beobachtungsnummern $1686-1805$) einen ruhigen, wenig außergewöhnlichen Verlauf und der letzte Bereich (Beobachtungsnummern $1806-1820$) einen moderaten Hochwasserverlauf (vgl. Abbildung 9.1).

In Tabelle 9.2 sind die Ergebnisse der Parametersuche für $p = 2, 3, 4$ angegeben. In fast allen Fällen führte die Wahl $p = 3$ zu den besten Ex-ante-Prognosen. Dennoch werden im folgenden die Ergebnisse für die Verlaufslängen 2 und 4 ebenfalls dokumentiert. Die Prognoseeigenschaften der so festgelegten Verfahren sollen nun anhand der Theilkoeffizienten und den Trefferquoten der 1-Schritt-Prognosen verglichen werden (vgl. Tabelle 9.3). Wie erwartet haben Kernschätzer bei diesem Datensatz sehr schlechte Prognoseeigenschaften. In fast allen Fällen schneiden sie schlechter ab als die naive Prognose. Die Theilkoeffizienten der Produktkerne liegen marginal unter denen der Normkerne. Da wegen der relativ großen Bandweite $h^* \in [20, 30]$ im Bereich normaler Wasserführung, zwar sehr viele, möglicherweise aber auch wenig informative Beobachtungen in die Kernschätzer einfließen, bleibt dieser dort ebenso hinter der naiven Prognose zurück, wie bei der Vorhersage der Hochwasserspitzen, wo in der Regel zur Prognose nur der auf den nächsten Nachbarn von x folgende Wert verwendet wird.

Tabelle 9.3: **Wasserführung der Ruhr: Theilkoeffizienten und Trefferquoten (in Klammern) der 1-Schritt-Prognosen von Kern- und NN-Schätzern, varianz- und biasreduzierenden Mischungen sowie ARMA-Modellen.**

Methode	p	Zeiträume für die Ex-ante-Prognosen			
		1635-1820	1635 -1685	1686-1805	1806-1820
Normkern-schätzer	2	1.110 (0.575)	1.046 (0.627)	1.140 (0.592)	1.198 (0.600)
Normkern-schätzer	3	1.043 (0.591)	1.027 (0.549)	1.156 (0.617)	1.168 (0.600)
Normkern-schätzer	4	1.048 (0.570)	1.024 (0.490)	1.118 (0.600)	1.165 (0.467)
Produktkern-schätzer	2	1.053 (0.597)	1.036 (0.608)	1.130 (0.583)	1.158 (0.667)
Produktkern-schätzer	3	1.018 (0.597)	0.996 (0.588)	1.126 (0.608)	1.060 (0.667)
Produktkern-schätzer	4	1.044 (0.570)	1.015 (0.471)	1.120 (0.617)	1.164 (0.400)
NN-Schätzer (Normkern)	2	0.933 (0.607)	0.918 (0.569)	1.343 (0.600)	0.833 (0.800)
NN-Schätzer (Normkern)	3	0.902 (0.575)	0.879 (0.588)	1.373 (0.550)	0.868 (0.733)
NN-Schätzer (Normkern)	4	0.940 (0.602)	0.915 (0.667)	1.330 (0.558)	1.039 (0.733)
NN-Schätzer (Produktkern)	2	0.948 (0.602)	0.936 (0.588)	1.328 (0.575)	0.841 (0.867)
NN-Schätzer (Produktkern)	3	0.924 (0.586)	0.911 (0.647)	1.257 (0.525)	0.832 (0.867)
NN-Schätzer (Produktkern)	4	0.947 (0.575)	0.918 (0.647)	1.331 (0.533)	1.064 (0.667)

Tabelle 9.3 Fortsetzung

Methode	p	Zeiträume für die Ex-ante-Prognosen			
		1635-1820	1635 -1685	1686-1805	1806-1820
$\mu_{n,k}^{(1)}$ (Normkern)	2	0.926 (0.639)	0.911 (0.627)	1.358 (0.592)	0.813 (0.867)
$\mu_{n,k}^{(1)}$ (Normkern)	3	0.894 (0.645)	0.871 (0.667)	1.307 (0.617)	0.860 (0.800)
$\mu_{n,k}^{(1)}$ (Normkern)	4	0.944 (0.640)	0.916 (0.667)	1.311 (0.617)	1.048 (0.733)
$\mu_{n,k}^{(2)}$ (Normkern)	2	0.979 (0.599)	0.982 (0.490)	1.033 (0.558)	0.889 (0.800)
$\mu_{n,k}^{(2)}$ (Normkern)	3	1.000 (0.548)	0.993 (0.549)	1.262 (0.517)	0.912 (0.800)
$\mu_{n,k}^{(2)}$ (Normkern)	4	1.058 (0.570)	1.057 (0.510)	1.118 (0.575)	1.036 (0.733)
ARMA(1,3) opt. AIC	-	0.984 (0.543)	0.885 (0.667)	1.019 (0.467)	0.945 (0.733)
ARMA(1,1) opt. BIC	-	0.901 (0.549)	0.893 (0.627)	1.021 (0.483)	0.928 (0.800)

Bei diesem speziellen Datensatz ist die Verwendung von NN-Verfahren vor allem dann erfolgversprechender, wenn es um die Vorhersage der interessanten Hochwasserspitzen geht. Immerhin werden hier Theilkoeffizienten um 0.9 und Trefferquoten um 0.6 gemessen, welches im Vergleich zu den bisher betrachteten Methoden als Verbesserung zu bewerten ist. Im Gegensatz zu Ergebnissen über Kernschätzer führen hier Produktkerne zu minderer Prognosegüte als Normkerne. Schlecht schneiden die NN-Verfahren insbesondere im Bereich normaler Wasserführung ab. Da hier in der Regel weitaus weniger Beobachtungen als in unmittelbarer Nähe vorhanden eingehen, ist die Varianz des NN-Schätzers unnötig groß, so daß in diesen Bereichen Kernschätzer überlegen sind. Bei normaler Wasserführung ist keines der hier und im folgenden diskutierten Verfahren in der Lage, bessere Vorhersagen als die naive Prognosen zu treffen. Varianzreduzierende Mischungen $\mu_{n,k}^{(1)}$ haben die Eigenschaft, daß sie bei seltenen Verlaufsmuster wie NN-Schätzer und bei häufigen wie Kernschätzer wirken. Als optimal erweist es sich hierbei, h_n und k_n relativ klein auszuwählen (vgl. Tabelle 9.2). Die Verwendung des Schätzers $\mu_{n,k}^{(1)}$ führt — wie in Tabelle 9.3 dokumentiert — zumeist zu leichten Verbesserungen gegenüber den zugehörigen NN-Schätzern.

Der Effekt, daß es im Bereich häufiger Zeitreihenverläufe mitunter zu Verzerrungen durch zu weit entfernt liegende Beobachtungen kommt, kann abgeschwächt werden durch die Wahl einer biasreduzierenden Mischung $\mu_{n,k}^{(2)}$, in welcher per definitionem höchstens k Werte berücksichtigt werden. Tatsächlich kommt es insbesondere für $p = 2$ und teilweise für $p = 3$ zu leichten Verbesserungen durch die Anwendung der biasreduzierenden Mischungen. Insgesamt sind die Resultate aber unbefriedigend, da auch diese Schätzer bei den eigentlich interessanten Hochwasserverläufen nur auf einer Beobachtung beruhen.

Zum Vergleich wurden den Daten ebenfalls zwei ARMA-Modelle angepaßt. Aus der Stichprobenautokorrelationsfunktion und der partiellen Stichprobenautokorrelationsfunktion geht hervor, daß die Zeitreihe entweder einem Trend unterliegt oder aber einen AR-Teil geringer und einen MA-Teil hoher Ordnung besitzt. Da die Daten aber offensichtlich keinem Trend unterliegen (vgl. Abbildung 9.1), wird auf eine Differenzenbildung verzichtet und mit Hilfe der Kriterien AIC und BIC von Akaike (1969, 1977), Schwarz (1978) und Rissanen (1978) eine Auswahl unter den ARMA (p, q)-Modellen, $p = 0, 1, 2$ und $q = 1, 2, \ldots, 20$ getroffen. AIC liefert $p = 1$ und $q = 3$, BIC $p = 1$ und $q = 1$, so daß sich in beiden Fällen eine geringere Ordnung des MA-Teils als durch die Stichprobenautokorrelationsfunktion nahegelegt ergibt. Die Theilkoeffizienten und Trefferquoten von ARMA(1, 1) und ARMA(1, 3) sind ebenfalls in Tabelle 9.3. aufgeführt. Bei den häufigen Normalwasserständen schneiden die parametrischen Modelle noch am günstigsten ab, obwohl auch hier die Theilkoeffizienten größer als Eins sind. In den interessanten Zeitreihenabschnitten 1635-1685 und 1805-1820 jedoch hat sogar das einfache NN-Verfahren ($p = 3, k_n = 10$, Normkern) Vorteile gegenüber den parametrischen Konkurrenten. In seiner Diplomarbeit paßt Schumann (1982) einen ARMA(5, 2)-Prozeß an die ersten Differenzen der Zeitreihe an, ohne bessere Ergebnisse zu erzielen.

Obschon die obigen Ergebnisse eine Verbesserung der Resultate aus Michels und Heiler (1989) darstellen, ist es bisher nicht gelungen, die zugegebenermaßen schwierig zu modellierende Zeitreihe zur Wasserführung der Ruhr befriedigend zu prognostizieren. Im nächsten Abschnitt wird untersucht, inwiefern die im ersten Teil der Arbeit vorgeschlagenen Modifikationen zu höherer Prognosegüte führen.

Tabelle 9.4: Wasserführung der Ruhr: Theilkoeffizienten und Trefferquoten (in Klammern) der 1-Schritt-Prognosen von gewöhnlichen Kern- und NN-Schätzern, sowie von deren Varianten mit asymmetrischer Kernfunktion, Epanechnikow-Kern, p=3.

Verfahren	Meth. Nr.	Zeiträume für die Ex-ante-Prognosen			
		1635-1820	1635 -1685	1686-1805	1806-1820
Kern- schätzer	0	1.018 (0.597)	0.996 (0.588)	1.126 (0.608)	1.060 (0.667)
	1	1.021 (0.452)	1.004 (0.431)	1.179 (0.408)	1.097 (0.600)
	2	1.031 (0.376)	1.008 (0.294)	1.128 (0.425)	1.312 (0.533)
	3	0.992 (0.523)	0.978 (0.490)	1.007 (0.542)	1.083 (0.600)
NN- Schätzer	0	0.924 (0.586)	0.911 (0.647)	1.258 (0.525)	0.832 (0.667)
	1	0.891 (0.575)	0.867 (0.627)	1.256 (0.542)	0.972 (0.667)
	2	0.909 (0.527)	0.877 (0.588)	1.353 (0.475)	1.026 (0.733)
	3	0.903 (0.538)	0.874 (0.627)	1.414 (0.458)	0.917 (0.867)

9.4 Modifizierte Kern- und NN-Schätzer

a) Asymmetrische Kerne

Zunächst soll die Möglichkeit zur Biasreduktion mit Hilfe asymmetrischer Kernfunktionen am Datensatz zur Wasserführung der Ruhr demonstriert werden. Dazu sind in Tabelle 9.4 Theilkoeffizienten und Trefferquoten für symmetrische Produktkerne (Methode Nr. 0), und für die drei in Kapitel 5.1 vorgeschlagenen Typen asymmetrischer Produktkerne für Verläufe der Länge $p = 3$ angegeben. Dabei entspricht Methode Nr. 1, 2 bzw. 3 der Verwendung der Nebenbedingung (5.13), (5.29) bzw. (5.36) zur Festlegung des Koeffizienten λ_1, der die Schiefe der Kernfunktion beeinflußt. Die Bandweiten und Anzahlen der nächsten Nachbarn entsprechen den in Tabelle 9.2 angegebenen.

Die schlechten Prognoseeigenschaften der Kernschätzer können auch durch die Verwendung asymmetrischer Kerne nicht wesentlich verbessert werden. In Bereichen, wo f_n^K den Wert Null annimmt, hängt der verwendete Schätzer $\mu_{n,k}^{(1)}$ lediglich von einer einzigen Beobachtung ab, so daß dort kein Unterschied zwischen den Methoden 0,1,2 und 3 besteht. Immerhin führt die Verwendung der dritten Methode allgemein zu leichten Verbesserungen, wohingegen von der Methode Nr. 2 hier gänzlich abzuraten ist.

NN-Schätzer mit schiefen Kernen weisen meist bessere Eigenschaften auf als solche mit symmetrischer Kernfuktion. Insbesondere die Methoden 1 und 3 versprechen geringere Theilkoeffizienten. Dies gilt jedoch nicht für die letzte Periode mit den Beobachtungsnummern 1806-1820, bei welcher schon der gewöhnliche NN-Schätzer einen relativ geringen Theilkoeffizient von 0.832 aufweist. Insgesamt erscheint die Verwendung asymmetrischer Kernfunktionen (insbesondere nach den Methoden 1 und 3), aber durchaus dazu geeignet zu sein, die Güte von Prognosen leicht zu verbessern. Da diese Modifikation keine zusätzlichen Anforderungen an das Modell stellt, sollte sie im Prinzip stets in Betracht gezogen werden.

b) Jackknifing

Die Herleitung der in Kapitel 8 beschriebenen Jackknifing-Technik setzt symmetrische Kerne voraus und ist prinzipiell nur auf gewöhnliche Kern- und NN-Schätzer anwendbar. Da Kernschätzer sich zur Prognose der Wasserführung der Ruhr nur wenig eignen, werden hierfür lediglich Jackknife-NN-Schätzer verwendet. Zunächst werden die Parameter ρ und k_n simultan mit Hilfe von Ex-ante-Prognosen festgelegt und anschließend die in Tabelle 9.5 aufgeführten Gütekriterien berechnet.

Ein Vergleich der Gütemeßzahlen in dieser Tabelle mit denen der nicht modifizierten NN-Verfahren (mit Normkern) in Tabelle 9.3 liefert die folgenden Ergebnisse: Insgesamt erhält man durch Jackknifing leicht verbesserte Theilkoeffizienten. Dies gilt jedoch nicht für die Prognosen im mittleren Bereich normaler Wasserführung, in welchem sowieso nur sehr schlechte Vorhersagen möglich sind und für die Prognosen der Beobachtungen Nr. 1806-1820. Die deutlichste Reduktion des mittleren quadratischen Fehlers im ersten Hochwasserbereich ist für die Verlaufslänge $p = 4$ zu verzeichnen.

c) Einbeziehen entfernter ähnlicher Verläufe

Diese in Kapitel 4 hergeleitete Methode erfordert einen die untersuchte Zeitreihe erzeugenden Prozeß, welcher zumindest approximativ der Beziehung (4.2) genügt und ist somit nur auf bestimmte Zeitreihen anwend-

Tabelle 9.5: Wasserführung der Ruhr: Theilkoeffizienten und Trefferquoten (in Klammern) des Jackknife-NN-Schätzers (Epanechnikow-Normkern).

Methode	p	Zeiträume für Ex-ante-Prognosen			
		1635-1820	1635-1685	1686-1805	1806-1820
$NN, k_n = 40$	2	0.981	0.860	1.452	0.882
$\rho = 0.4$		(0.586)	(0.549)	(0.575)	(0.800)
$NN, k_n = 60$	3	0.889	0.856	1.376	0.973
$\rho = 0.6$		(0.565)	(0.627)	(0.508)	(0.800)
$NN, k_n = 80$	4	0.861	0.803	1.549	1.075
$\rho = 0.2$		(0.597)	(0.608)	(0.558)	(0.867)

bar. Zur Modellierung der Wasserführung von Flüssen erscheint der Ansatz aber vielversprechend, wie im folgenden durch Ex-ante-Prognosen belegt werden soll. Zum einen wird das Verfahren ohne Straffunktionen angewandt, wobei für den Parameter θ_1 jedoch die Restriktion $a \leq \theta_1 \leq 1/a$, $0 < a < 1$ gelten möge; zum anderen werden Straffunktion der Art $S(\theta_0, \theta_1) = \alpha\theta_0^2 + \beta(\theta_1 - \frac{1}{\theta_1})^2$ zur Reduktion des Gewichtes allzu "ferner" Verläufe verwendet. Wegen des Versagens der üblichen Kernschätzer werden die Parameter a und k_n bzw. α, β und k_n mit Hilfe von Theilkoeffizienten aus Ex-ante-Prognosen nur für NN-Schätzer (mit Normkernen) festgelegt. Zur Verringerung des Rechenaufwandes werden für die Verfahren mit Straffunktion die Festlegungen der Anzahlen k_n der nächsten Nachbarn von den Techniken ohne Straffunktion einfach übernommen. Die Prognoseeigenschaften der daraus resultierenden Schätzer sind aus Tabelle 9.6 zu ersehen. Man beachte, daß diese Verfahren erst ab $p \geq 3$ sinnvoll sind.

Das Einbeziehen entfernter ähnlicher Verläufe bringt — wie aus einem Vergleich der Tabelle 9.6 mit den vorherigen 9.3 - 9.5 ersichtlich wird — die mit Abstand besten Resultate. Die Theilkoeffizienten des modifizierten NN-Schätzer auf der Basis vierdimensionaler Zeitreihenverläufe unterschreiten in allen interessanten Bereichen diejenigen aller anderen NN-Verfahren, die auf das Einbeziehen entfernter Verläufe verzichten. Nur in den Bereich normaler Wasserführung liegen für die Kernschätzer und die verwandten biasreduzierenden Mischungen vereinzelt geringere Theilkoeffizienten vor.

Auch die Wahl der Verlaufslängen $p = 3$ und $p = 5$ führt zu Schätzern, die in allen Bereichen zu den besten der hier untersuchten gehören. Ein Theilkoeffizient von 0.767, der für $p = 4$ im Zeitraum 1635-1685 gemessen

Abbildung 9.5: Wasserführung der Ruhr: Fehler-vs.-θ_0-Plot für die Beobachtungen 1096 bis 1695.

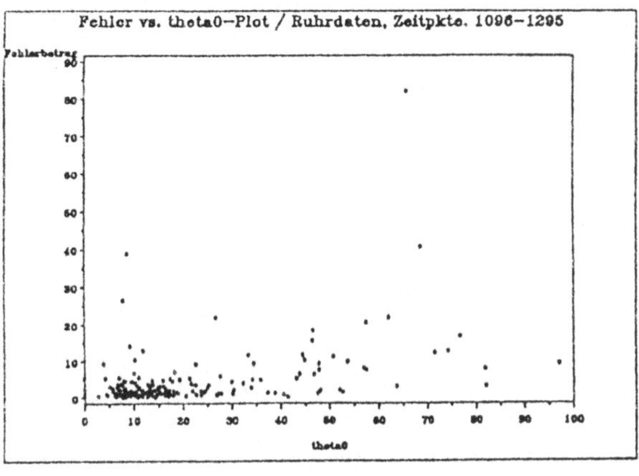
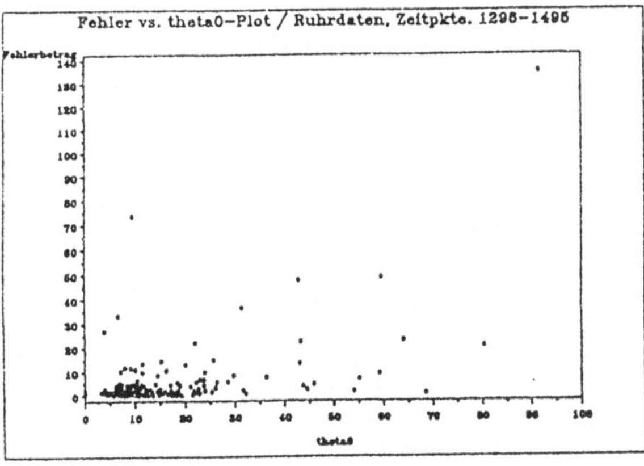
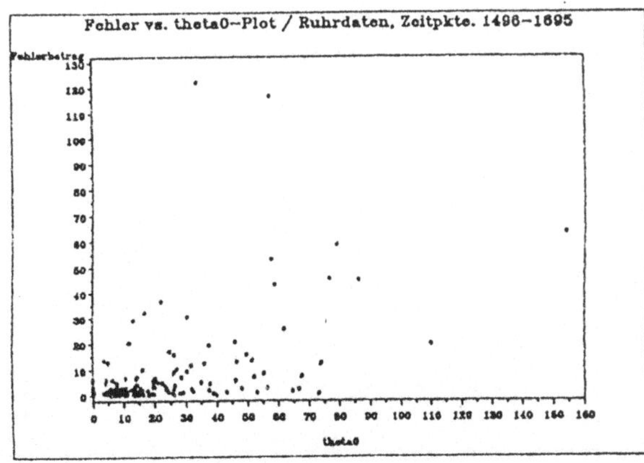

Abbildung 9.6: Wasserführung der Ruhr: Fehler-vs.-θ_1-Plot für die Beobachtungen 1096 bis 1695.

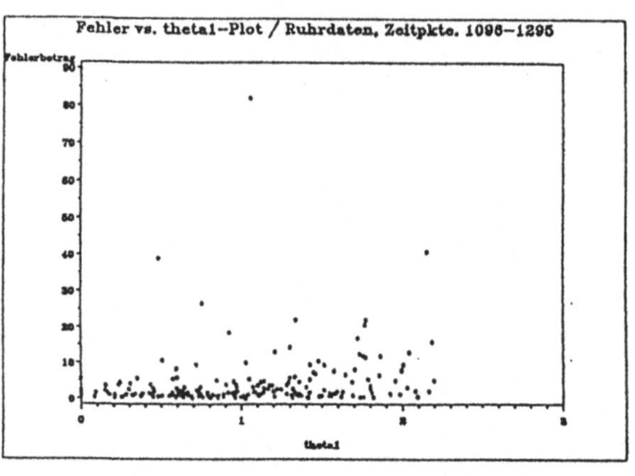

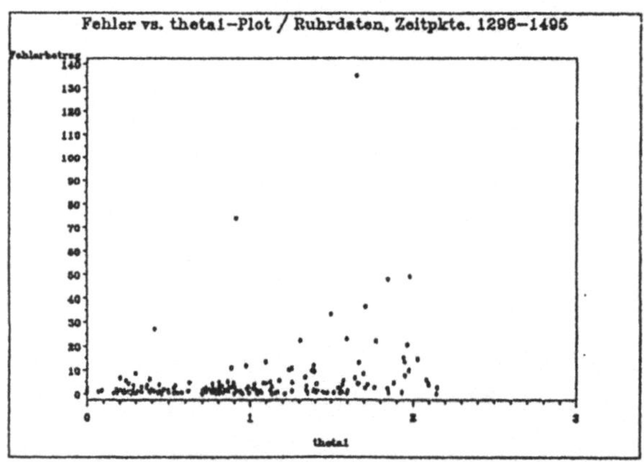

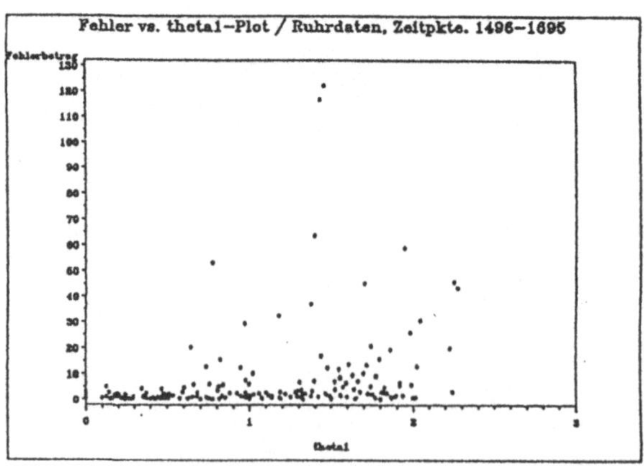

Tabelle 9.6: Wasserführung der Ruhr: Theilkoeff. und Trefferquoten (in Klammern) der Verfahren, die entfernte Verläufe einbeziehen.

Methode	p	Zeiträume			
		1635-1820	1635-1685	1686-1805	1806-1820
NN, a=0.2 $k_n = 20$	3	0.815 (0.546)	0.783 (0.667)	1.301 (0.471)	0.874 (0.714)
NN, a=0.2 $k_n = 20$	4	0.787 (0.591)	0.767 (0.627)	1.128 (0.558)	0.826 (0.733)
NN, a=0.2 $k_n = 20$	5	0.893 (0.548)	0.893 (0.627)	1.063 (0.483)	0.773 (0.800)
NN, $\alpha =1.0$ $\beta = 3.5, k_n = 20$	3	0.783 (0.602)	0.766 (0.647)	1.154 (0.550)	0.748 (0.867)
NN, $\alpha =0.5$ $\beta = 0.5, k_n = 20$	4	0.804 (0.565)	0.777 (0.706)	1.122 (0.492)	0.942 (0.667)

wird, bedeutet, daß der mittlere quadratische Fehler dieses Verfahrens nur 58.8% desjenigen der naiven Prognose beträgt. Den Effekt der Entfernung eines Verlaufes vom letzten Verlauf auf die Güte der Prognose des nachfolgenden Wertes soll anhand von Fehler-vs.-θ-Plots (Abbildung 9.5 und 9.6) dargestellt werden (Vergleiche dazu die Vorschläge im vierten Kapitel). Die abgebildeten Plots haben allerdings kaum Ähnlichkeit mit den Mustern in Abbildung 4.4. Sie deuten nicht auf ein generelles Ansteigen des Prognosefehlers mit wachsendem Betrag von $|\theta_k - k|$, $k = 0, 1$, hin. Dennoch sollen hier auch Verfahren angewandt werden, bei denen zu große Entfernungen $|\theta_k - k|$ — wie in Kapitel 4.2 vorgeschlagen — bestraft werden. Bei Verwendung des mittleren quadratischen Fehlers der 1-Schritt-Ex-ante-Prognosen führt $\alpha = 1.0$, $\beta = 3.5$ im Falle $p = 3$ und $\alpha = \beta = 0.5$ im Falle $p = 4$ zu den besten Prognosen im Bereich 1096-1634, wobei $k_n = 20$ von den Verfahren ohne Straffunktion übernommen worden ist. Dabei erweisen sich die Zielfunktionen im allgemeinen als sehr flach, so daß im Prinzip auch andere Werte für α und β sinnvoll sein könnten. Für $p = 3$ ergibt sich noch einmal eine wesentliche Verbesserung durch die Verwendung der zugegebenermaßen rechenaufwendigen Verfahren mit Straffunktion, wohingegen es bei einem Gedächtnis der Länge 4 eher zu Verschlechterungen kommt. Erwähnenswert erscheint in diesem Zusammenhang die Tatsache, daß auch bei der Modellsuche (Beobachtungsnummern 1096-1634) 20-NN-Verfahren mit $p = 4$ ohne Straffunktion und $p = 3$ mit Straffunktion als beste unter allen anderen ausgewiesen wurden.

Tabelle 9.7: **Wasserführung der Ruhr: Theilkoeffizienten der 1- bis 7-Schritt-Prognosen ausgewählter Verfahren (Beob.-Nr. 1635-1820).**

Prog.hor.	Methode			
	ARMA (1,3)	10-NN, p=3	mod.20-NN,p=4 o. Straffkt.	mod.20-NN,p=3 mit Straffkt.
1	0.984	0.902	0.787	0.783
2	0.906	0.861	0.843	0.844
3	0.866	0.855	0.890	0.836
4	0.871	0.860	0.930	0.880
5	0.859	0.862	0.933	0.920
6	0.850	0.867	0.891	0.917
7	0.845	0.875	0.840	0.833

Zur Veranschaulichung der Prognoseeigenschaften werden exemplarisch die 1-Schritt-Prognosen des 10-NN-Schätzers mit $p = 3$, des modifizierten 20-NN-Schätzers mit $p = 4$ und des modifizierten 20-NN-Schätzers mit Straffunktion ($p = 3$) sowie des ARMA$(1,3)$-Ansatzes für die beiden interessanten Zeitspannen (1635-1685 und 1805-1820) geplottet (vgl. Abbildung 9.7).

Zunächst fällt auf, daß die parametrischen ARMA-Prognosen nahezu exakt der um einen Tag verzögerten Zeitreihe entsprechen und insofern nur unzureichend die Dynamik des Prozesses erklären. Dies gilt nicht in diesem Ausmaß für den 10-NN-Schätzer. Zwar kann dieses Verfahren natürlich auch nicht den Beginn einer Hochwasserperiode vorhersagen, wenn der letzte bekannte Verlauf nur niedrige Werte enthält; jedoch erfaßt es die Entwicklung besser, wenn der letzte bekannte Zeitreihenwert von den "normalen" Daten abweicht. Ein wesentlicher Nachteil des NN-Schätzers liegt in der deutlichen Unterschätzung der Hochwasserspitze bei Beobachtungsnummer 1665. Da es in der Vergangenheit der Zeitreihe keine 10 Werte ähnlich hoher Wasserführung gibt, ist diese Unterschätzung durchaus typisch für den NN-Schätzer. Die modifizierten Verfahren, die möglicherweise fernere Verläufe als Prognosegrundlage wählen und die nachfolgenden Werte entsprechend transformieren, liefern erheblich bessere Prognosen für diesen Spitzenwert. Das günstige Abschneiden der modifizierten NN-Schätzer wird etwas relativiert, wenn man Prognosen über merhere Tage betrachtet. Tabelle 9.7 enthält die Theilkoeffizienten der 1- bis 7-Schritt-Prognosen der

Abbildung 9.7: Wasserführung der Ruhr: 1-Schritt-Prognosen für die Beobachtungen mit Nummern 1635-1685 und 1805-1820, (Epanechnikow-Normkern).

a) 10-NN-Schätzer, $p = 3$

b) Modifizierter 20-NN-Schätzer ohne Straffunktion, $p = 4$

c) Modifizierter 20-NN-Schätzer mit additiver Straffunktion, $p = 4\ \alpha = 1.0,\ \beta = 3.5$.

d) ARMA(1,3)-Modell

a)

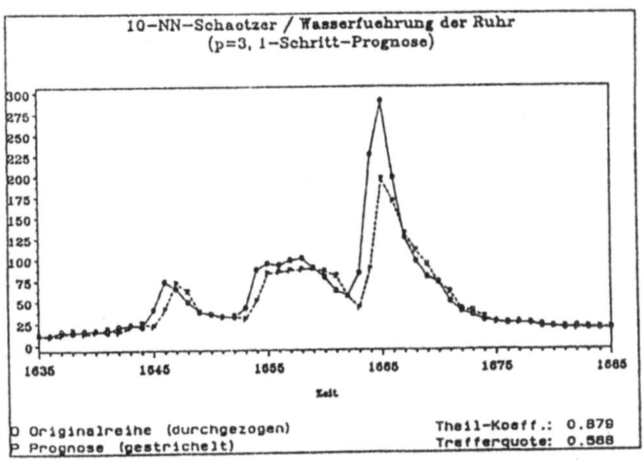

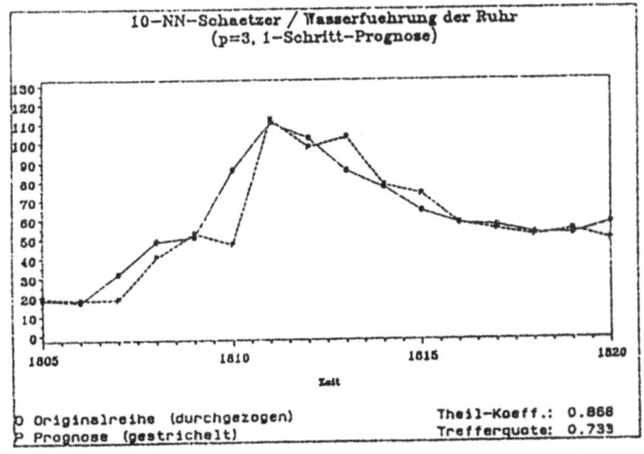

Abbildung 9.7 Fortsetzung

b)

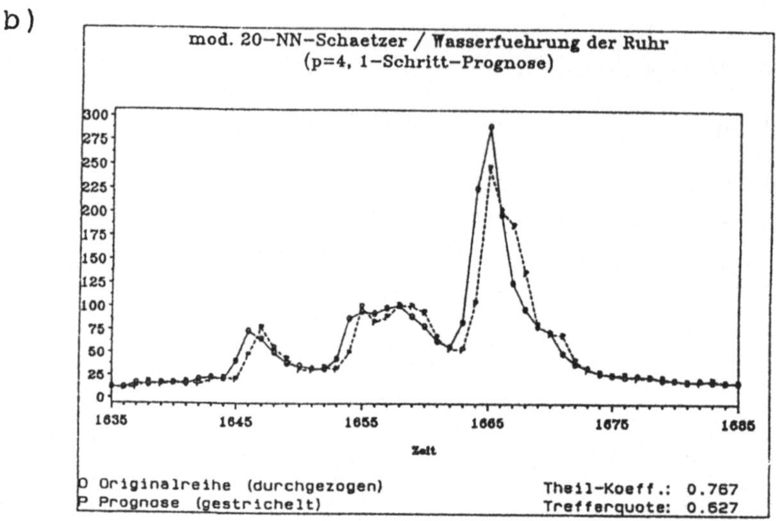

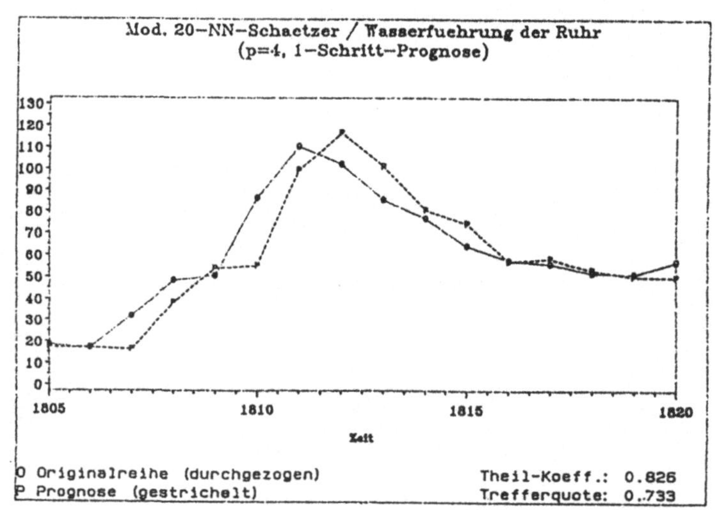

Abbildung 9.7 Fortsetzung

c)

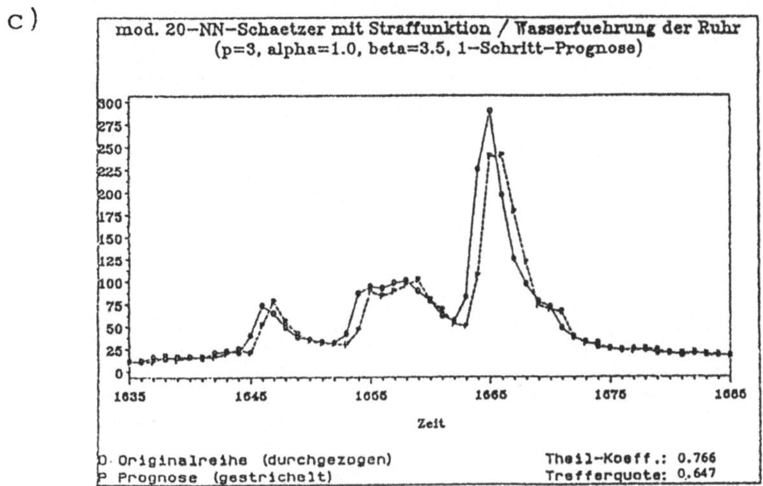

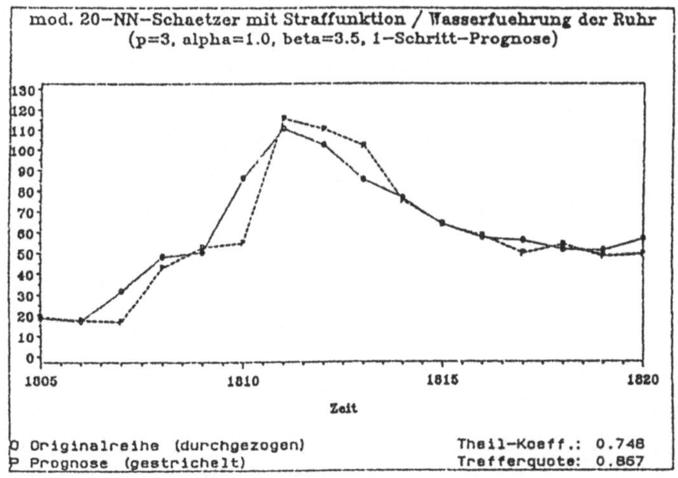

Abbildung 9.7 Fortsetzung

d)

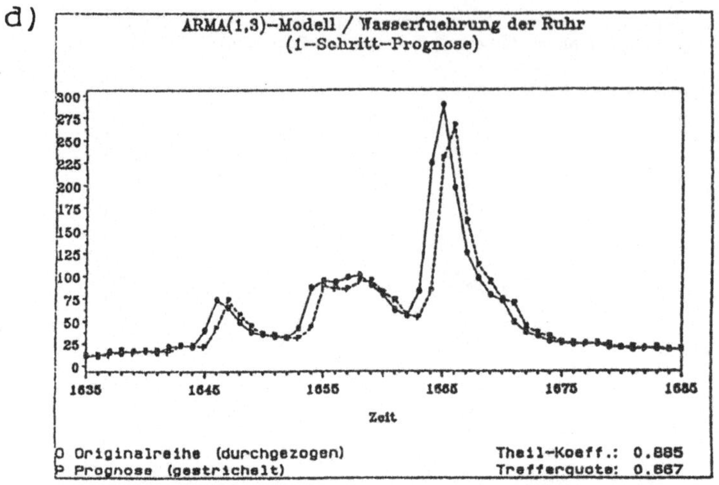

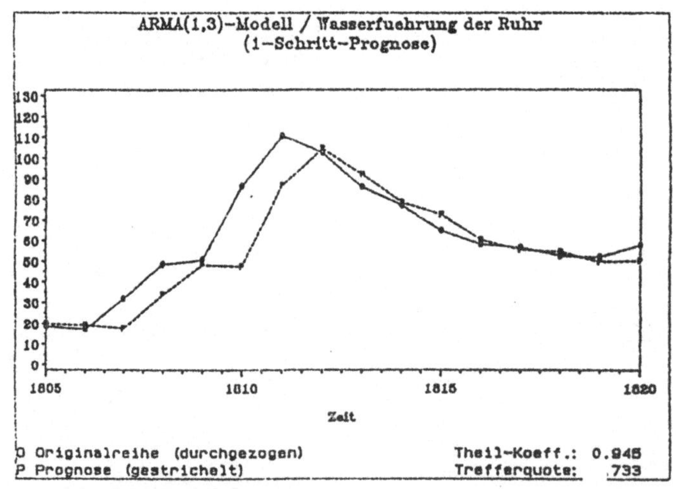

oben ausgewählten Verfahren für die gesamte Zeitspanne 1635-1820.

Während die 1-Schritt-Prognosen des ARMA$(1,3)$- und des 10-NN-Verfahrens die höchste Theilkoeffizienten aufweisen, wachsen diese bei den modifizierten Verfahren mit zunehmendem Prognosehorizont. Die Begründung dafür liefert die bei den modifizierten Verfahren implizit getroffene Annahme (4.2), deren Gültigkeit mit wachsendem Prognosehorizont immer fragwürdiger wird. Allerdings interessiert beim vorliegenden Datensatz der unmittelbare Fortgang der Wasserführung am meisten, so daß hier das Hauptaugenmerk auf die Güte der 1-Schritt-Prognosen durchaus begründet ist.

d) Twicing

In Abbildung 9.8 sind die Residuen der 1-Schritt-Prognosen des 10-NN-Schätzers und des modifizierten 20-NN-Schätzers ($p = 4$) ohne Straffunktion dargestellt. Für die Daten des Hochwasserzeitraumes 1635-1685 scheint der Residualprozeß durchaus noch Restdynamik zu beinhalten. Dies gilt insbesondere in der Nähe von lokalen Maxima der Zeitreihe. Da aber gerade hier das Interesse an guten Prognosen besonders groß ist, sollte versucht werden, weitere Informationen aus dem Restprozess zu extrahieren. Um die Anpassung zu verbessern, könnte die in Kapitel 8 beschriebene Twicing-Technik angewandt werden. Gütedaten der dazu durchgeführten Verfahren enthält Tabelle 9.8.

Ein Vergleich der Tabelle 9.8 mit Tabelle 9.3 liefert die folgenden Ergebnisse. Bei den betrachteten Verlaufslängen führt Twicing des gewöhnlichen NN-Schätzers zu spürbaren Verbesserungen im ersten (und zu Verschlechterungen im zweiten und im dritten) Bereich des Ex-ante-Prognose-Zeitraumes Dies resultiert aus der Tatsache, daß gerade um das absolute Maximum noch Restdynamik in den Residuen vorhanden ist. Twicing kann aber durchaus zu Verschlechterungen der Prognosen führen, wenn der Residualprozeß keine deutlichen Abhängigkeitsstrukturen mehr aufweist, wie es offenbar im zweiten und dritten Bereich des Prognosezeitraumes der Fall ist. Nun ist das gewöhnliche Twicing, welches dem Residualprozess die gleichen Bandweiten, Anzahlen der nächsten Nachbarn und Verlaufslängen wie dem unsprünglichen Prozeß zugrunde legt, hier nicht unbedingt plausibel. Da das Festlegen einer neuen Anzahl von nächsten Nachbarn über Ex-ante-Prognosen der Residuen recht aufwendig ist, wird hier im Falle $p = 3$ die NN-Anzahl $k_n = 10$ vom Originalprozeß einfach auf den Residualprozeß übertragen, probeweise aber auch die Verlaufslängen 2 und 1 auf die Reste angewandt. Insgesamt erbringt letzteres aber keine Verbesserung der Re-

Abbildung 9.8: Wasserführung der Ruhr: Residuen der 1-Schritt-Prognosen für die Beobachtungen mit Nummern 1635-1820, (Epanechnikow-Normkern).

a) 10-NN-Schätzer, $p = 3$

b) Modifizierter 20-NN-Schätzer ohne Straffunktion, $p = 4$

a)

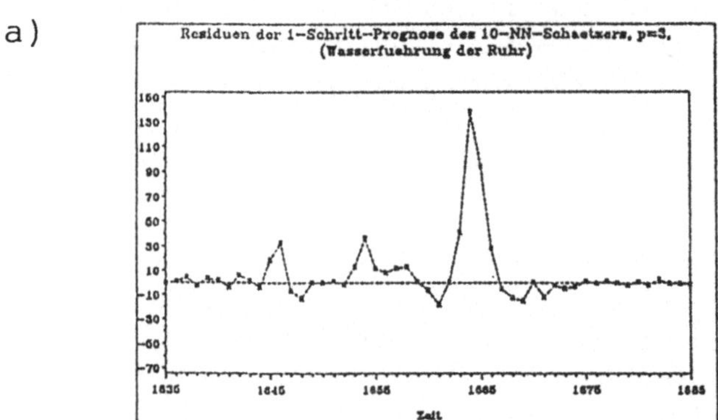

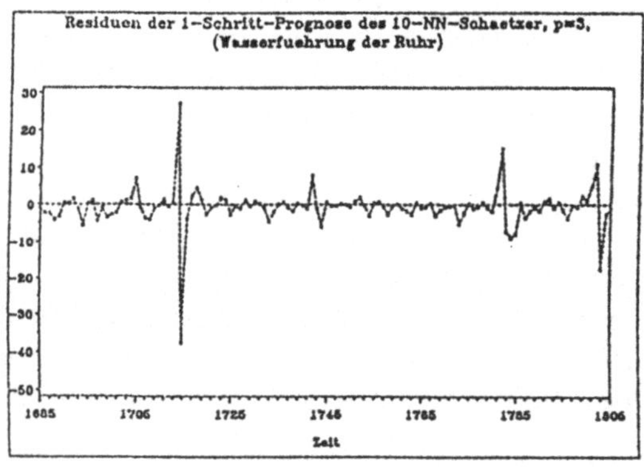

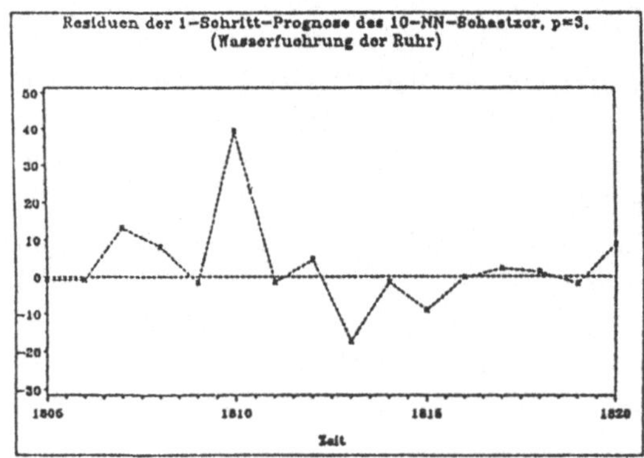

Abbildung 9.8 Fortsetzung

b)

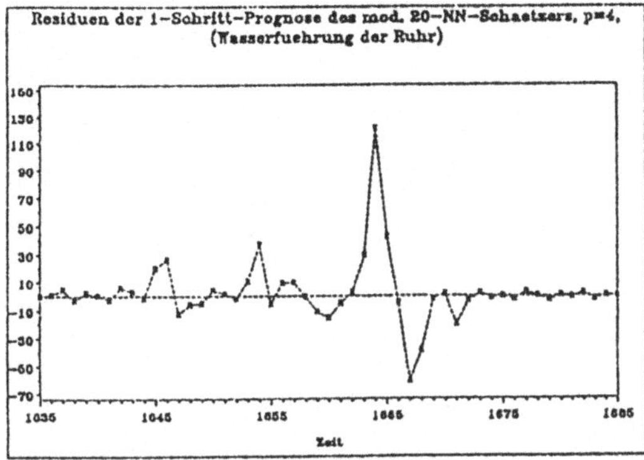

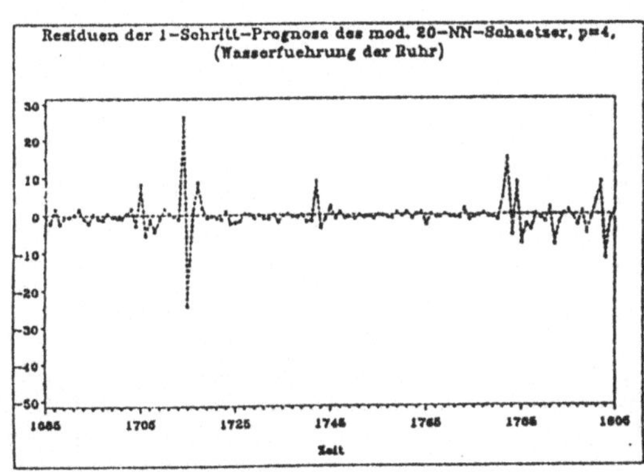

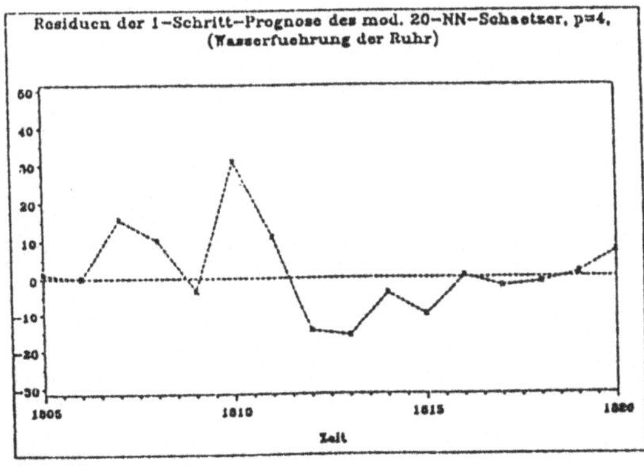

Abbildung 9.9: Wasserführung der Ruhr: Residuen der 1-Schritt-Prognosen für die Beobachtungen mit Nummern 1635-1685, (Epanechnikow-Normkern).

a) Res. des 10-NN-Median-Schätzer $(p = 3)$

b) Res. des 10-NN-Median-Schätzer $(p = 3)$ nach Twicing mit $p = 3$

c) Res. des 10-NN-Median-Schätzer $(p = 3)$ nach Twicing mit $p = 2$

a)

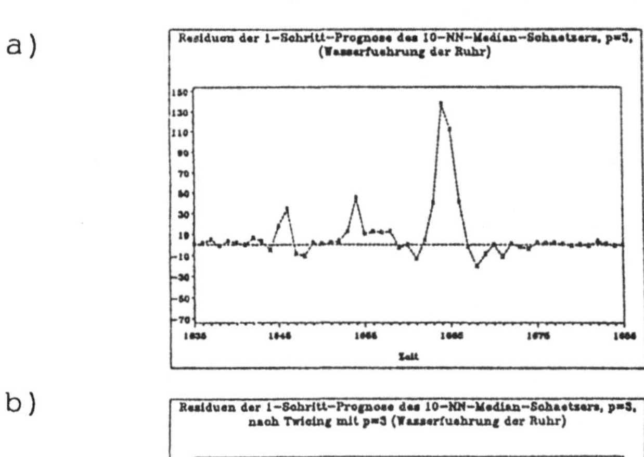

b)

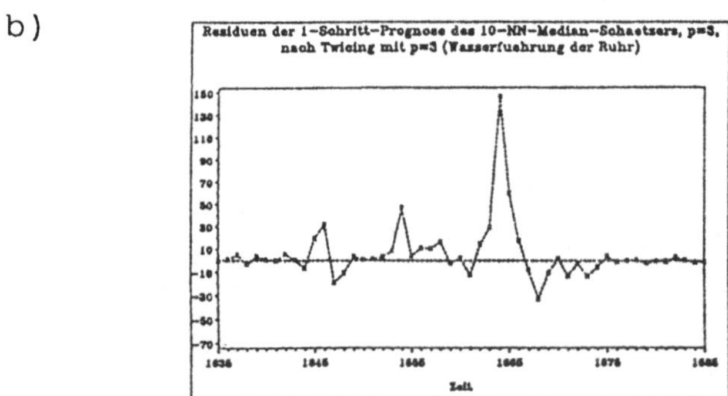

c)

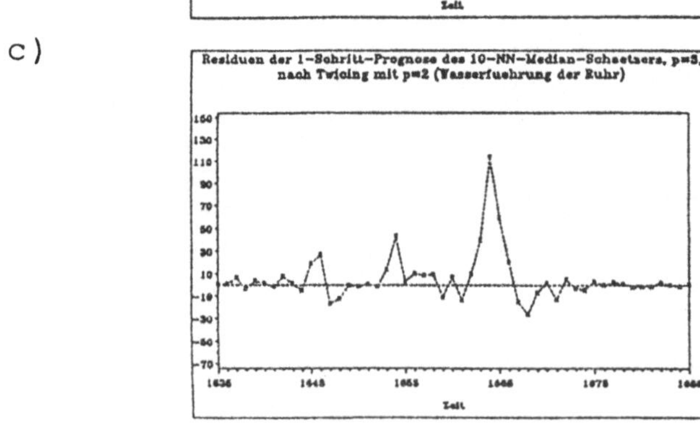

Tabelle 9.8: Wasserfürung der Ruhr: Theilkoeffizienten und Trefferquoten (in Klammern) der 1-Schritt-Prognosen nach Twicing. (Epanechnikow-Normkern)

Methode	p	p nach Tw.	Zeiträume für die Ex-ante-Prognosen			
			1635-1820	1635-1685	1686-1805	1806-1820
15-NN	2	2	0.871 (0.554)	0.819 (0.569)	1.669 (0.525)	0.896 (0.800)
10-NN	3	3	0.840 (0.548)	0.773 (0.686)	1.751 (0.475)	0.910 (0.667)
10-NN	4	4	0.879 (0.538)	0.820 (0.706)	1.642 (0.442)	1.026 (0.733)
10-NN	3	2	0.848 (0.565)	0.769 (0.647)	1.588 (0.508)	1.228 (0.733)
10-NN	3	1	0.885 (0.554)	0.820 (0.510)	1.732 (0.558)	1.018 (0.667)
15-NN-Med. ohne Tw.	2	-	0.978 (0.618)	0.973 (0.627)	1.159 (0.592)	0.921 (0.800)
10-NN-Med. ohne Tw.	3	-	0.952 (0.624)	0.943 (0.647)	1.163 (0.600)	0.938 (0.733)
10-NN-Med. ohne Tw.	4	-	0.966 (0.607)	0.953 (0.608)	1.150 (0.592)	1.103 (0.733)
10-NN-Med.	3	3	0.878 (0.629)	0.850 (0.647)	1.345 (0.600)	0.906 (0.800)
10-NN-Med.	3	2	0.757 (0.640)	0.731 (0.686)	1.109 (0.600)	0.862 (0.800)
10-NN-Med.	3	1	0.866 (0.586)	0.808 (0.647)	1.439 (0.525)	0.859 (0.600)
mod. 20-NN (Tw. mit mod. 20-NN)	3	3	1.007 (0.543)	0.969 (0.529)	1.576 (0.533)	1.104 (0.667)
mod. 20-NN (Tw. mit 20-NN)	3	3	0.815 (0.559)	0.766 (0.627)	1.533 (0.525)	0.875 (0.600)
mod. 20-NN (Tw. mit mod. 20-NN	4	4	0.858 (0.618)	0.829 (0.647)	1.322 (0.600)	0.916 (0.667)
mod. 20-NN (Tw. mit 20-NN)	4	4	0.768 (0.591)	0.731 (0.667)	1.204 (0.558)	0.937 (0.600)

sultate, wie in Tabelle 9.8 ausgewiesen ist.

Die Twicing-Technik verspricht, vor allem dort sinnvoll zu sein, wo weniger sensible resistente Methoden verwendet werden, die etwa auf Mediane anstelle von Mitteln zurückgreifen (vgl. Kapitel 7). Dazu sind die in Tabelle 9.8 angegebenen Medianschätzer berechnet worden. Tatsächlich ergeben sich insbesondere bei Hochwasserführung wiederum spürbare Verbesserungen. Insbesondere die Wahl $p = 3$ bei der Originalreihe und $p = 2$ bei der Restereihe bringt recht ansprechende Resultate. Für die Hochwasserperiode sind daher die Residuen des Medianschätzers für $p = 3$ ohne Twicing, für $p = 3$ und anschließendem Twicing mit $p = 3$ bzw. mit $p = 2$ in Abbildung 9.9 dargestellt. Twicing mit $p = 2$ erbringt bezüglich der Vorhersage des Spitzenverlaufes bemerkenswerte Verbesserungen.

Benutzt man die Twicing-Technik im Zusammenhang mit Verfahren, die "entfernte" ähnliche Verläufe einbeziehen, so sollte man bedenken, daß diese Modifikation in aller Regel für den Residualprozeß wenig geeignet erscheint. Berücksichtigt man auch entfernte Verläufe beim Twicing, so führt dies zu einer Verschlechterung der Prognosen in allen Bereichen, wie ein Vergleich der Tabellen 9.6 und 9.8 offenlegt. Die Anwendung gewöhnlicher NN-Verfahren nach Twicing bringt jedoch nochmals eine leichte Verbesserung der Vorhersage des Spitzenverlaufes gegenüber den einstufigen modifizierten Verfahren.

Mit Hilfe der Twicing-Technik lassen sich vor allem dann Verbesserungen der Prognosen erreichen, wenn der Residualprozeß noch deutliche Strukturen enthält. Günstig wirkt sich Twicing aus, wenn die Prognosen die Zeitreihe für längere Zeiträume unter- oder überschätzen. Dagegen haben häufige Vorzeichenwechsel der Residuen einen eher ungünstigen Einfluß auf die Vorhersagen. Die Schwierigkeit in der Beurteilung dieses Verfahrens besteht aber darin, daß man ex ante nicht weiß, wie sich der Residualprozeß entwickeln wird. Die recht abwechslungsreichen Residualstrukturen der hier betrachteten Daten und Verfahren erschweren eine Entscheidung für oder gegen Twicing. Lediglich bei resistenten Verfahren ist die Anwendung der Twicing-Technik zu empfehlen.

e) Robuste Verfahren

Wie aus der Kerndichteschätzung (vgl. Abbildung 9.3) für die Verläufe gewöhnlicher Wasserführung ersichtlich, ist die Normalverteilungsannahme für diese Werte durchaus plausibel. Dies gilt nicht für die Hochwasserspitzen, die sicherlich von einer platykurtischen Verteilung stammen. Dennoch

Tabelle 9.9: Theilkoeffizienten, Trefferquoten und mittlerer absoluter Prognosefehler der 1-Schritt-Prognosen robuster NN-Schätzungen. ($p = 3$, Epanechnikow-Normkerne, $k_n = 10$)

Methode	Klasse	Zeiträume für die Ex-ante-Prognosen			
		1635-1820	1635-1685	1686-1805	1806-1820
Mittel		0.902	0.868	1.383	0.880
		0.575	0.588	0.550	0.733
		5.533	11.555	2.704	7.936
Huber	M	0.914	0.897	1.280	0.891
$k = 1.5$		0.618	0.627	0.592	0.733
		5.273	11.748	2.134	8.336
Hampel $a =$	M	0.964	0.953	1.252	0.912
1.5, $b =$		0.640	0.627	0.628	0.800
3, $c = 5$		5.448	12.403	2.063	8.713
Biweight	M	0.917	0.900	1.277	0.891
$r^2 = 9$		0.618	0.627	0.592	0.800
		5.327	11.844	2.140	8.744
Andrews	M	0.934	0.920	1.266	0.902
$a = 2.1\pi$		0.618	0.607	0.600	0.800
		5.346	11.982	2.101	8.740
Median	L	0.952	0.943	1.163	0.938
		0.624	0.647	0.600	0.733
		5.345	12.278	1.954	8.898
Gastwirth	L	0.943	0.933	1.191	0.922
		0.640	0.686	0.600	0.800
		5.304	12.043	2.024	8.634
Trimean	L	0.943	0.932	1.197	0.931
		0.634	0.667	0.508	0.733
		5.266	12.012	1.979	8.633
0.1-getr.	L	0.891	0.872	1.322	0.824
Mittel		0.629	0.667	0.591	0.800
		5.244	11.468	2.373	7.052
Vorzeichen	R	0.905	0.888	1.223	0.934
Test-Scores		0.613	0.686	0.570	0.733
		5.345	11.821	2.104	9.113
Wilcoxon-	R	0.884	0.861	1.320	0.879
Scores		0.608	0.627	0.567	0.867
		5.273	11.452	2.217	8.017
Normal	R	0.891	0.871	1.333	0.851
scores		0.608	0.647	0.558	0.867
		5.211	11.443	2.268	7.564

scheint hier das Mittel μ_n^{NN} ein geeigneter Schätzer zu sein, da das Gewicht der Spitzenwerte in der Schätzung nicht reduziert werden sollte. Daher mag die Tatsache erstaunen, daß auch die robusten Verfahren den gewöhnlichen Schätzungen kaum nachstehen. Für die in Kapitel 7 behandelten robusten NN-Schätzer sind die Ergebnisse in Tabelle 9.9 abgelegt. Um einen besseren Vergleich zu ermöglichen, wurde die Anzahl $k_n = 10$ von den gewöhnlichen Verfahren übernommen.

Die Mehrzahl der robusten Verfahren schneiden nicht wesentlich schlechter ab als der gewöhnliche NN-Schätzer. Im mittleren Bereich "normaler" Wasserführung sind vor allem Median, Trimean und Gastwirth-Schätzer dem Mittel gar überlegen, obwohl auch sie schlechter als die naive Prognose vorhersagen. Diese Überlegenheit erklärt sich folgendermaßen. Die Spitzenwerte, die aus einer anderen Verteilung stammen könnten, haben negative Auswirkungen auf die Prognose im Niedrigwasserbereich. Die Reduktion ihres Einflusses führt zu Verbesserungen in der Vorhersage. Ein besonderes Augenmerk gilt den R-Schätzern. Ihre Berechnung erscheint zwar auf den ersten Blick etwas komplexer, jedoch ist die aufwendige Bestimmung geeigneter Tuning-Konstanten hier nicht erforderlich. Insbesondere die Verwendung der Wilcoxon-Scores führt zu vergleichsweise günstigen Prognoseeigenschaften.

Zur Bewertung der Güte mit Hilfe der Trefferquoten sollte man allgemein beachten, daß die Trefferquoten über den gesamten Zeitraum 1635-1820 sehr von den 120 Messungen normaler Wasserführung abhängen, deren Veränderungsrichtung allenfalls zufällig richtig prognostiziert wird. Daher sind im wesentlichen die Trefferquoten in den Hochwasserbereichen 1635-1685 und 1806-1920 von Interesse. Im Bereich der Beobachtungsnummern 1635-1685 (bzw. 1806-1820) liegen die Trefferquoten der NN-Schätzer sowie die damit verwandten varianzreduzierenden Mischungen zwischen 54.9% und 66.79% (bzw. zwischen 66.7% und 86.7%). Der Median der Trefferquoten ist 63.3% (bzw. 80%). Die Veränderungsrichtung der Wasserführung ist also im letzten untersuchten Bereich der Zeitreihe erheblich besser zu prognostizieren als im ersten Hochwasserbereich. Der Anstieg der Wasserführung auf den Spitzenwert wird im ersten Teilstück zweimal durch rückläufige Wasserführung unterbrochen, so daß die Richtung hier schwieriger zu prognostizieren ist. Dies ist im letzten Teilstück nicht der Fall, wo die Zeitreihe monoton zum Maximalwert ansteigt, um dann ebenfalls wieder monoton zu fallen. Diese Eigenart erklärt die Unterschiede in den Trefferquoten für die beiden interessanten Bereiche. Allgemein ist eine Differenzierung der angewandten Verfahren mit Hilfe der Trefferquoten kaum möglich.

Kapitel 10

Nichtparametrische Modellierung der Leitfähigkeit eines niedersächsischen Flusses

10.1   Die Daten

Zur Überprüfung der Güte des Flußwassers werden in Niedersachsen an mehreren Stationen halbstündliche Messungen zur Leitfähigkeit, zum Sauerstoffgehalt, zum pH-Wert und zur Wassertemperatur durchgeführt. Zur Kontrolle dieser Daten wurde von Heiler und Michels (1986) das FORTRAN-Programm FLUKON entwickelt. Es ermöglicht das Aufspüren von Merkwürdigkeiten in diesen Datensätzen. Der Algorithmus lernt die Meßreihen anhand der ihm bekannten Daten kennen und prognostiziert darauf basierend unter Verwendung parametrischer Verfahren den nächsten Wert. Weicht letzterer zu sehr von seiner Vorhersage ab, so wird er als "ungewöhnlich" klassifiziert. Dabei lieferten die verwendeten parametrischen Kalman-Filter erstaunlich gute Prognosen.

In diesem Kapitel soll nun untersucht werden, inwiefern sich auch nichtparametrische Verfahren dazu eignen, solche Wassergütedaten zu modellieren. Exemplarisch werden hier die Daten zur Leitfähigkeit untersucht, die im Juli 1983 gemessen wurden und in Abbildung 10.1 dargestellt sind. Interessanterweise sind die Beobachtungen Nr. 223 und die Beobachtungen um 974 Ausreißer. Tatsächlich wurden diese Beobachtungen vom Wartungspersonal des Meßgerätes als ungültig markiert. Jedoch könnte es in automatischen Kontrollverfahren durchaus vorkommen, daß solche Werte nicht erkannt werden. Die Frage, wie die behandelten Verfahren der nichtparametrischen Prognose auf diese Ausreißer reagieren, ist somit von großer Bedeutung und soll hier erörtert werden. Neben den gewöhnlichen NN-Verfahren werden im nächsten Abschnitt Modifikationen, die entfernte ähnliche Verläufe einbeziehen und solche, die asymmetrische Kerne verwenden, auf den Datensatz angewandt.

Zur Veranschaulichung des um die beiden Ausreißer bereinigten Datensatzes werden in den Abbildungen 10.2 und 10.3 Kern- und NN-Dichte- und -Regressionsschätzer dargestellt. Ein Vergleich dieser Graphiken mit den Abbildungen 9.3 und 9.4 läßt erkennen, daß die Daten zur Leitfähigkeit erheblich weniger plötzliche Schwankungen aufweisen als diejenigen zur Wasserführung der Ruhr. Bei der vorliegenden Zeitreihe befinden sich aufeinanderfolgende Werte vorwiegend in der Nähe der Diagonalen, wie aus den Dichtschätzern hervorgeht. Auch die geschätzten Regressionsfunktionen sind glatter als bei den Daten zur Wasserführung. Die Ursachen für die eigentümlichen Plateaus am Rande des Definitionsbereiches der Regressionskernschätzer sind bereits in Abschnitt 9.3 beschrieben worden.

Die Abbildungen veranschaulichen ferner die Auswirkungen der Wahl der Bandbreite bzw. der Anzahl der nächsten Nachbarn auf die Dichte- und Regressionsschätzer. Das unruhige Verhalten der NN-Dichteschätzer in dicht besetzten Bereichen ist durchaus typisch für dieses Verfahren (vgl. Silverman, 1986) und wird durch die Wahl einer größeren Anzahl nächster Nachbarn nicht völlig ausgeschaltet.

10.2 Prognoseeigenschaften gewöhnlicher NN-Schätzer

Auf der Grundlage der vorher um die Ausreißer bereinigten Zeitreihenwerte werden Ex-ante-Prognosen für die letzten 6 Tage erstellt. Theilkoeffizienten und Trefferquoten werden wiederum für den gesamten Ex-ante-Prognosezeitraum sowie jeweils für die Aufteilung dieser Periode in Zweitagesabschnitte untersucht. Dies ermöglicht die Diskussion der Prognoseeigenschaften in qualitativ unterschiedlichen Bereichen der Zeitreihe. Von besonderem Interesse ist das Verhalten der Schätzverfahren in den

Abbildung 10.1: Datensatz zur Leitfähigkeit der Leine: Halbstundenwerte gemessen am Pegel Neustadt vom 01.07.1983 bis 31.07.1983. (An der Stelle 223 enthält der Datensatz den Wert Null.)

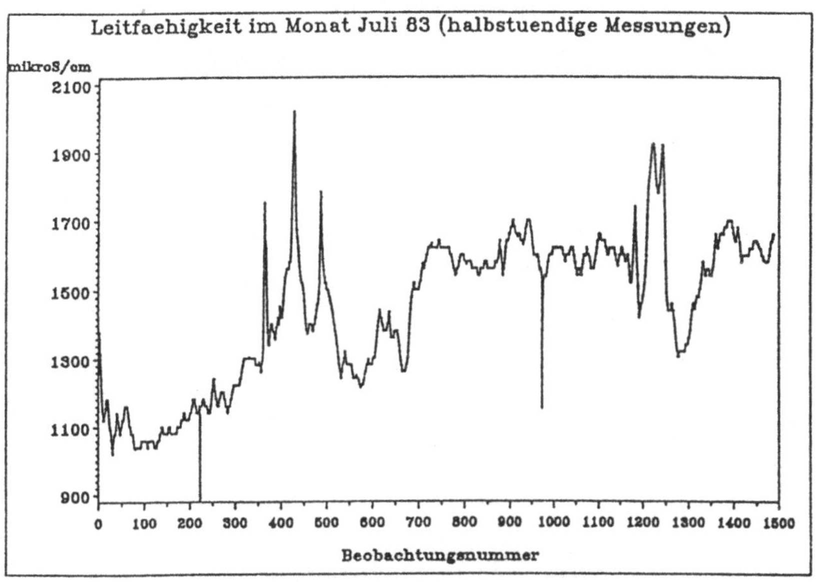

ersten beiden Tagen des Ex-ante-Prognosezeitraumes (Beobachtungsnummern 1201 bis 1296), weil diese zwei deutlich ausgeprägte lokale Maxima der Zeitreihe enthält.

Tabelle 10.1 enthält Gütekriterien für 15-NN-Schätzer mit Produkt- und Norm-Epanechnikow-Kernen. Vergleichsgrundlage sind Vorläufe der Länge p=3. Neben den Angaben für die üblichen nichtresistenten Verfahren enthält die Tabelle auch solche für jeweils einen M-, L- und R-Schätzer.

Die gewöhnlichen NN-Schätzer schneiden insgesamt relativ schlecht ab, wie an den hohen Theilkoeefizienten zu ersehen ist. Jedoch sind die Verfahren, die Produktkerne verwenden, denjenigen, die Normkerne benutzen, überlegen. Die Schätzungen im ersten Prognoseintervall sind verhältnismässig schlecht, wohingegen im zweiten und vor allem im dritten Prognoseintervall recht gute Ex-ante-Prognosen erzielt werden. Die Begründung hierfür ist naheliegend: Im Wertevorrat der Zeitreihe kommen häufig Verlaufsmuster vor, wie sie vor allem im letzten Bereich beobachtet werden, so

Abbildung 10.2: Leitfähigkeit der Leine:

  a) Kernschätzer mit Bandweite $h_n = 50$,

  b) Kernschätzer mit Bandweite $h_n = 100$,

  c) NN-Schätzer mit $k_n = 15$,

  d) NN-Schätzer mit $k_n = 30$

der Regressionsfunktion $E(Z_t|Z_{t-1} = x_1, Z_{t-2} = x_2)$ (Epanechnikow-Normkern).

a)

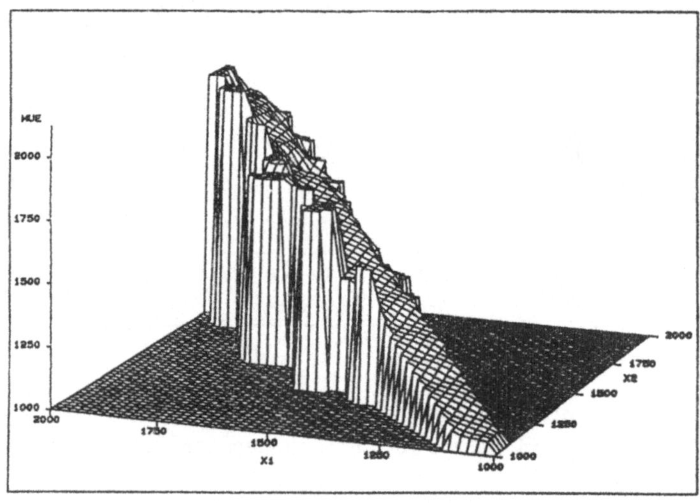

b)

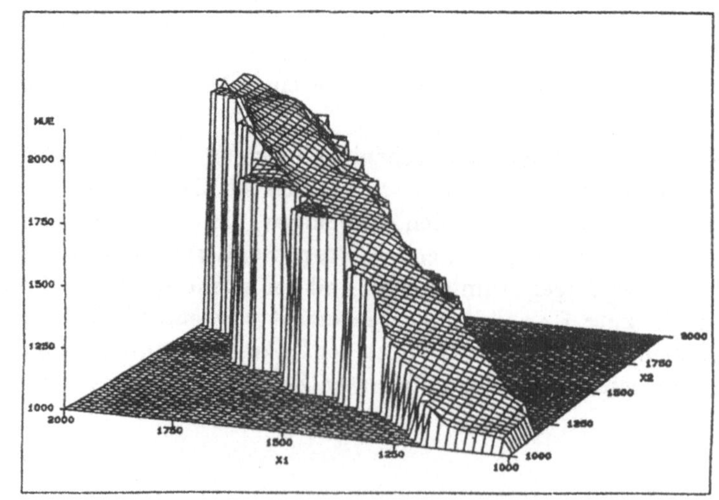

Abbildung 10.2 Fortsetzung

c)

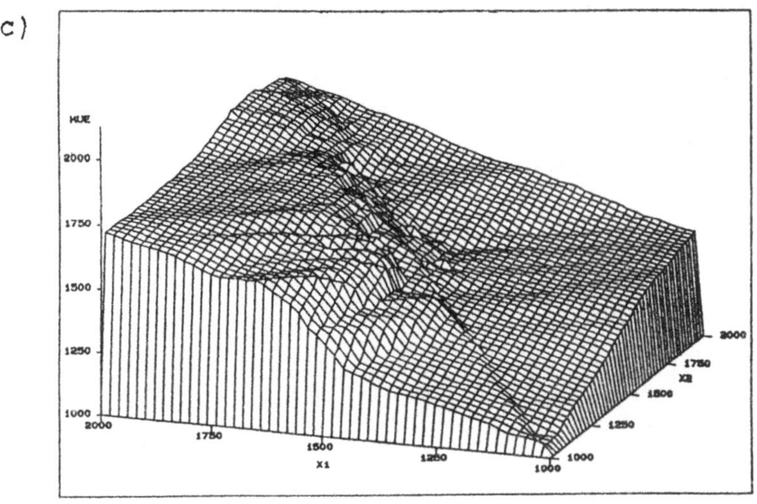

d)

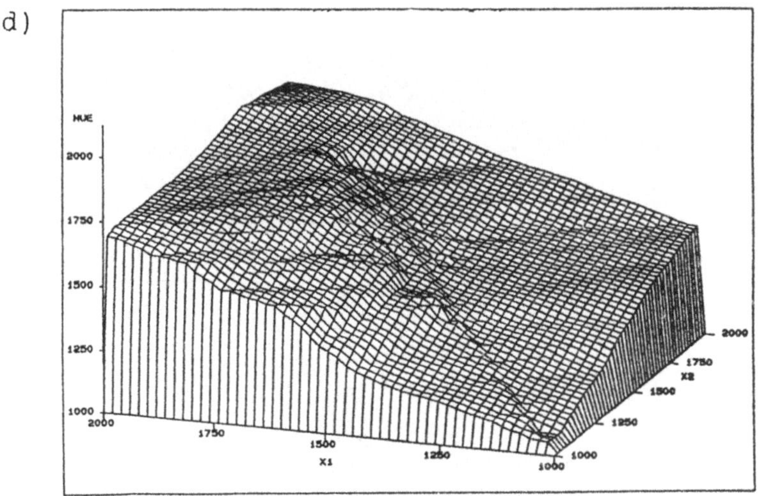

Abbildung 10.3: Leitfähigkeit der Leine:

a) Kernschätzer mit Bandweite $h_n = 50$,

b) Kernschätzer mit Bandweite $h_n = 100$

c) NN-Schätzer mit $k_n = 15$

d) NN-Schätzer mit $k_n = 30$

der Dichte $f_{Z_t, Z_{t-1}}(x_1, x_2)$ (Epanechnikow-Normkern)

a)

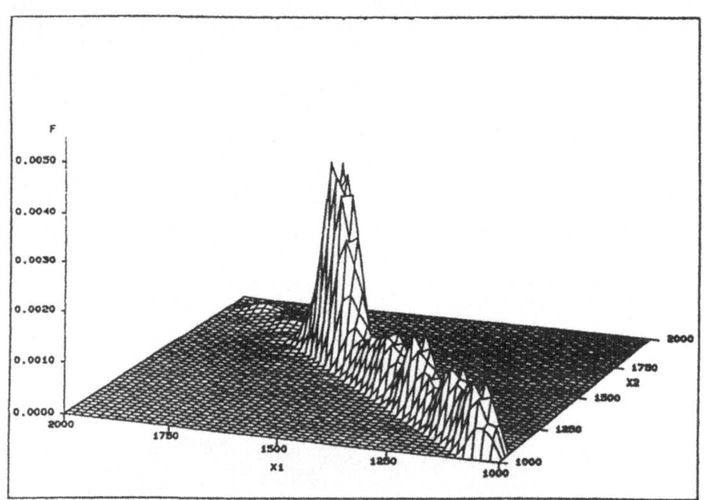

b)

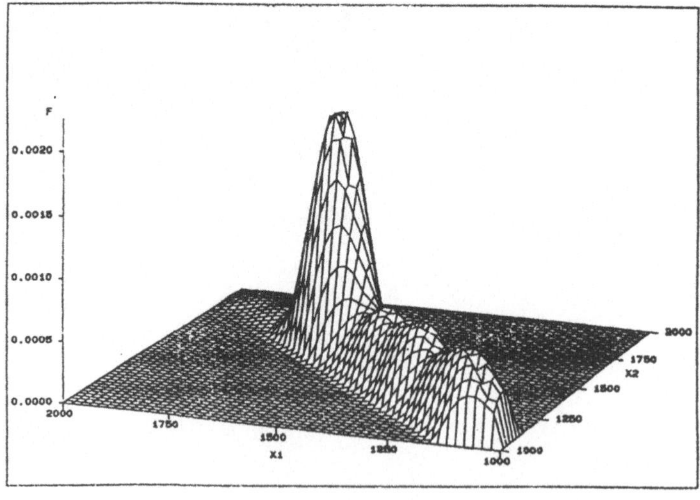

Abbildung 10.3 Fortsetzung

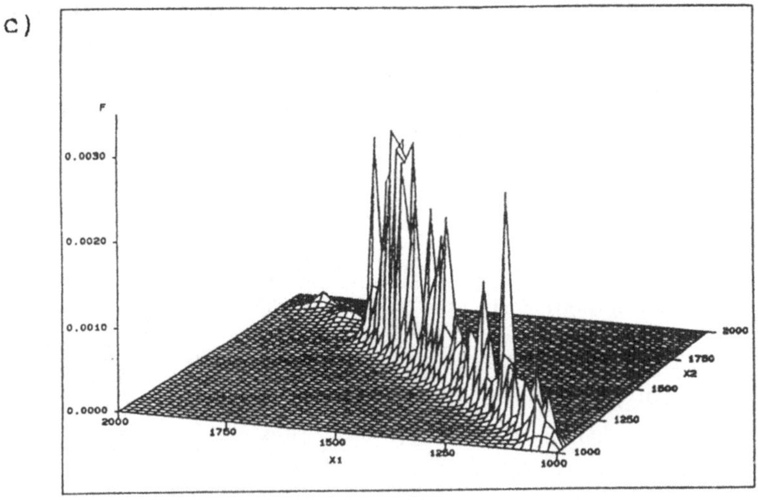

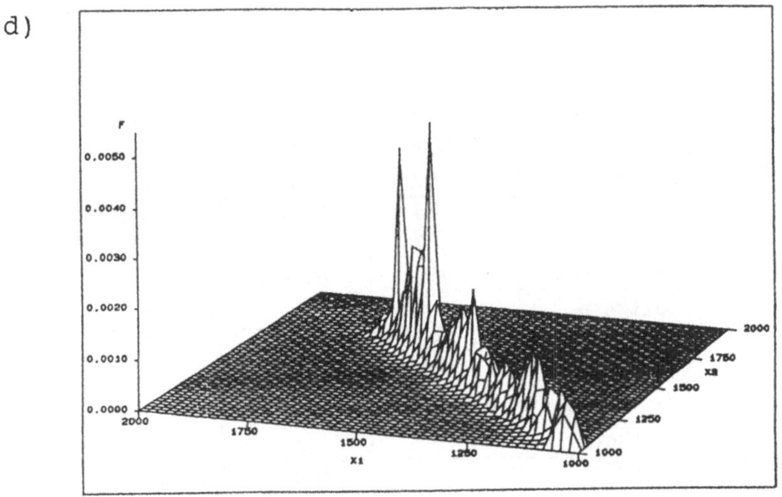

Tabelle 10.1: Leitfähigkeit der Leine: Theilkoeffizienten, Trefferquoten und mittlere absolute Prognosefehler der 1-Schrittprognosen mit Hilfe gewöhnlicher und robuster 15-NN-Schätzer (p=3, Produkt- und Norm-Epanechnikow-Kern), bereinigter Datensatz.

Methode	Zeitraum für Ex-ante-Prognosen			
	1201-1480	1201-1296	1297-1392	1393-1480
gew. 15-NN- Schätzer Normkern	1.050 0.668 9.422	1.114 0.583 18.260	0.819 0.604 5.987	0.748 0.830 3.529
15-NN-M- Schätzer vom Normkern	1.123 0.714 9.222	1.185 0.625 18.185	0.918 0.646 5.660	0.796 0.886 2.756
15-NN-L- Schätzer 0.1-getr. Mittel Normkern	1.107 0.675 9.496	1.183 0.583 18.901	0.823 0.656 5.878	0.730 0.795 3.184
15-NN-R- Schätzer mit Wilcoxon-Scores Normkern	1.106 0.725 9.026	1.163 0.604 18.125	0.928 0.708 5.728	0.801 0.875 2.784
gew. 15-NN- Schätzer Produktkern	0.917 0.689 8.560	0.951 0.646 15.906	0.834 0.573 6.154	0.686 0.864 3.170
15-NN-M- Schätzer vom Huber-Typ (c=1.5) Produktkern	0.943 0.757 7.950	0.973 0.688 15.614	0.880 0.698 5.434	0.735 0.900 2.335
15-NN-L- Schätzer 0.1-getr. Mittel Produktkern	0.954 0.707 8.570	0.999 0.667 16.321	0.828 0.646 5.942	0.684 0.818 2.981
15-NN-R- Schätzer Wilcoxon-Scores	0.942 0.761 7.916	0.971 0.677 15.572	0.891 0.708 5.452	0.706 0.909 2.257

daß die darauf basierenden Prognosen weniger verzerrt sind. Dies gilt nicht
für die Daten zu den Zeitpunkten 1201 bis 1296. Hier gibt es nur wenige direkt vergleichbare Verläufe, und somit befinden sich unter den 15 nächsten
Beobachtungsfolgen auch solche, die weiter von den Referenzverläufen entfernt sind. Dies führt mitunter zu starken Verzerrungen der Prognosen.

Durch die Verwendung robuster Verfahren muß man hier - wie auch
schon bei den Daten zur Wasserführung - keine wesentlichen Einbußen der
Prognosegüte in Kauf nehmen. Während die ausreißerempfindlichen Methoden bezüglich des auf quadrierten Prognosefehlern beruhenden Theilkoeffizienten besser abschneiden, erweisen sich die robusten Varianten dann
als überlegen, wenn man den mittleren absoluten Prognosefehler zugrunde
legt.

Die gleichen Gütemaßzahlen wurden auch für den unbereinigten Datensatz berechnet. Dabei ergaben sich jedoch nahezu identische Werte, so daß
hier auf deren Angabe verzichtet wird. Dies mag auf den ersten Blick über-
raschen. Jedoch liegt der erste Ausreißer offensichtlich nicht im Bereich der
Verläufe, die in die Prognosen am Ende der Zeitreihe eingehen. Auch die
Beobachtungswerte um 974 liegen anscheinend nicht nahe genug bei den
Referenzverläufen am Ende der Zeitreihe. Die Verwendung von Differenzen
(1. oder 48.) der Daten bringt ebenfalls insbesondere für die interessante
Prognose der beiden Maxima im ersten Ex-ante-Prognosezeitraum keine
Verbesserungen. Daher soll in den folgenden Abschnitten untersucht wer-
den, ob die Verwendung asymmetrischer Kerne oder das Einbeziehen ent-
fernter ähnlicher Verläufe eine Steigerung der Prognosegüte herbeiführen
kann.

10.3 Verwendung asymmetrischer Kernfunktionen

Die im vorherigen Abschnitt beschriebenen Verzerrungen bei der Prognose
der beiden Maxima sollten theoretisch durch die Verwendung asymmetri-
scher Kernfunktionen reduziert werden. Tabelle 10.2 enthält die Güteres-
ultate der 15-NN-Schätzer, die asymmetrische Kernfunktionen nach den
Konstruktionsmethoden 1, 2 und 3 verwenden (vgl. Kapitel 5). Um die
Vergleichbarkeit der Resultate sicher zu stellen, sind ansonsten die gleichen
Parameter und Schätzverfahren verwendet worden wie auch in der zweiten
Hälfte von Tabelle 10.1. Da die Schätzer auf denselben Verläufen basieren,

Tabelle 10.2: Leitfähigkeit der Leine: Theilkoeffizienten, Trefferquoten und mittlere absolute Prognosefehler der 1-Schrittprognosen mit Hilfe von 15-NN-Schätzern mit asymmetrischen Kernfunktionen (p=3, Produkt-Epanechnikow-Kern bereinigter Datensatz)

Methode	Meth. Nr.	Zeitraum für Ex-ante-Prognosen			
		1201-1480	1201-1296	1297-1392	1393-1480
gew. 15-NN-Schätzer	1	0.760	0.751	0.836	0.689
		0.729	0.771	0.594	0.830
		7.167	11.796	6.206	3.194
15-NN-M-Schätzer v. Hubertyp, c=1.5	1	0.782	0.767	0.885	0.717
		0.796	0.823	0.698	0.875
		6.509	11.460	5.401	2.316
15-NN-L-Schätzer 0.1-getr. Mittel	1	0.755	0.746	0.835	0.677
		0.732	0.813	0.604	0.784
		6.907	11.415	6.009	2.970
15-NN-R-Schätzer Wilcoxon-Scores	1	0.806	0.800	0.866	0.743
		0.807	0.823	0.729	0.875
		6.618	11.790	5.304	2.408
gew. 15-NN-Schätzer	2	0.833	0.850	0.813	0.681
		0.721	0.729	0.604	0.841
		7.434	12.725	6.060	3.161
15-NN-M-Schätzer v. Hubertyp, c=1.5	2	0.868	0.884	0.852	0.724
		0.789	0.770	0.729	0.875
		6.785	12.363	5.219	8.407
15-NN-L-Schätzer 0.1-getr. Mittel	2	0.847	0.870	0.806	0.670
		0.710	0.750	0.615	0.773
		7.265	12.657	5.831	2.407
15-NN-R-Schätzer Wilcoxon-Scores	2	0.876	0.898	0.825	0.736
		0.789	0.750	0.750	0.875
		6.826	12.556	5.089	2.459
gew.15-NN-Schätzer	3	0.669	0.649	0.771	0.654
		0.743	0.719	0.646	0.875
		6.694	11.054	5.732	2.986
15-NN-M-Schätzer v. Hubertyp, c=1.5	3	0.701	0.678	0.826	0.657
		0.779	0.729	0.708	0.909
		5.937	10.578	4.966	1.935
15-NN-L-Schätzer 0.1-getr. Mittel	3	0.685	0.673	0.763	0.652
		0.729	0.719	0.677	0.795
		6.564	11.117	5.463	2.798
15-NN-R-Schätzer Wilcoxon-Score	3	0.676	0.646	0.822	0.662
		0.804	0.771	0.740	0.909
		5.801	10.074	5.046	1.963

fallen die Ausreißer nicht ins Gewicht und somit genügt auch hier die Angabe der Resultate für den bereinigten Datensatz.

Ein Vergleich der Angaben für Produktkerne in Tabelle 10.1 mit den Ergebnisse in Tabelle 10.2 läßt erkennen, daß durch die Wahl asymmetrischer Kernfunktionen generell Verbesserungen erzielt werden. Dies gilt sowohl für gewöhnliche als auch für robuste NN-Schätzer. Dabei liefert Methode Nr. 3 insbersondere auch im Bereich der beiden lokalen Maxima die besten Resultate, wohingegen Methode Nr. 2 am schwächsten unter den Verfahren mit schiefer Kernfunktion abschneidet. Wie bei den Daten zur Wasserführung erweist sich die aufwendigere unter eher theoretischen Aspekten hergeleitete Methode 3 auch in der Praxis als überlegen. Wiederum sind durch die Verwendung robuster Verfahren keine größeren Güteeinbußen zu verzeichnen.

10.4 Einbeziehen ähnlicher aber möglicherweise entfernter Verläufe

Da insbesondere für die Schätzung der Maxima zu wenige ähnliche Verläufe im Wertevorrat der vorangegangenen Zeitreihe liegen, sollte auch hier das Einbeziehen entfernter ähnlicher Verläufe zu Verbesserungen der Prognoseeigenschaften führen. Für p=3, $k_n = 20$ und den Epanechnikow-Normkern sind Theilkoeffizietnen, Trefferquoten und mittlere absulute Prognosefehler der auf diese Weise modifzierten Verfahren in Tabelle 10.3 aufgeführt. Die Fehler-vs.-θ-Plots in Abbildung 10.4 weisen nicht darauf hin, daß die Verwendung von Straffunktionen zu verbesserten Prognosen führt. In der oberen Hälfte von Tabelle 10.3 sind die Resultate für den bereinigten Datensatz enthalten. Um das Verhalten der hier diskutierten Verfahren beim Vorliegen von Ausreißern zu überprüfen, werden dieselben Kenngrößen nochmals für den Originaldatensatz (mit Ausreißern) berechnet und ebenfalls in Tabelle 10.3 aufgelistet. Durch das Einbeziehen entfernter Verläufe können die Ausreißer durchaus einen Einfluß auf die Prognosen haben. Dieser ist jedoch im Vergleich zu den bisher behandelten Methoden a priori schlechter auszumachen.

Die Theilkoeffizienten liegen im ersten Prognosebereich, der die interessanten Maxima enthält, zwischen 0.456 und 0.470 und weisen auf hervorragende Prognosen auch der robusten Varianten auf der Basis des bereinigten Datensatzes hin. Die Prognosegüte der nicht robusten Verfahren (vgl. un-

Tabelle 10.3: Leitfähigkeit der Leine: Theilkoeffezienten, Trefferquoten und mittlere absolute Prognosefehler der 1-Schrittprognosen mit Hilfe von modifizierten 20-NN-Schätzern (Einbeziehen entfernter ähnlicher Verläufe) (p=3, Norm-Epanechnikow-Kern, bereinigter Datensatz

Methode	Daten	Zeitraum für Ex-ante-Prognosen			
		12.01-1480	1201-1296	1297-1392	1393-1480
mod.20-NN-	ber.	0.558	0.457	0.827	0.787
Schätzer		0.696	0.719	0.573	0.807
		5.800	7.508	5.897	3.829
mod.20-NN-	ber.	0.582	0.456	0.880	0.824
M-Schätzer		0.725	0.740	0.635	0.875
Hubertyp, c=1.5		5.612	7.652	5.639	3.357
mod.20-NN-	ber.	0.553	0.470	0.816	0.770
L-Schätzer		0.721	0.698	0.635	0.807
0.1-getr. Mittel		5.643	7.518	5.687	3.622
mod.20-NN-	ber.	0.567	0.461	0.840	0.814
R-Schätzer		0.714	0.719	0.594	0.841
Wilcoxon-Scores		5.553	7.510	5.625	3.340
mod.20-NN-	unber.	1.048	0.997	0.858	1.692
Schätzer		0.704	0.719	0.583	0.818
		7.311	10.529	6.087	5.137
mod.20-NN-	unber.	0.582	0.467	0.884	0.828
M-Schätzer		0.732	0.698	0.646	0.864
Hubertyp, c=1.5		5.610	7.625	5.645	3.374
mod.20-NN-	unber.	0.568	0.478	0.816	0.775
L-Schätzer		0.717	0.729	0.625	0.807
0.1-getr. Mittel		5.699	7.626	5.668	3.630
mod.20-NN-	unber.	0.566	0.459	0.840	0.818
R-Schätzer		0.714	0.719	0.594	0.864
Wilcoxon-Scores		5.554	7.483	5.631	3.364

Abbildung 10.4: Leitfähigkeit der Leine: Fehler-vs.-θ-Plots für die Zeitpunkte 1201-1481.

a) Fehler-vs.-θ_0-Plot

b) Fehler-vs.-θ_1-Plot

a)
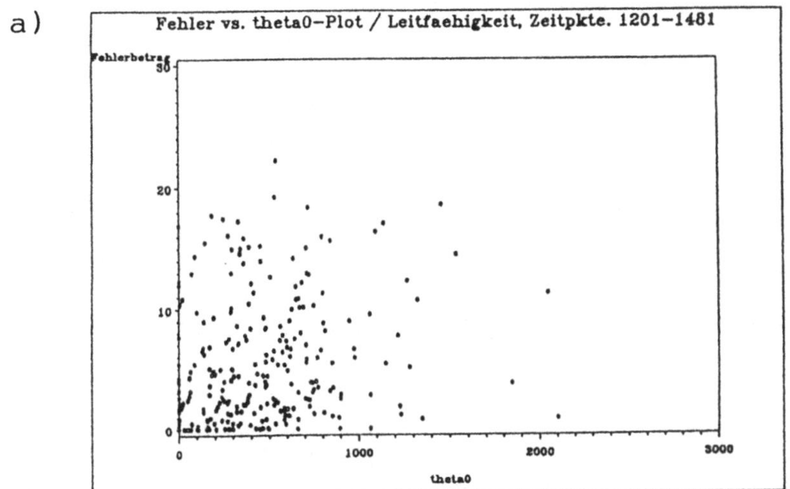

b)
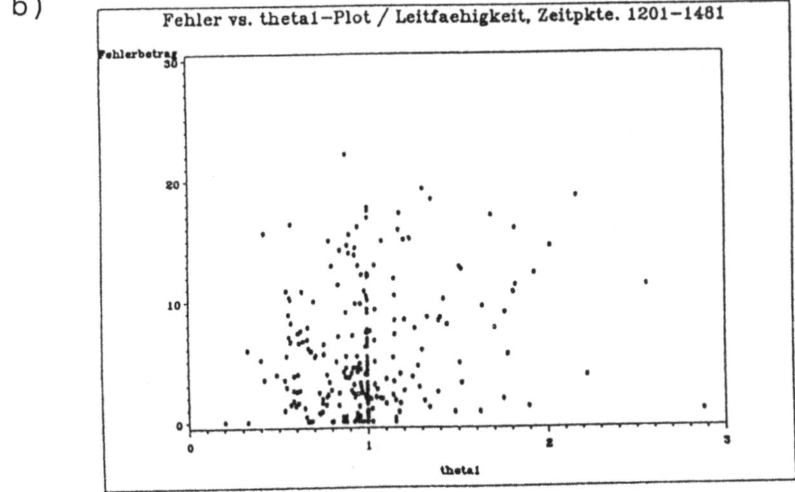

tere Hälfte von Tabelle 10.3) sinkt beträchtlich, wenn Ausreißer einen Einfluß auf die Schätzungen haben. Dies ist offensichtlich vor allem im ersten und dritten Ex-ante-Prognosezeitraum der Fall. Die robusten Techniken beiben erwartungsgemäß gänzlich unbeeinflußt. Die Verzerrungen treten natürlich nur dann auf, wenn die Ausreißer in den Schätzer eingehen und sind umso größer, je näher der (transformierte) Vorlauf vor einem solchen Ausreißer am Auswertungsverlauf liegt.

Daß die hohen Theilkoeffizienten des ausreißerempfindlichen Verfahren nur durch einige wenige extreme Fehlprognosen zustande kommen, wird aus Abbildung 10.5 ersichtlich. Sie zeigt Originalwerte, 1-Schrittprognosen und Residuen des gewöhnlichen und des R-Schätzers für den ersten Tag des Prognosezeitraumes. Dabei diente zum einen der unbereinigte zum anderen der bereinigte Datensatz als Prognosegrundlage. Die Resultate für die anderen robusten Varianten sind nahezu identisch, so daß auf deren graphischer Darstellung hier verzichtet wird. Fließen die Ausreißer tatsächlich in die aktuelle Schätzung ein, so sind die Prognosen mit Hilfe nicht resistenter Methoden wertlos, wohingegen die robusten Varianten brauchbar bleiben.

Abschließend kann festgestellt werden, daß sich die angewandten Modifikationen durchaus gut dazu eignen, die Daten zur Leitfähigkeit zu modellieren, wobei das Einbeziehen ähnlicher, möglicherweise entfernter Verläufe bei der Prognose der Maxima im ersten Ex-ante-Prognosebereich zu den besten Ergebnissen führt. Die vergleichsweise guten Eigenschaften dieses Verfahrens bei der Prognose von seltenen Spitzenwerten wurden auch schon bei der Vorhersage der Wasserführung offenkundig. Die Modifikation lohnt sich jedoch nicht in den anderen beiden Bereichen. Hier führt die Verwendung assymmetrischer Kerne, die nach Methode 3 konstruiert werden, zu den besten Resultaten.

Abbildung 10.5: Leitfähigkeit der Leine: Originalwerte, 1-Schritt-Prognosen und Residuen des modifizierten 20-NN-Schätzer und des modifizierten 20-NN-R-Schätzers für die Zeitpunkte 1200-1248, bereinigter und unbereinigter Datensatz

a) Modifizierter 20-NN-Schätzer / bereinigter Datensatz

b) Modifizierter 20-NN-R-Schätzer / bereinigter Datensatz

c) Modifizierter 20-NN-Schätzer / unbereinigter Datensatz

d) Modifizierter 20-NN-R-Schätzer / unbereinigter Datensatz.

a)

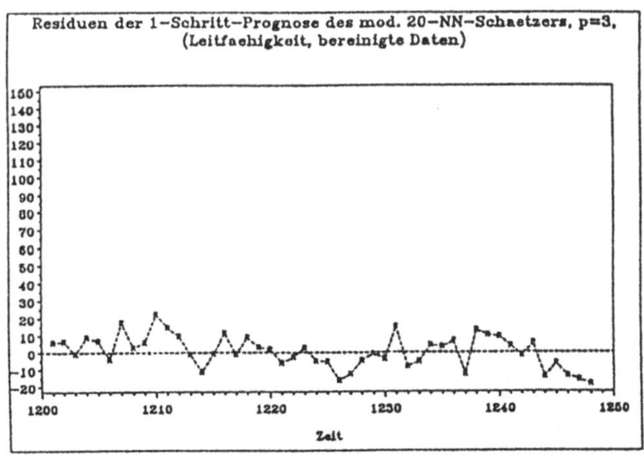

Abbildung 10.5 Fortsetzung

b)

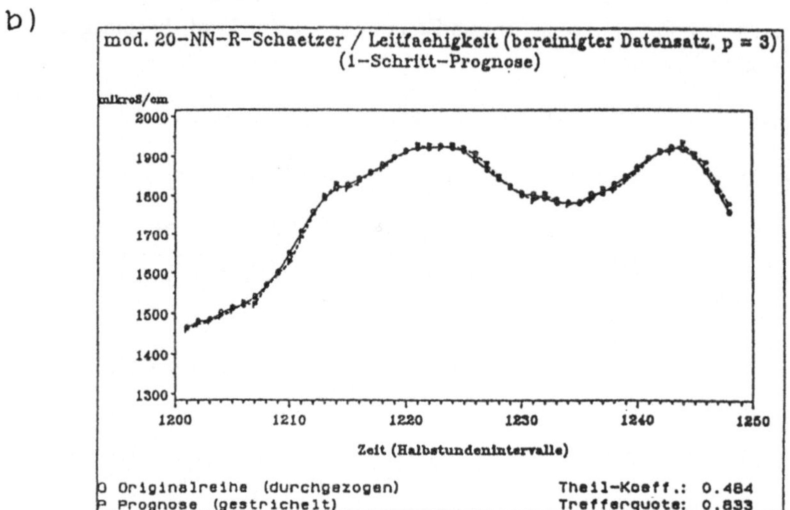

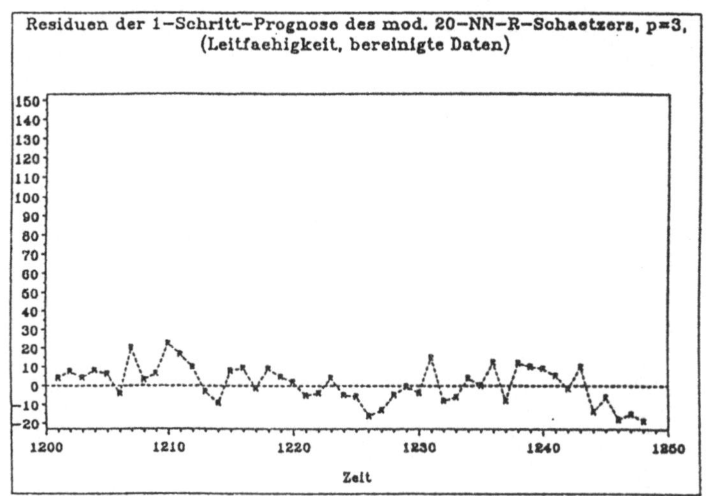

Abbildung 10.5 Fortsetzung

c)

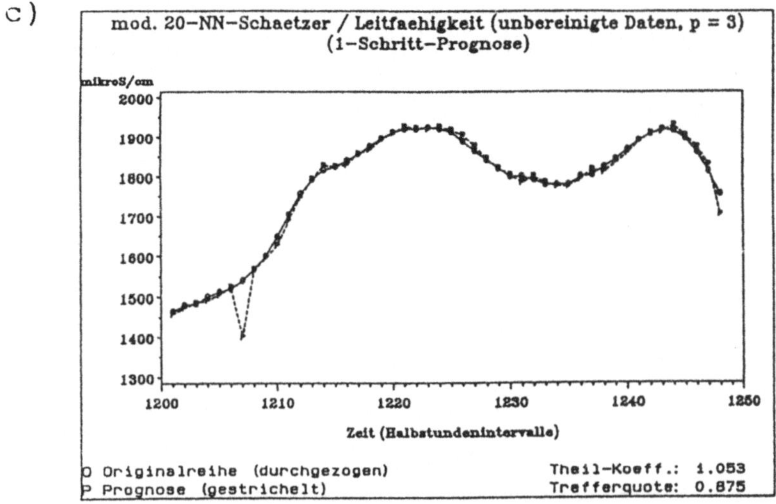

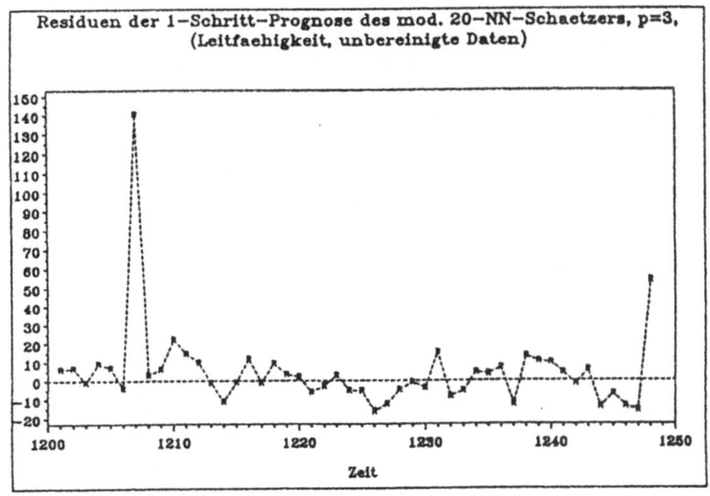

Abbildung 10.5 Fortsetzung

d)

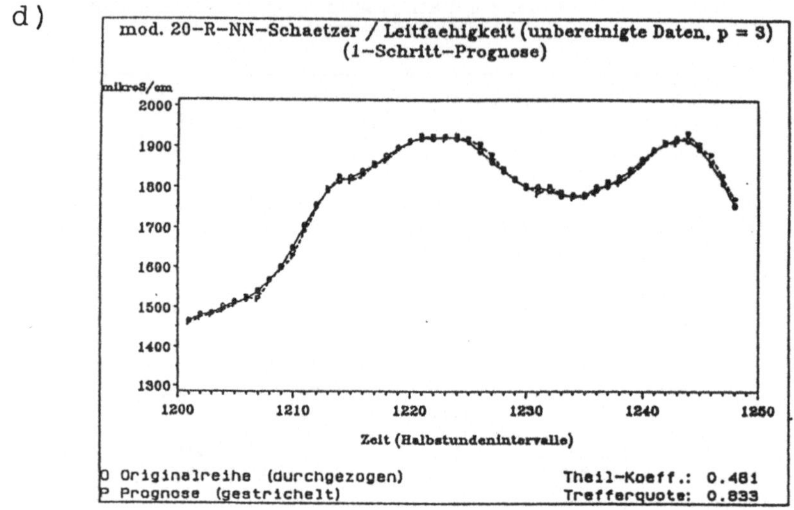

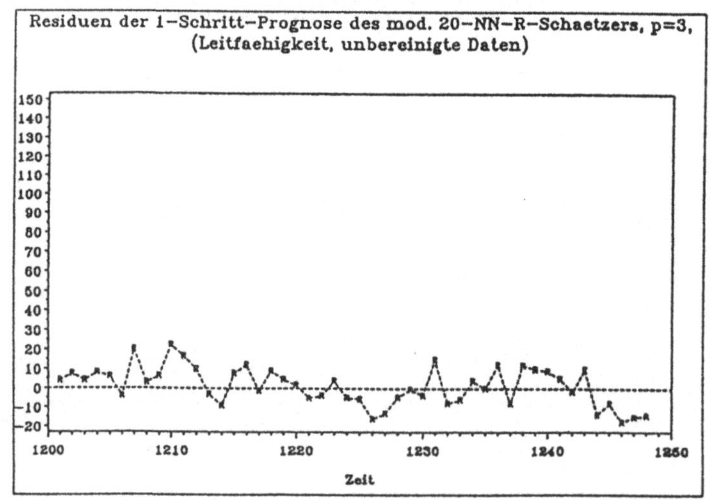

Kapitel 11

Nichtparametrische Modellierung der Luftbelastung durch Schwefeldioxid und Stickstoffdioxid

11.1   Allgemeines

Die Fragen der Luftverschmutzung haben infolge zunehmender Industrialisierung und zunehmenden Verkehrs in den letzten Jahrzehnten immer größere Bedeutung erlangt. Dabei treten ständig neue lokale und globale Auswirkungen zunehmender bzw. anhaltender Belastungen der Atmosphäre in die öffentliche Diskussion, welche durch Schlagworte wie saurer Regen, Smog, Ozonbelastung, Ozonloch, Treibhauseffekt, Klimakatastrophe usw. bestimmt wird. Die Wirkung der Luftverunreinigung auf Lebewesen und Objekte hängt von deren individueller Disposition und von der Schadstoffzufuhr ab, die ihrerseits vornehmlich durch die Windgeschwindigkeit und die Schadstoffkonzentration beeinflußt wird. Längerandauernde Einwirkung von Luftverunreinigungen kann beim Menschen unter anderem zu Beeinträchtigungen der Atem- und Kreislauffunktionen, der Herzkranzgefäße und des Nervensystems, zur Bildung von Allergien und auch zu Krebs führen.

Zum Schutz vor erheblichen Nachteilen und Belästigungen werden in der Bundesrepublik in der Technischen Anleitung zur Reinerhaltung der Luft (kurz TA Luft) unter Beachtung volkswirtschaftlicher und technologischer Faktoren Immissionsgrenzwerte festgelegt. Zur ständigen Überwachung der Qualität der Luft werden an Meßstationen, die über das gesamte Bundesgebiet verteilt sind, Meßreihen erhoben. Die Meßtechnik, die Verteilung der Meßpunkte und die Frequenz der Meßungen bei der Ermittlung von Immissionskenngrößen ist ebenfalls in der TA Luft festgelegt. So sind die Meßwerte für die hier analysierten gasförmigen Luftverunreinigungen als Halbstundenmittelwerte festzustellen.

Die statistische Modellierung von Zeitreihen zur Schadstoffbelastung trägt einerseits dazu bei, Frühindikatoren für Grenzwertüberschreitungen zu liefern. Andererseits können Prognosen auch zum Ersetzen fehlender Werte benutzt werden (vgl. (2.38)), die erfahrungsgemäß trotz verfeinerter Meßtechnik immer wieder vorkommen. So ist es bei epidemiologischen Fragestellungen wichtig, daß vollständige Meßreihen zur Umweltsituation vorliegen, wenn man etwa die Anzahl der gemeldeten Erkrankungen der Atemorgane durch die Belastung der Luft mit speziellen Schadstoffen erklären will. Andernfalls verlieren auch die korrespondierenden Messungen der zu erklärenden Größen an Wert.

Grundlage der folgenden Untersuchung sind Tagesmittelwerte zum Schwefel- und Stickstoffdioxidgehalt der Luft, welche an den Stationen Schauinsland (NO_2), Westerland (SO_2) und Waldhof (SO_2) von Januar 1973 bis Juli 1987 erhoben wurden. Auf die beiden untersuchten Gase lassen sich eine Reihe von schädlichen Auswirkungen auf Mensch und Natur zurückführen.

Schwefeldioxid (SO_2) ist ein stark toxisches, farbloses, stechend riechendes Gas, das ca. 2.3 mal so schwer wie Luft ist. Es wird zum Beispiel bei der Verbrennung fossiler Brennstoffe, beim Schmelzen und Rösten von Erz, bei der Erdölraffination, bei der Papier- und Glasherstellung und bei Bleichprozessen freigesetzt. 1982 wurden in der Bundesrepublik 3 Mio. Tonnen SO_2 emittiert, wobei 62,1% auf Kraftwerke, 14% auf die Industrie, 5% auf die Haushalte und 3,4% auf den Verkehrssektor entfielen. Schwefeldioxid kann zu Schwefeltrioxid (SO_3) oxidiert werden, wobei Rußpartikel als Oxidationskatalysatoren wirksam sein können. Den beiden Gasen sowie der mit Wasser aus SO_3 entstehenden Schwefelsäure werden eine Vielzahl von Umweltschäden zugeschrieben. Als Bestandteil des "sauren Regens" sind diese Schwefelverbindungen mit verantwortlich für das Sterben der Wälder. SO_2 ist an der Bildung des pholochemischen Smogs beteiligt und gilt als Hauptursache für Schäden an historischen Gebäuden. Schon bei Konzentrationen von 0.5 g/m^3 kommt es beim Menschen zu Vergiftungserscheinungen, wie Hornhauttrübung, Atemnot und Entzündungen der Atemorgane. Die maximale Arbeitsplatzkonzentration liegt bei 5 mg/m^3, die in der TA Luft angegebenen Immissionsgrenzwerte betragen 0.14 bzw. 0.4 mg/m^3.

Stickstoffdioxid (NO_2) ist ein giftiges, eigenartig riechendes, braunrotes Gas, das zu den sogenannten Stickoxiden gezählt wird. Infolge der Bereitschaft zur Sauerstoffabgabe wirkt NO_2 als starkes Oxidationsmittel. Die Sauerstoffverbindungen des Stickstoffs tragen erheblich zur allgemeinen Luftverschmutzung bei. 1982 lag die Gesamtemission in der Bundesrepublik bei 3 Mio. Tonnen. Davon entfielen 50% auf den Verkehrssektor, 30% auf Kraftwerke, 15% auf die Industrie und 5% auf private Haushalte und Kleinverbraucher. Vielfältig sind die schädlichen Einwirkungen dieser Gase auf Mensch und Umwelt. Die aus den Stickoxiden unter Wasserzusatz gebildete Salpetersäure (HNO_3) stellt neben der Schwefelsäure die Hauptkomponente des sauren Regens dar. Für die Ablagerung von Säuren am Erdboden (Versauerung) ist jedoch die trockene Disposition von Gasen wie SO_2 und NO_2 erheblich wichtiger als der "saure Regen". (Vgl. Neumüller, 1987, S.2413 ff.) Stickoxide gehen mit Kohlenwasserstoffen komplexe photochemische Verbindungen ein, in deren Verlauf Aldehyde, Ozon und Peroxyacylnitrat entstehen. Dies bedeutet, daß sie auch für erhöhte Ozonbelastungen verantwortlich gemacht werden können. Wie Schwefeldioxid wirken auch die Stickoxide schädigend auf die Atemorgane, auf die Vegetation und wiederum durch Säurebildung auch auf Gebäude und Anlagen. Sie tragen ferner zur Entstehung des photochemischen Smogs bei. Die maximale Arbeitsplatzkonzentration von NO_2 beträgt 9 mg/m^3; die in der TA Luft ausgewiesenen Immissionsgrenzwerte liegen bei 0.08 bzw. 0.20 mg/m^3.

11.2 Die Daten

Die Abbildungen 11.1 enthalten einen Ausschnitt aus dem umfangreichen Datenmaterial. Für das Jahr 1986 sind die drei Zeitreihen mit Tagesmittelwerten für die Station Schauinsland (NO_2), für die Station Westerland (SO_2) und für die Station Waldhof (SO_2) dargestellt. Sämtliche Zeitreihen zeigen einen recht unruhigen Verlauf, wobei die Ausschläge in den Wintermonaten stärker sind als im Sommer. Dieser Effekt ist für die SO_2-Reihen ausgeprägter als für die NO_2-Reihe. Das allgemeine, recht niedrige Niveau, von dem die Ausschläge ausgehen, ist jedoch im Winter nur leicht höher als im Sommer. Auch wenn hier die Dauer der Ausschläge kürzer ist, ähneln

Abbildung 11.1: Tagesmittelwerte von SO_2-Messungen an den Stationen Westerland (a) und Waldhof (b) sowie von NO_2-Messungen an der Station Schauinsland (c) im Jahre 1986

a)

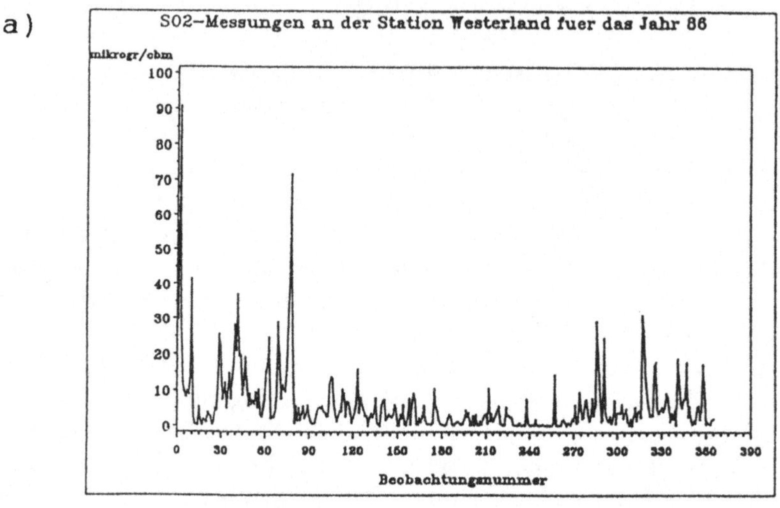

b)

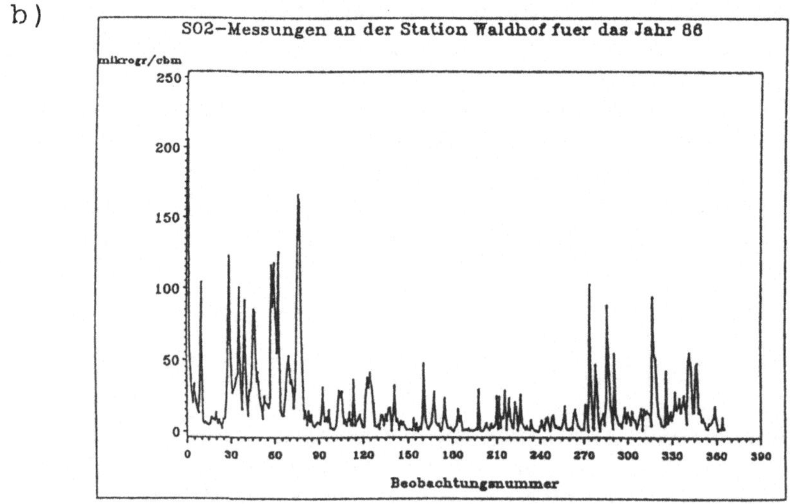

Abbildung 11.1 Fortsetzung

c)

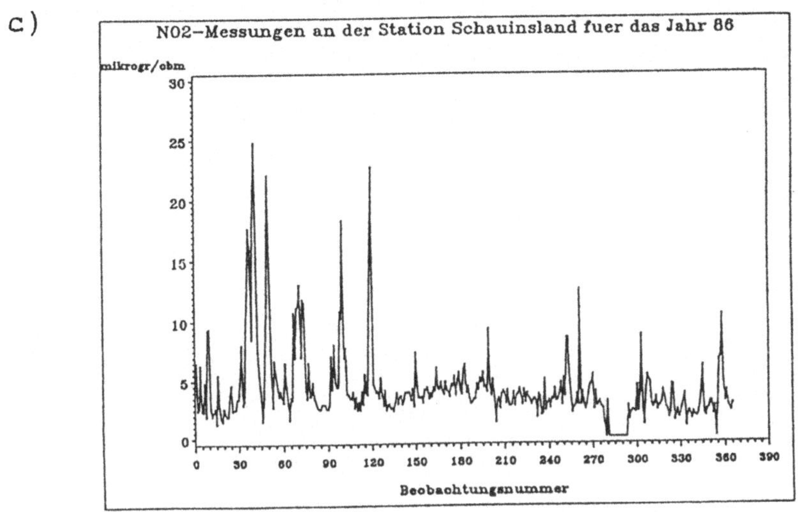

ähneln die Daten dennoch etwas der Zeitreihe zur Wasserführung der Ruhr
(vgl. Kapitel 9). Auch diese Reihe ist ja vom plötzlichen Anschwellen der
Wasserführung nach "normaler" Niedrigwasserführung gekennzeichnet.

Die Abbildungen 11.2 bis 11.4 enthalten Kern- und NN-Schätzer (p=2,
Epanechnikow-Normkern) für die Regressionsfunktion $\mu(\mathbf{x})$. Für die SO_2-
Werte in Waldhof ergibt sich bei einer Bandweite von $h_n=$ 30 ein recht
zerklüftetes Bild. Im Bereich $0 \leq x_1, x_2 \leq 100$ liegen genügend Daten vor,
so daß eine relativ glatte Schätzung entsteht. Für die selteneren Ausschläge
über 200 gibt es nur noch wenige Messungen. Dadurch kommt es zu den
markanten "Steilhängen" und den Definitionslücken in diesen Bereichen.
(Vgl. hierzu die Ausführungen in Kapitel 9.) Wie üblich liefert die NN-
Methode unruhigere Schätzungen im Bereich häufiger Verläufe, dafür aber
ist der NN-Schätzer überall wohl definiert. Vergleicht man die Abbildungen
11.2, 9.3 und 10.2, so erkennt man die unterschiedliche Dynamik der darin
dargestellten Zeitreihen. Die Daten zur Leitfähigkeit weisen nur wenige
heftige Ausschläge auf, welches eine Konzentration der Werte in der Nähe
der Geraden $x_1 = x_2$ zur Folge hat. In vermindertem Maße gilt dies auch
für die Daten zur Wasserführung der Ruhr — nicht aber für die SO_2-Werte
in Waldhof. Hier sind Sprünge von extrem hohen auf niedrige Werte (und
umgekehrt) keine Seltenheit. Die Ausschläge der SO_2-Reihe in Westerland
sind weniger heftig als diejenigen in Waldhof. Das Niveau insgesamt ist

Abbildung 11.2: SO_2-Messungen an der Station Westerland: Kern- und NN-Schätzer für die Regressionsfunktion $E(Z_t|Z_{t-1} = x_1, Z_{t-2} = x_2)$.

a) Kernschätzer mit $h_n = 20$, Epanechnikow-Normkern

b) NN-Schätzer mit $k_n = 20$, Epanechnikow-Normkern

a)

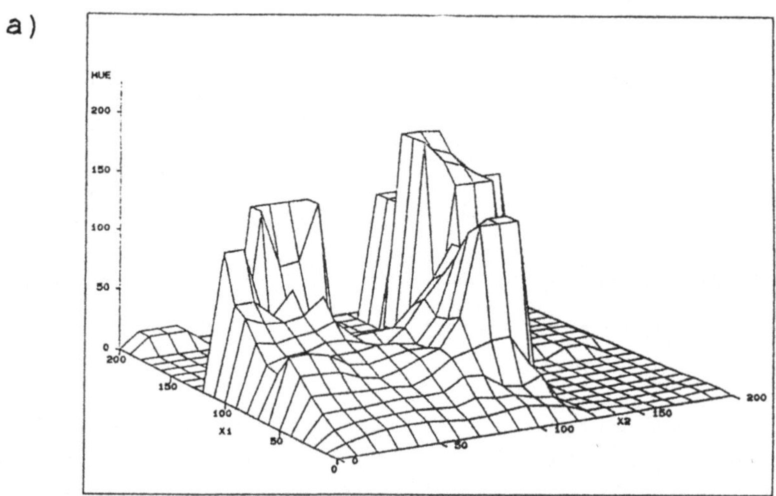

b)

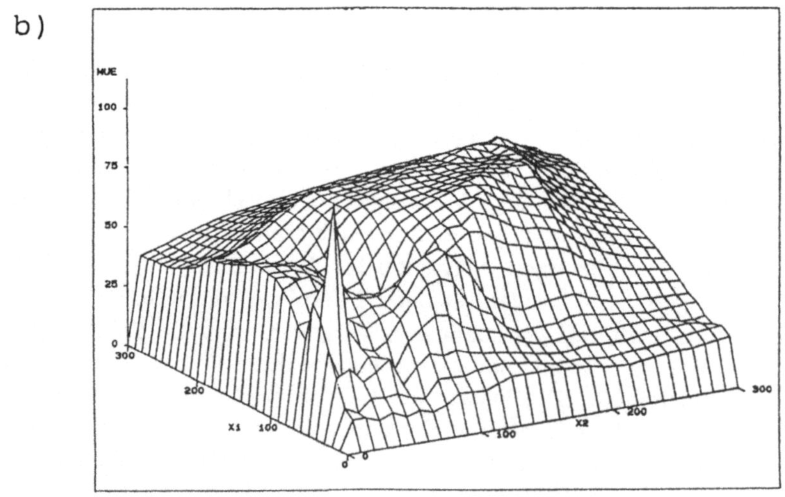

Abbildung 11.3: SO_2-Messungen an der Station Waldhof: Kern- und NN-Schätzer für die Regressionsfunktion $E(Z_t|Z_{t-1} = x_1, Z_{t-2} = x_2)$ der SO_2.

a) Kernschätzer mit $h_n = 20$, Epanechnikow-Normkern

b) NN-Schätzer mit $k_n = 20$, Epanechnikow-Normkern

a)

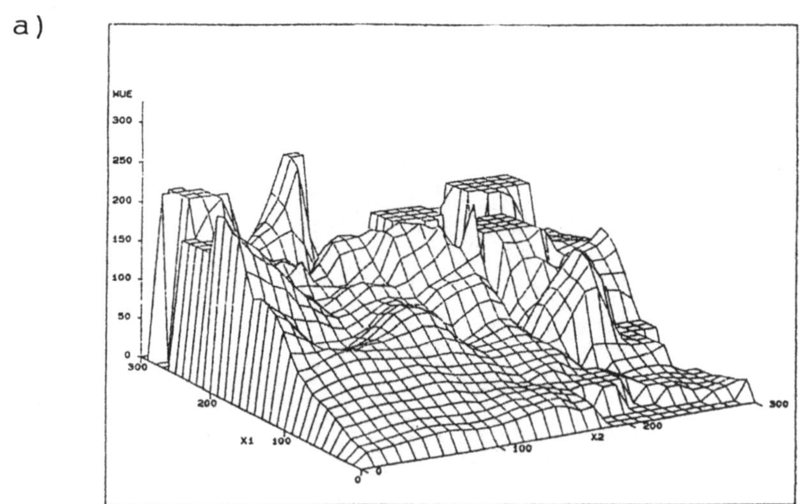

b)

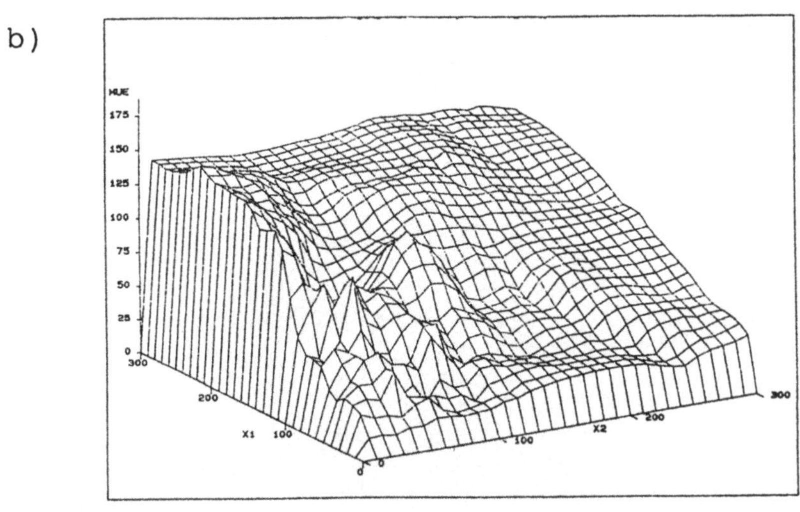

Abbildung 11.4: NO_2-Messungen an der Station Schauinsland: Kern- und NN-Schätzer für die Regressionsfunktion $E(Z_t|Z_{t-1} = x_1, Z_{t-2} = x_2)$ der NO_2-Werte.

a) Kernschätzer mit $h_n = 5$, Epanechnikow-Normkern

b) NN-Schätzer mit $k_n = 20$, Epanechnikow-Normkern

a)

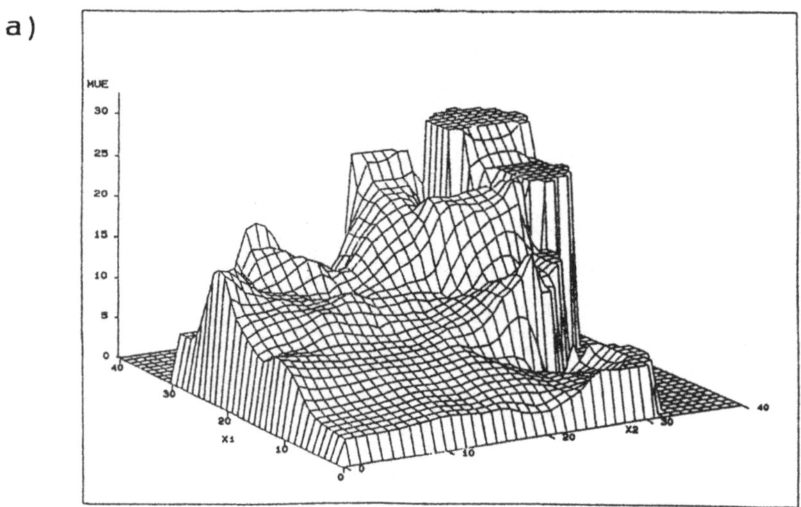

b)

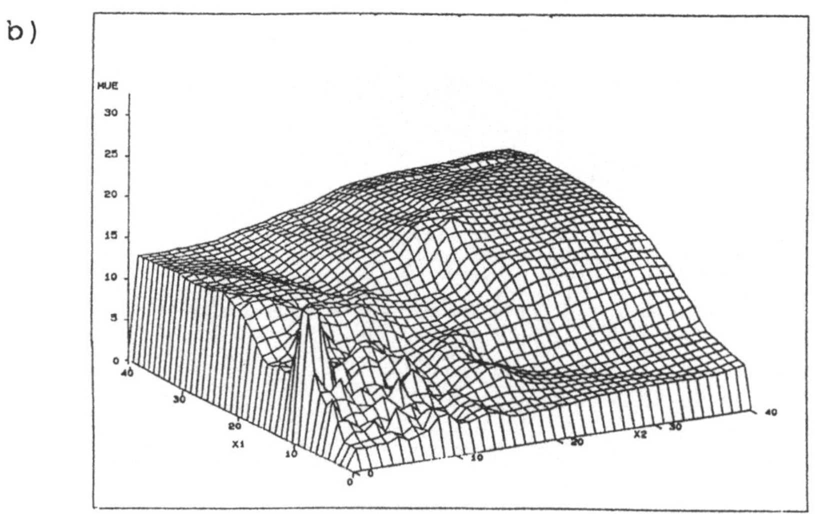

erheblich geringer. Anhand des NN-Schätzers erkennt man, daß hier die größten Werte hauptsächlich dann gemessen werden, wenn beide Vorgänger schon groß waren, wohingegen in Waldhof nach starken Anstiegen (x_2 klein, x_1 groß) die höchsten Ausschläge registriert wurden. Die Kern- und NN-Schätzer für den NO_2-Gehalt an der Station Schauinsland sind von der Struktur her derjenigen für den SO_2-Gehalt in Westerland ähnlich.

11.3 Prognosen

Im folgenden sollen die Prognoseeigenschaften der folgenden Verfahren verglichen werden:

- gewöhnlicher NN-Schätzer mit Normkern,

- gewöhnlicher NN-Schätzer mit Produktkern,

- Einbeziehung entfernter, ähnlicher Verläufe (im folgenden als modifiziertes Verfahren bezeichnet),

- Verwendung asymmetrischer Kernfunktionen nach Methode Nr. 3 und

- robuste Varianten aller obigen Verfahren.

Tabelle 11.1 enthält Theilkoeffizienten, Trefferquoten und mittlere absolute Prognosefehler der 1-Schrittprognosen von Verfahren, die Normkernen mit $p = 3$ verwenden. Neben solchen für gewöhnliche 20- und 40-NN-Schätzer sind jeweils Werte für entsprechende M-, L-, und R-Schätzer angegeben. In Tabelle 11.2 sind die entsprechenden Angaben für die Modifikationen, die ähnliche, aber möglicherweise entfernte Verläufe einbeziehen, aufgeführt. Die besten Prognosen erhält man für die SO_2-Werte in Westerland, die schlechtesten für die SO_2-Reihe in Waldhof. Eine Erhöhung der Anzahl der nächsten Nachbarn führt zu einer Verschlechterung der Ergebnisse. Bezüglich der Theilkoeffizienten schneiden die gewöhnlichen nicht robusten Verfahren am besten ab, wohingegen die Trefferquoten und die mittleren absoluten Prognosefehler für deren robusten Varianten sprechen. Ein Vergleich der Tabellen 11.1 und 11.2 ergibt, daß sich die Anwendung des modifizierten Verfahrens bei diesen Daten nicht lohnt. Da die Datensätze alle über 5000 Messungen enthalten, ist es nicht notwendig, Beobachtungen nach entfernteren Verläufen in die Prognose eizubeziehen. Im Gegensatz zu den Daten zur Wasserführung der Ruhr enthalten sie nur wenig Information über den Fortgang der Reihe.

Tabelle 11.1: Theilkoeffizienten, Trefferquoten und mittlere absolute Prognosefehler der 1-Schritt-Prognosen für die Zeitpunkte 5000 - 5290 mit Hilfe von gewöhnlichen NN-Schätzern sowie robuste Varianten davon (Epanechnikow-Normkern).

Methode	k_n	SO_2 Westerl.	SO_2 Waldhof	NO_2 Schauinsl.
NN- Schätzer	20	0.669 0.601 5.054	0.842 0.646 13.319	0.747 0.706 1.919
NN-M- Schätzer (Huber c=1.5)	20	0.727 0.701 4.665	0.914 0.687 12.702	0.839 0.770 1.864
NN-L- Schätzer (0.1-getr. Mittel)	20	0.721 0.691 4.817	0.887 0.680 12.769	0.787 0.740 1.854
NN-R- Schätzer (Wilcoxon-Scores)	20	0.728 0.684 4.766	0.909 0.687 12.796	0.833 0.747 1.868
NN- Schätzer	40	0.708 0.588 5.343	0.886 0.632 14.008	0.834 0.669 2.089
NN-M- Schätzer (Huber c=1.5)	40	0.741 0.649 5.039	0.932 0.649 13.277	0.888 0.710 2.028
NN-L- Schätzer (0.1-getr.Mittel)	40	0.742 0.643 5.084	0.923 0.653 13.341	0.885 0.699 2.034
NN-R- Schätzer (Wilcoxon-Scores)	40	0.740 0.660 5.051	0.930 0.650 13.285	0.887 0.703 2.031

Abbildung 11.5: SO_2-Messungen an der Station Westerland: Fehler-vs.-θ-Plots für die Zeitpunkte Nr. 5000 - 5290.

a) Fehler-vs.-θ_0-Plot

b) Fehler-vs.-θ_1-Plot

a) 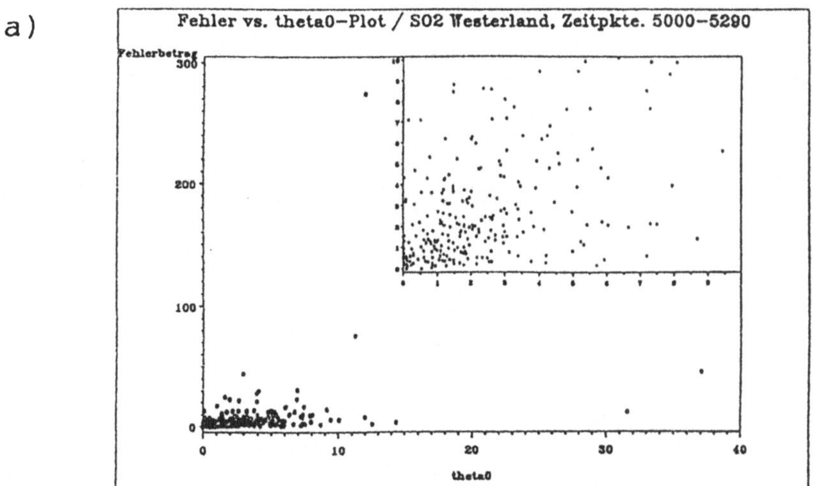

b) 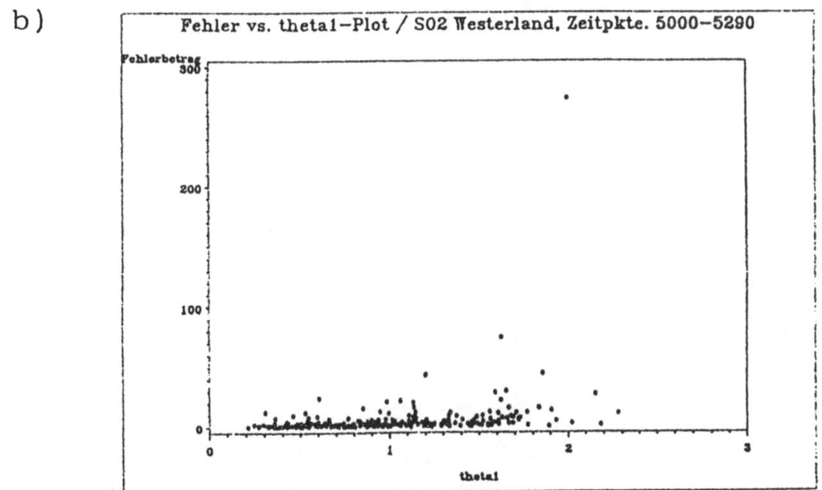

Abbildung 11.6: SO_2-Messungen an der Station Waldhof: Fehler-vs.-θ-Plots für die Zeitpunkte Nr. 5000 - 5290.

  a) Fehler-vs.-θ_0-Plot

  b) Fehler-vs.-θ_1-Plot

a)

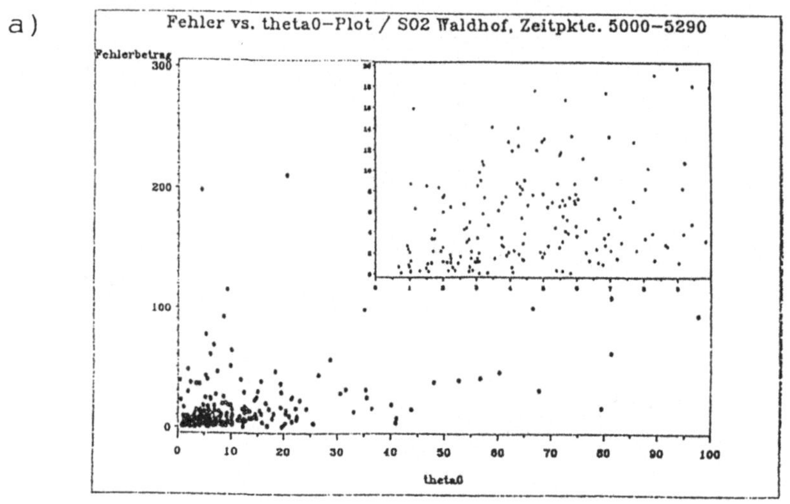

b)

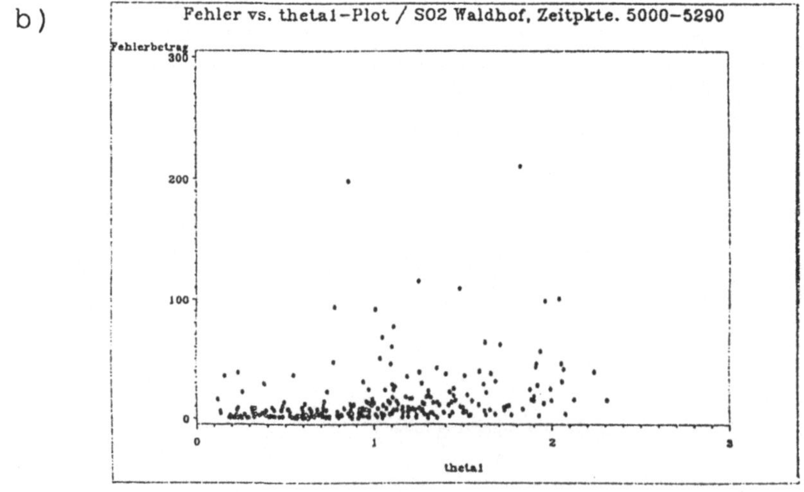

Abbildung 11.7: NO_2-Messungen an der Station Schauinsland: Fehler-vs.-θ-Plots für die Zeitpunkte Nr. 5000 - 5290.

a) Fehler-vs.-θ_0-Plot

b) Fehler-vs.-θ_1-Plot

a)

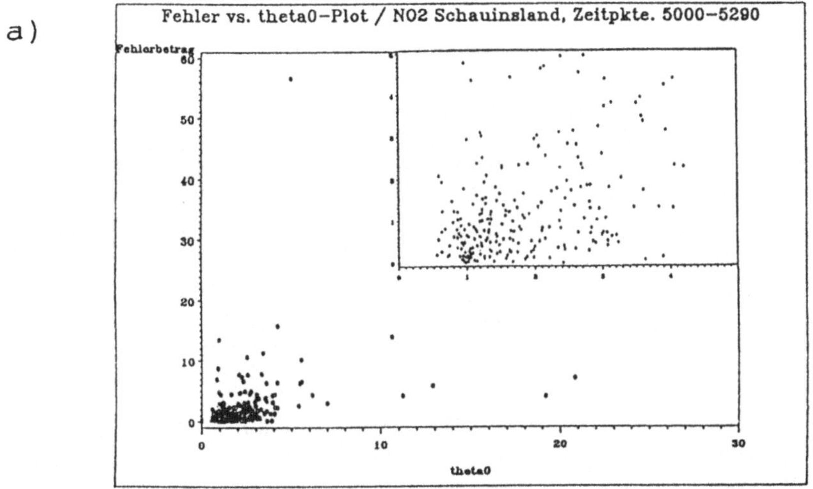

b)

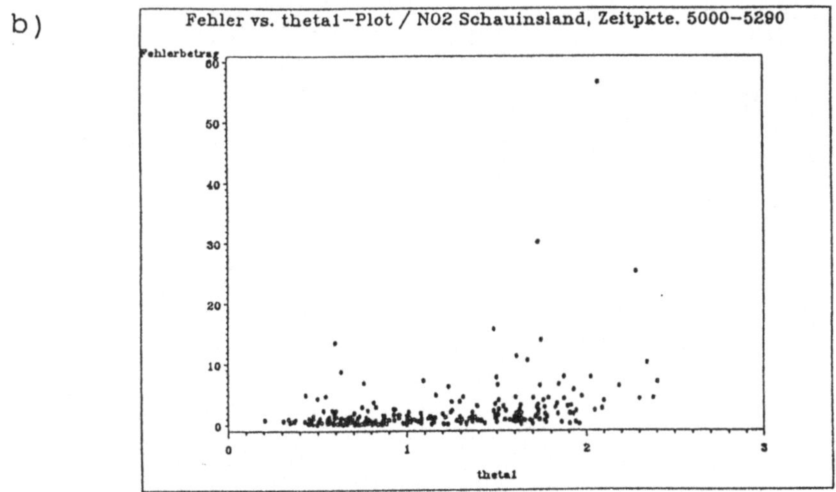

Tabelle 11.2: Theilkoeffizienten, Trefferquoten und mittlere absolute Prognosefehler der 1-Schritt-Prognosen für die Zeitpunkte 5000 - 5290 mit Hilfe von modifizierten NN-Schätzern sowie robuste Varianten davon (Epanechnikow-Normkern).

Methode	k_n	SO_2 Westerl.	SO_2 Waldhof	NO_2 Schauinsl.
mod. NN- Schätzer	20	0.674 0.533 5.525	0.885 0.643 14.047	0.810 0.599 2.161
mod. NN-M- Schätzer (Huber c=1.5)	20	0.715 0.598 5.048	0.906 0.674 12.824	0.848 0.617 2.064
mod. NN-L- Schätzer (0.1-getr. Mittel)	20	0.715 0.588 5.164	0.895 0.653 12.939	0.841 0.625 2.080
mod. NN-R- Schätzer (Wilcoxon-Scores)	20	0.712 0.605 5.073	0.901 0.667 12.889	0.874 0.632 2.042
mod. NN- Schätzer	40	0.705 0.536 5.567	0.905 0.619 14.639	0.837 0.584 2.226
mod. NN-M- Schätzer (Huber c=1.5)	40	0.732 0.581 5.240	0.917 0.646 13.476	0.868 0.595 0.595
mod NN-L- Schätzer (0.1-getr.Mittel)	40	0.732 0.577 5.228	0.913 0.632 13.572	0.866 0.591 2.172
mod. NN-R- Schätzer (Wilcoxon-Scores)	40	0.732 0.567 5.240	0.916 0.632 13.468	0.868 0.591 2.159

Wie die Fehler-vs.-θ-Plots in Abbildung 11.5 bis 11.7 ausweisen, gibt es keinen spürbaren Zusammenhang zwischen Niveau- und Ablaufgeschwindigkeitsunterschieden und dem Fehlerbetrag. Die Verwendung von Staffunktionen ist daher nicht notwendig.

Zu einer spürbaren Verbesserung kommt es hier, wenn man anstelle der Normkerne Produktkerne verwendet. Bei allen Varianten bringt die Verwendung asymmetrischer Kernfunktionen (Methode 3) erneut einen deutlichen Gütegewinn. Besonders deutlich wird dies für die SO_2-Messungen in Westerland und die NO_2-Werte auf dem Schauinsland. Wiederum sprechen die mittleren quadratischen Fehler für die robusten und die Theilkoeffizienten für die gewöhnlichen ausreißerempfindlichen Verfahren.

Die Überlegenheit der Verfahren mit asymmetrischen Produktkernen wird auch durch einen Vergleich der Abbildungen 11.8 bis 11.10 deutlich. Sie enthalten für die ersten zwei Monate von 1987 (Beobachtungsnummern 5114 bis 5172) 1-Schrittprognosen ausgewählter Verfahren aus den Tabellen 11.2 und 11.3. Man beachte, daß die Gütekriterien dort sich auf einen anderen Prognose-Zeitraum beziehen.

Tabelle 11.3: Theilkoeffitienten, Trefferquoten und mittlere absolute Prognosefehler der 1-Schrittprognosen für die Zeitpunkte 5000-5290, 20-NN-Schätzer mit Epanechnikow-Produktkernen sowie robuste Varianten davon.

Methode	SO_2 Westerl.		SO_2 Waldhof		NO_2 Schauinsl.	
	p=2	p=3	p=2	p=3	p=2	p=3
20-NN-Schätzer	0.658	0.620	0.844	0.815	0.767	0.720
	0.619	0.625	0.646	0.674	0.745	0.725
gew. Produktkern	5.221	4.964	13.567	12.821	1.880	1.803
20-NN-Schätzer	0.621	0.449	0.835	0.799	0.730	0.522
asym. Kern	0.650	0.636	0.656	0.670	0.749	0.747
(Methode 3)	4.950	4.300	13.331	12.311	1.771	1.453
20-NN-M-Schätzer	0.717	0.717	0.902	0.902	0.847	0.829
(Huber c=1.5)	0.667	0.718	0.680	0.711	0.749	0.788
gew.Produktkern	4.894	4.520	12.704	12.179	1.843	1.760
20-NN-M-Schätzer	0.696	0.614	0.898	0.883	0.819	0.564
(Huber c=1.5)	0.677	0.732	0.676	0.732	0.753	0.803
asym. Kern (Meth.3)	4.632	3.990	12.504	11.197	1.704	1.305
20-NN-L-Schätzer	0.704	0.667	0.880	0.854	0.816	0.755
(0.1-getr. Mittel)	0.643	0.698	0.680	0.708	0.734	0.762
gew. Produktkern	5.043	4.657	12.860	12.214	1.873	1.746
20-NN-L-Schätzer	0.663	0.450	0.866	0.830	0.777	0.531
(0.1-getr. Mittel)	0.653	0.680	0.663	0.701	0.742	0.773
asym. Kern (Meth.3)	4.783	3.930	12.657	11.541	1.744	1.372
20-NN-R-Schätzer	0.720	0.720	0.900	0.898	0.832	0.822
(Wilcoxon-Scores)	0.656	0.711	0.680	0.691	0.749	0.788
gew. Produktkern	5.047	4.673	12.762	12.274	1.833	1.771
20-NN-R-Schätzer	0.700	0.425	0.898	0.870	0.806	0.596
(Wilcoxon-Scores)	0.670	0.698	0.680	0.715	0.760	0.781
asym. Kern (Meth.3)	4.782	3.803	12.598	11.368	1.710	1.375

Abbildung 11.8: SO_2 an der Station Westerland: 1-Schritt-Prognosen

a) des modifizierten 20-NN-R-Schätzer

b) des 20-NN-R-Schätzer mit asymmetrischer Kernfunktion (Methode 3)

für die Zeitpunkte Nr. 5000 - 5290, (Epanechnikow-Normkern)

a)

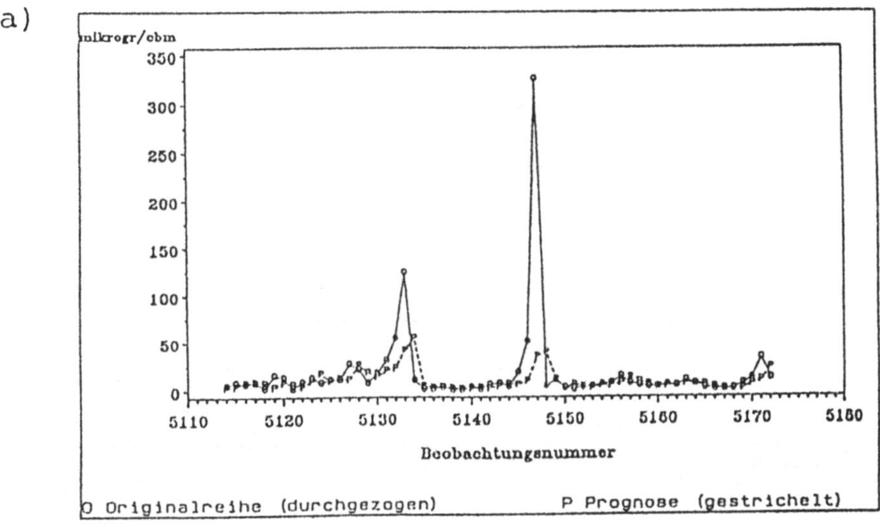

b)

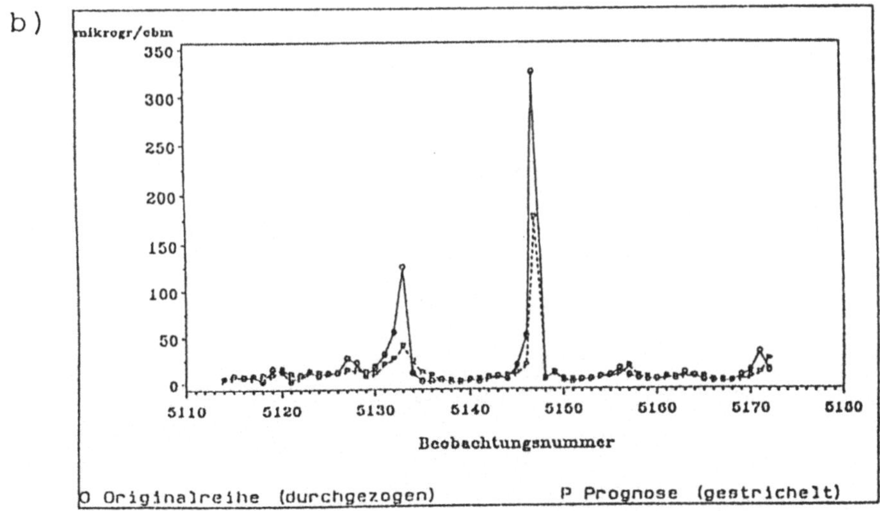

Abbildung 11.9: SO_2 an der Station Waldhof: 1-Schritt-Prognosen

a) des modifizierten 20-NN-Schätzer

b) des 20-NN-Schätzer mit asymmetrischer Kernfunktion (Methode 3)

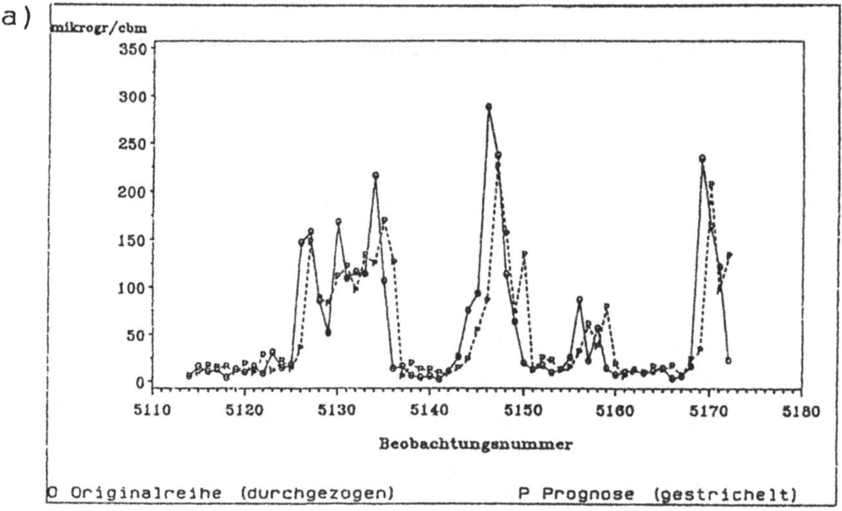

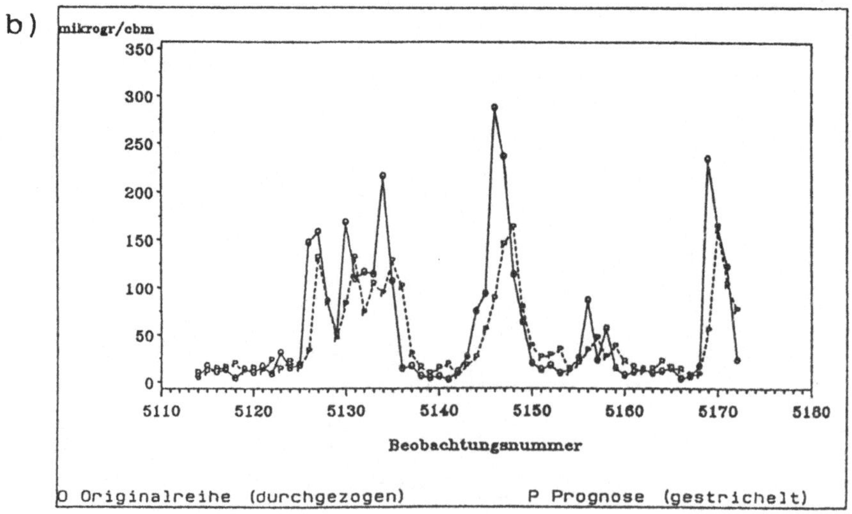

Abbildung 11.10: NO_2 an der Station Schauinsland: 1-Schritt-Prognosen

a) des modifizierten 20-NN-M-Schätzer

b) des 20-NN-M-Schätzer mit asymmetrischer Kernfunktion (Methode 3)

a)

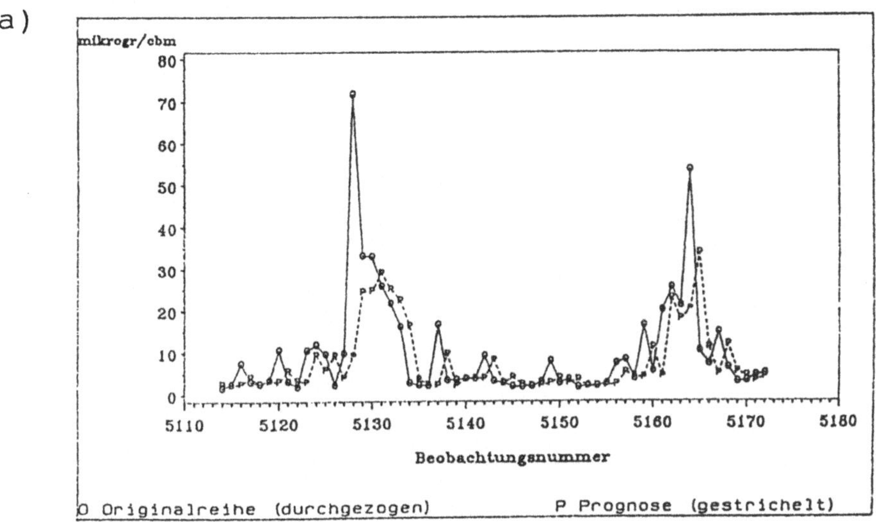

b)

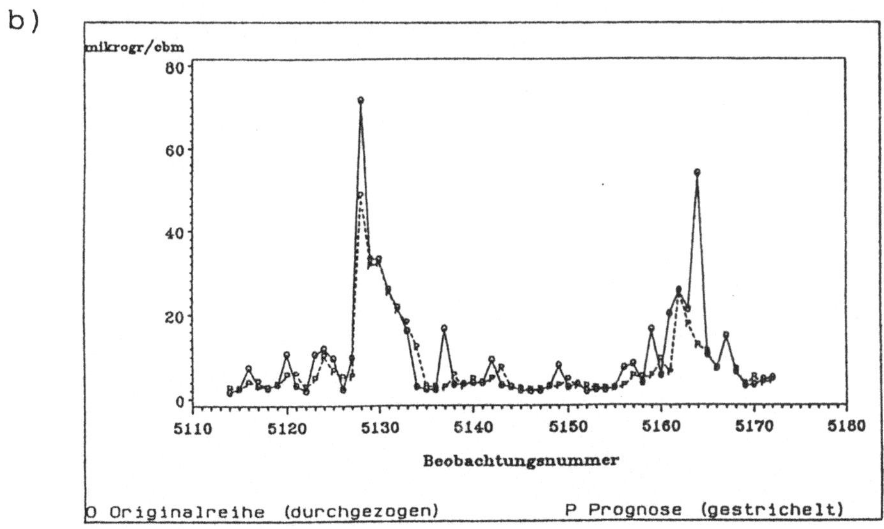

Kapitel 12

Abschließende Bemerkungen

Ziel der empirischen Studien des zweiten Teils dieser Arbeit war die Untersuchung der Praktikabilität und der Prognosegüte der im ersten Teil vorgestellten Verfahren.

Auf den Datensatz zur Wasserführung der Ruhr sind im neunten Kapitel die meisten der vorgeschlagenen Methoden angewandt worden. Wenn es auch mitunter erhebliche Unterschiede bezüglich des Programmieraufwandes und der benötigten Rechenzeit gibt, so bleibt doch festzuhalten, daß die unterschiedlichen Verfahren rechentechnisch durchaus realisierbar sind. Erwartungsgemäß ist aus den vorgenommenen Gütevergleichen kein eindeutig bestes Verfahren zu extrahieren. Vielmehr hängt das relative Abschneiden der Methoden von der Struktur der Daten insgesamt, insbesodere aber von den Eigenarten der Zeitreihe im Prognosezeitraum ab. Es wird maßgeblich von der Häufigkeit derjenigen Verläufe, die dem zu prognostizierenden Verlauf ähnlich sind, und von der Dynamik des zugrundeliegenden Prozesses bestimmt.

Auf der Basis der Erfahrungen, die beim Erstellen dieser Studien gesammelt wurden, werden nun zusammenfassend einige Empfehlungen zur Verwendung der diskutierten nichtparametrischen Verfahren in speziellen Datensituationen gegeben. Sie sollen dazu beitragen, die Möglichkeiten der jeweiligen Prognosetechnik schon a priori abzuschätzen und somit aus der Vielzahl der Methoden eine für die aktuelle Vorhersage adäquate herauszufinden:

- Einbeziehen ähnlicher entfernter Verläufe führt bei der Vorhersage seltener Spitzenwerte zu spürbaren Verbesserungen.

- Die Verwendung asymmetrischer Kerne (insbesondere nach Methode 3) liefert in fast allen Situationen bessere Prognosen und sollte daher stets in Betracht gezogen werden.

- Varianzreduzierende Mischungen von Kern- und NN-Schätzern führen im allgemeinen zu leicht erhöhter Prognosegüte und bieten sich gerade dann an, wenn von der Verwendung der Kernschätzer wegen des Auftretens von Definitionslücken in Folge isolierter Verläufe abzuraten ist. Es ist jedoch notwendig, sowohl die Bandweite als auch die Anzahl nächster Nachbarn festzulegen, welches die Anwendung dieser Methode erschwert.

- Dies gilt natürlich auch für biasreduzierende Mischungen von Kern- und NN-Schätzern, die überdies wie Kernschätzer Definitionslücken aufweisen. Ihr Nutzen — vor allen für die interessanten Prognosen nach seltenen Verläufen — bleibt erwartungsgemäß hinter dem von varianzreduzierenden Mischungen zurück.

- Enthält der zu untersuchende Datensatz keine Ausreißer, so führen robuste nichtparamtrische Ansätze zu geringen Verlusten, wenn ein quadratisches Gütekriterium (wie der Theilkoeffizient) zugrunde gelegt wird. Werden die Prognoseeigenschaften jedoch mit Hilfe des mittleren absoluten Prognosefehlers oder der Trefferquoten beurteilt, so sind in der Regel die robusten Varianten den ausreißerempfindlichen Prognosetechniken überlegen. Generell ergibt sich eine deutliche Überlegenheit der robusten Verfahren im Falle verschmutzter Datensätze.

- Mit Hilfe der Twicing-Technik lassen sich vor allem dann verbesserte Prognosen erzielen, wenn in den Residuen noch deutliche und länger andauernde Muster erkennbar sind. Von ihr ist abzuraten, wenn der Residualprozeß von häufigen Vorzeichenwechseln geprägt ist. Die Schwierigkeit für den Anwender besteht darin, den zuletzt realisierten Verlauf diesbezüglich zu beurteilen.

- Die Anwendung der Jackknifing-Methode kann sowohl eine Verbesserung als auch eine Verschlechterung der Prognosen bewirken, je nachdem, ob der Effekt der Biasreduktion oder der Varianzvergrößerung stärker ausgeprägt ist. Welche Auswirkung überwiegt, ist jedoch an Hand der Daten a priori schwierig zu entscheiden.

In jüngster Zeit gibt es zunehmende Forschungsaktivitäten zur nichtparametrische Schätzung von Funktionen bei abhängigen Beobachtungen.

Dies führt einerseits zu einer Vertiefung der Kenntnisse über die Eigenschaften der bekannten Verfahren; andererseits werden neue nichtparametrische und auch semiparametrische Techniken entwickelt und theoretisch fundiert. Insgesamt wird so ein vielfältiges Methodenspektrum in diesem Bereich der Zeitreihenanalyse geschaffen, mit Hilfe dessen der Anwender prinzipiell in die Lage versetzt wird, auch nichtlineare funktionale Zusammenhänge einfach zu modellieren. Dennoch finden solche Verfahren, deren Wirkungsweise zudem intuitiv leicht erfassbar ist, bislang nur schleppend Zugang zu einem weiten Kreis von Praktikern. Ein Hauptgrund hierfür ist die Tatsache, daß die zugehörigen Routinen noch nicht von den Standard-Software-Paketen zur Verfügung gestellt werden, obwohl die Algorithmen zumindest in ihrer Grundversion einfach zu implementieren sind. Diese Arbeit soll zur Erkenntnis beitragen, daß eine verstärkte Berücksichtigung der nichtparametrischen Techniken auch dann noch vielversprechende Resultate liefern kann, wenn die Daten durch komplexere Wirkungszusammenhänge charakterisiert sind.

Literaturverzeichnis

AKAIKE, H. (1969) Fitting autoregressive models for prediction. Ann. Inst. Statist Math., 21, 243-247.

AKAIKE, H. (1977) On entropy maximization principle; in Appl. Statist., 27-41, Amsterdam, North Holland.

BANON, G. (1978) Nonparametric identification for diffusion processes. Siam Journal on Control and Optimization, 16, 3, 380-395.

BERTRAND-RETALI, M. (1978) Convergence uniforme d'un estimateur de la densité par la méthode de noyau. Rev. Roumaine Math. Pures. Appl., 23, 361-385.

BHATTACHARYA, P.K. und A.K. GANGOPADHYAY (1990) Kernel and nearest-neighbor estimation of a conditional quantile. Ann. Statist., 18, 1389-1399.

BICKEL P.J. und E.L. LEHMANN (1969) Unbiased estimation in convex families. Ann. of Math. Statist., 40, 1523-1535.

BOENTE, G. und R. FRAIMAN (1990) Asymptotic distribution of robust estimators for nonparametric models from mixing processes. Ann. Statist., 18, 2, 891-906.

BOSQ, D. (1970) Contribution à la théorie de l'estimation fonctionelle. Publ. Inst. Statist., Univ. Paris, 19, 1-177.

BOSQ, D. (1983a) Sur la prédiction nonparamétrique d'un processus stationaire. Z. Wahrsch.-th. verw. Geb., 64, 541-553.

BOSQ, D. (1983b) Nonparametric prediction for a stationary process. Lecture Notes in Statistics, 16, 69-84.

BOX, G.E.P. und G.M. JENKINS (1976) Time Series Analysis, Forecasting and Control. 2nd ed. Holden-Day, San Fransisco-Cambridge.

BREIMAN, L., W. MEISEL und E. PURCELL (1977) Variable kernel estimates of multivariate densities. Technometrics, 19, 135-144.

BUJA, A., T. HASTIE und R. TIBSHIRANI (1989) Linear smoothers and additive models. Ann. Statist., 17, No.2, 453-555.

CACOULLOS, T. (1966) Estimation of a multivariate density. Ann. Inst. Statist. Math., 18, 179-189.

CHENG, K.F. (1984) Nonparametric estimation of regression function using linear combinations of sample quantil regression functions. Sankryã, 46, Ser.A, 287-302.

CHENG, K.F. und P.E. CHENG (1987) Robust nonparametric estimation of a regression function. Sankryã, 49, Ser.B, 9-22.

CLEVELAND, W.S. (1979) robust locally weighted regression and smoothing scatterplots. Journ. Amer. Statist. Assoc., 74, 829-836.

COLLOMB, G. (1976) Estimation nonparamétrique de la régression par la méthode du noyau. Thèses à l'Université P. Sabatier, Toulouse, France.

COLLOMB, G. (1979a) Condition nécessaires et suffisantes de convergence uniforme d'un estimateur de la régression, estimation des dérivées de la régression. Comptes Rendus à l'Académie des Sciences de Paris, 288, Série A, 161-164.

COLLOMB, G. (1979b) Estimation de la régression par la méthode des k points les plus proches avec noyau: Quelques propriétés de convergences ponctuelle. Lectures Notes in Mathematics, 821, 159-175.

COLLOMB, G. (1980) Estimation nonparamétrique de probabilités conditionelles. Comptes Rendus à l'Académie des Sciences de Paris, 291, Série A, 427-430.

COLLOMB, G. (1983) From nonparametric regression to nonparametric prediction: Survey of the mean square error and original results on the predictiogram. Lecture Notes in Statistics, 16, 182-204.

COLLOMB, G. (1984) Propriétés de convergence presque complète du predicteur à noyau. Z. Wahrsch.-th. ver. Geb., 66, 441-460.

COLLOMB, G. (1985a) Nonparametric time series analysis and prediction: uniform almost sure consistency of the window and k-NN autoregression estimates. Statistics 16, 2, 309-324.

COLLOMB, G. (1985b) Nonparametric regression: An Up-To-Date Bibliography. Statistics, 16, 2, 309-324.

COLLOMB, G. (1986) Analyse d'une serie temporelle et prédiction nonparamétrique: Méthodes de la fenêtre mobile et des k points les plus proches en estimation de regression pour des observations dependantes. Asymptotic Theory of Non i.i.d. Processes, Proceedings of the 5th Franco-Belgian Meeting of Statisticians, 1984, ed. Florens et al., 37-75.

COLLOMB, G. und P. DOUKHAN (1983) Estimation nonparamétrique de la fonction d'autorégression d'un processus stationaire et φ-mélangeant: Risques quadratiques pour la méthode du noyau. Comptes Rendus á l'Académie des Sciences de Paris, 296, Série I, 859-862.

COLLOMB, G. und W. HÄRDLE (1986) Strong uniform convergence rates in robust nonparametric time series analysis and prediction: Kernel regression estimation from dependent observations. Stochast. Process. Appl., 23, 77-89.

COLLOMB, G., W. HÄRDLE und S. HASSANI (1986) A note on prediction via estimation of the conditional mode function. Journal Statist. Planning and Inference, 15, 227-236.

DEVROYE, L.P.   (1979) The uniform convergence of the Nadaraya-Watson regression function estimate.   Canadian Journal of Statistics, 6, No.2, 179-191.

DEVROYE, L.P. und L. GYÖRFI (1985) Nonparametric density estimation: L_1 View, Wiley, New York.

DEVROYE, L.P. und T.S. WAGNER (1980a) On the L_1 convergence of kernel regression function estimators with applications in discrimination. Z. Warsch.-th. verw. Geb., 51, 15-25.

DEVROYE, L.P. und T.S. WAGNER (1980b) Distribution free consistency results in nonparametric discrimination and regression function estimation. Ann Statist., 8, 231-239.

DOOB, J.L. (1953) Stochastic Processes. Wiley, New York.

DOUKAN, P. und M. GHINDÉS (1980) Estimation dans le processus "$X_{n+1} = f(X_n) + \epsilon_n$." Comptes-Rendus. Acad. Sci. Paris, 297, série A, 61-64.

DOUKAN, P. und M. GHINDÉS (1983) Simulations in the General first Order Autoregressive Process (Unidimensional Normal Case). Lecture Notes in Statistics, 16, 50-68.

EPANECHNIKOV, V.A. (1969) Nonparametric estimation of a multidimensional probability density. Theor. Probab. Appl., 14, 153-158.

FIX, E. und J.L. Hodges (1951) Discriminatory analysis, nonparametric estimation: consistency properities. Report No.4, Project No.21-49-004, USAF School of Aviation Medicine, Randolph Field, Texas.

FRIEDMAN, J.H. und W. STUETZLE (1981) Projection persuit regression. Journ. Amer. Statist. Assoc., 76, 817-823.

GASSER, T. und H.G. MÜLLER (1979) Kernel estimation of regression functions. In Smooting techniques for curve estimation, ed. Gasser & Rosenblatt, 23-68, Springer Verlag, Heidelberg.

GASSER, T. und H.G. MÜLLER (1984) Nonparametric estimation of regression functions and their derivatives by the kernel method. Scandinavian Journ. of Statist., 11, 171-185.

GASSER, T., H.G. MÜLLER und V. MAMMITZSCH (1985) Kernels for Nonparametric curve estimation, J. Royal. Statist. Soc. B, 47, No.2, 238-252.

GEORGIEV, A.A. (1984) Nonparametric system identification by kernel method. IEEE Trans. Automat. Control, Vol. AC-29, 4, 356-359.

GYÖRFI, L., HÄRDLE, W., SARDA, P. und VIEU, P. (1989) Nonparametric Curve Estimation from Time Series. Lect. Notes in Statistics 60, Springer Verlag, Berlin, Heidelberg.

HÄRDLE, W. (1986) A note on jackknifing kernel regression function estimators, IEEE transaction on information theory. IT-32, 298-300.

HÄRDLE, W. (1990) Applied Nonparametric Regression, Cambridge University Press, New York, usw.

HÄRDLE, W., P. JANSSEN und R. SERFLING (1988) Strong uniform consistency rates for estimators of conditional functionals. Ann. Statist., 16, 1428-1449.

HÄRDLE, W. und J.S. MARRON (1985) Optimal bandwidth selection in nonparametric regression estimation. Ann. Statist., 13, 1465-1481.

HÄRDLE, W. und A.B. TSYBAKOV (1988) Robust nonparametric regression with simultaneous scale curve estimation. Ann. Statist., 16, 120-135.

HÄRDLE, W., P. VIEU und J. HART (1989) Asymptotic optimal data-driven bandwidths for regression under dependence, Preprint.

HEILER, S. (1980) Robuste Schätzung im linearen Modell, in Medizinische Informatik und Statistik, 20. Springer-Verlag, Berlin, Heidelberg, New York.

HEILER, S. und P. MICHELS (1986) FLUKON—Programm zur laufenden Kontrolle halbstündiger Messwerte für Sauerstoffgehalt, pH-Werte, Leitfähigkeit und Wassertemperatur von Fließgewässern, unveröffentliche Arbeit für das Niedersächsische Amt für Wasser und Abfall.

VAN HOORN, J. (1988) Robuste, nichtparametrische Schätzung von Regressionsfunktionen mit S-Schätzern. Dissertation am FB6 der Universität-Gesamthochschule Essen.

HSU, P.L. und H. ROBBINS (1947) Complete convergence and the law of large numbers. Proc. Nat. Acad. Sci. USA, 33, 25-31.

HUBER, P.J. (1964) Robust estimation of a location parameter. Ann. Math. Statist., 35, 73-101.

HUBER, P.J. (1981) Robust statistics. Wiley, New York.

JUDGE, G.G., W.E. GRIFFITHS, R.C. HALL und T.-C. LEE (1980) The theory and practice of econometrics. Wiley, New York.

KARLSSON, M. und S. YAKOWITZ (1987) Rainfall-runoff forecasting methods, odd and new. Stochastic Hydrology and Hydraulics, 1, 303-318.

LOFTSGAARDEN, D.O. und C.P. QUESENBERRY (1965) A nonparametric estimate of a multivariate density function. Ann. Math. Statist., 36, 1049-1051.

MACK, Y.K. (1981) Local properties of k-NN regression estimates. SIAM Journ. of Algebraic and Discrete Models, 2, 311-323.

MACK, Y.K. und M. ROSENBLATT (1979) Multivariate k-nearest neighbour density estimates. Journ. Mult. Analysis, 13, 1-15.

MARRON, J.S. und W. HÄRDLE (1986) Random approximations to an error criterion of nonparametric statistics. Journ. Mult. Analysis, 20, 91-113.

MICHELS, P. und S. HEILER (1989) Die Wasserführung eines Flusses. Statistische Modellierungsversuche, Diskussionsbeitrag Nr.118/s, Universität Konstanz.

MÜLLER, H.-G. (1987) Weighted local regression and kernel methods for nonparametric curve fitting. Journ. Amer. Statist. Assoc., 82, 231-238.

NADARAYA, E.A. (1964) On estimating regression. Th. Prob. Appl., 9, 141-142.

NADARAYA, E.A. (1965) On nonparametric estimates of density functions and regression curves. Th. Prob. Appl., 10, 186-190.

NADARAYA, E.A. (1970) Remarks on nonparametric estimates for density functions and regression curves. Th. Prob. Appl., 15, 134-137.

NEUMÜLLER, O.-A. (1987) Römpps Chemie-Lexicon, 8. Aufl., Franckh'-sche Verlagshandlung, Stuttga·t.

NGUYEN, H.T. und D.T. PHAM (1981) Nonparametric estimation in diffusion model by discrete sampling. Publications de l'Institute de Statistique de l'Université de Paris, XXVI, 2, 89-109.

PARZEN, E. (1962) On estimation of a probability density function and mode. Ann. Math. Statist., 33, 1065-1076.

PHAM, D.T. (1981) Nonparametric estimation of drift coefficient in the diffusion equation. Math. Operationsforsch. und Statist., ser. statistics, 12, 1, 61-74.

PHILLIP, W. (1969) The central limit problem for mixing sequences of random variables. Z. Wahrsch.-th. verw. Geb., 12, 155-171.

PRAKASA RAO, B.L.S. (1983) Nonparametric functional estimation. Academic Press, Orlando.

QUENOUILLE, M.H. (1949) Approximate tests of correlation in time series. Journ. Royal Statist. Soc., B 11, 68-83.

QUENOUILLE, M.H. (1956) Notes on bias in estimation. Biometrika, 43, 353-360.

RISSANEN, J. (1978) modelling by shortest data description. Automatica, 14, 465-471.

ROBINSON, P.M. (1983) Nonparametric estimators for time series. Journ. Time Ser. Anal., 4, 185-207.

ROBINSON, P.M. (1984) Robust nonparametric autoregression. Lecture Notes in Statist., 26, 247-255.

ROBINSON, P.M. (1986) On the consistency and finite-sample properties of nonparametric kernel time series regression, autoregression and density estimators. Ann. Inst. Statist. Math., 38, A, 539-549.

ROSENBLATT, M. (1956) Remarks on some nonparametric estimates of a density function. Ann. Math. Statist., 27, 832-837.

ROSENBLATT, M. (1970) Density estimates and Markov sequences; in Nonparametric Techniques in Statistical Inferences. (M.L. Puri, Ed.), Cambridge Univ. Press, 199-213.

ROSENBLATT, M. (1971) Curve estimates. Ann. Math. Statist., 42, 1818-1842.

ROSENBLATT, M. (1979) Global measures of deviation for kernel and nearest neighbour density estimates. Lect. Notes in Math. 757, 181-190.
Remarks on some nonparametric estimates of a density function. Ann. Math. Statist., 27, 832-837.

ROUSSAS, G.G. (1969a) Nonparametric estimation in Marcov processes. Ann. Inst. Statist. Math., 21, 73-87.

ROUSSAS, G.G. (1969b) Nonparametric estimation of the transition distribution function of a Markov process. Ann Math. Statist., 40, 1386-1400.

ROUSSEEUW, P.J. und V.J. YOHAI (1984) Robust regression by means of S-estimators; Lecture Notes in Statistics, 26, 256-272.

SCHUMANN, W. (1983) Anwendung von Zeitreihen und Markoffketten

Modellen auf die Wasserführung der Ruhr. Diplomarbeit am Fachbereich Statistik der Universität Dortmund.

SCHUSTER, E.F. (1972) Joint asymptotic distribution of the estimated regression function at a finite number of distinct points. Ann. Math. Statist., 43, 84-88.

SCHUSTER, E.F. und S. YAKOWITZ (1979) Contributions to the theory of nonparametric regression, with application to system identification. Ann. Statist., 7, 139-149.

SCHWARZ, G. (1978) Estimating the dimension of a model. Ann. Statist., 6, 461-464.

SCOTT, D.W., R.A. TAPIA und J.R. THOMPSON (1977) Kernel density estimation revised, Nonlinear Analysis, 1, 339-373.

SERFLING, R.J. (1980) Approximation theorems of Mathematical Statistics, Wiley, New York.

SILVERMAN, B.W. (1978) Week and strong uniform consistency of the kernel estimate of a density function and its derivatives. Ann. Statist., 6, 177-184. (Addendum 1980, Ann Statist., 8, 1175-1176.)

SILVERMAN, B.W. (1986) Density estimation for statistics and data analysis. Chapman and Hall, London, New York.

STONE, C.J. (1977) Consistent nonparametric regression. Ann. Statist., 5, 595-645.

STONE, C.J. (1980) Optimum rate of convergence for nonparametric estimators. Ann Statist., 8, 1348-1360.

STONE, C.J. (1982) Optimal global rates of convergence for nonparametric regression. Ann. Statist., 10, 1040-1053.

STONE, C.J. (1985) Additive regression and other nonparametric models. Ann. Statist., 13, 689-705.

STUETZLE, W. und Y. MITTAL (1979) Some comments on the asymptotic behaviour of robust smoothers. Lect. Notes in Math., 757, 191-195.

STUTE, W. (1986) Conditional empirical processes. Ann. Statist., 14, 638-647.

TAPIA, R.A. und J.R. THOMPSON (1978) Nonparametric probability density estimation. Johns Hopkins University Press, Baltimore.

Technische Anleitung zur Reinerhaltung der Luft (TA Luft) (1986) Carl Heymanns Verlag KG, Köln.

TRUONG, Y.K. (1990a) Nonparametric curve estimation with time series errors. Manuskript.

TRUONG, Y.K. (1990b) A nonparametric framework for time series analysis. Manuskript.

TRUONG, Y.K. und C.J. STONE (1990) Semiparametric time series regression. Manuskript.

TUKEY, J.W. (1961) Curves as parameters and touch estimation. Proc. 4th Berekley Symp., 1, 681-694.

WATSON, G.S. (1964) Smooth regression analysis. Sankhyā, A, 26, 359-372.

YAKOWITZ, S. (1979a) Nonparametric estimation of Markov transition functions. Ann. Statist., 7, 671-679.

YAKOWITZ, S. (1979b) A nonparametric Markov model for daily river flow. Water Resour. Research, 15, 1035-1043.

YAKOWITZ, S. (1985a) Nonparametric density estimation, prediction and regression for Markov sequences. Journ. Am. Statist. Assoc., 80, 215-221.

YAKOWITZ, S. (1985b) Markov flow models and the flood warning problem. Water Resour. Research, 21, 81-88.

YAKOWITZ, S. (1987) Nearest neighbor for time series analysis. Journ. Time Ser. Anal., 8, 235-247.

YAKOWITZ, S. und M. KARLSSON (1987) Nearest neighbor methods for time series, with application to rainfall-runoff prediction; in Stochastic Hydrology, 149-160. D. Reidel, New York.

Abbildungsverzeichnis